普通高等教育智能制造系列教材

3D打印技术基础及应用

主　编 吴国庆
副主编 李　彬　姜　杰　莫中凯　顾　海
参　编 张　捷　陆晓霞　徐建刚　卢国升　何　科

北京理工大学出版社
BEIJING INSTITUTE OF TECHNOLOGY PRESS

内 容 提 要

3D打印技术是基于CAD模型快速制作零件的新型成形方法。本书全面介绍了3D打印技术的工艺流程和特点，阐述了每种技术的基本原理，并介绍了3D打印技术在工业、文化创意以及医学等领域的应用。

全书共分10章，主要介绍了3D打印技术的基本概况，并对光固化成形工艺、选择性激光烧结工艺、选择性激光熔化工艺、熔融沉积成形工艺、三维印刷成形工艺、分层实体制造工艺、形状沉积制造工艺、电子束熔化成形工艺、激光近净成形工艺九种成形技术进行了论述，并介绍了目前工业应用广泛的光固化成形工艺、选择性激光烧结工艺、选择性激光熔化工艺、熔融沉积成形工艺及三维印刷成形工艺这五种典型工艺的产品制造实例。

本书可作为高等学校增材制造工程及机械类、近机械类专业的本科生和研究生教材和参考书，也可供相关工程技术人员学习使用。

版权专有　侵权必究

图书在版编目（CIP）数据

3D打印技术基础及应用/吴国庆主编．--北京：北京理工大学出版社，2021.7（2021.8重印）

ISBN 978-7-5763-0056-7

Ⅰ.①3… Ⅱ.①吴… Ⅲ.①立体印刷-印刷术 Ⅳ.①TS853

中国版本图书馆CIP数据核字（2021）第137345号

出版发行 / 北京理工大学出版社有限责任公司	
社　　址 / 北京市海淀区中关村南大街5号	
邮　　编 / 100081	
电　　话 / （010）68914775（总编室）	
（010）82562903（教材售后服务热线）	
（010）68944723（其他图书服务热线）	
网　　址 / http：//www.bitpress.com.cn	
经　　销 / 全国各地新华书店	
印　　刷 / 北京侨友印刷有限公司	
开　　本 / 787毫米×1092毫米　1/16	
印　　张 / 18.5	责任编辑 / 王晓莉
字　　数 / 435千字	文案编辑 / 王晓莉
版　　次 / 2021年7月第1版　2021年8月第2次印刷	责任校对 / 周瑞红
定　　价 / 52.00元	责任印制 / 李志强

图书出现印装质量问题，请拨打售后服务热线，本社负责调换

前　言

3D打印技术是一种区别于传统制造工艺的先进制造技术，其个性化服务和数字化制造的特点契合了我国发展先进制造业的目标和要求。它与物联网、云计算、机器人等技术实现深度融合，正在掀起一场全方位的新科技革命和产业革命。

3D打印（3D Printing，3DP），又称增材制造（Additive Manufacturing，AM）、实体自由制造（Solid Free-form Fabrication，SFF）、快速成形（Rapid Prototyping，RP）等，是通过材料逐层增加的方式将数字模型制造成三维实体物件的过程。与传统的去除式加工及变形加工方式相比，逐层加工的3D打印技术制造过程直接而无需模具和夹具，可快速而精确地制造出任意复杂形状的零件，为创新设计提供了自由的空间，并大大减少了加工工序，缩短了加工周期。

2020年，"增材制造工程（080217T）"列入普通高等学校本科专业目录。本书的编写在一定程度上助力了3D打印技术教材体系的建设，助推3D打印技术应用型人才的培养。本书采用模块化的编写方式，以成形工艺为主线，融入丰富的应用案例和先进研究成果，以满足应用型高校学生的自主学习。

本书共10章。

第1章简要介绍了3D打印技术的基本知识，包括3D打印发展历程与趋势、3D打印原理概述、3D打印技术分类等。

第2章详细介绍了3D打印的数据建模与处理，包括三维建模的方法、STL数据和文件输出、三维模型的切片处理等。

第3~9章分别详细介绍了光固化成形工艺及应用、选择性激光烧结工艺及应用、选择性激光熔化工艺及应用、熔融沉积成形工艺及应用、三维印刷成形工艺及应用、分层实体制造工艺及应用、其他成形工艺及应用。

第10章介绍了工业应用广泛的光固化成形工艺、选择性激光烧结工艺、选择性激光熔化工艺、熔融沉积成形工艺及三维印刷成形工艺的产品制造实例。

本书由南通理工学院吴国庆担任主编，其负责总体规划、审核统稿，同时还负责编写第1章，南通理工学院李彬负责编写第2、4、6章，南通理工学院姜杰负责编写第3、7章，广西城市职业大学莫中凯负责编写第5、8章，南通理工学院顾海负责编写第9、10章，南通理工学院张捷、陆晓霞和广西城市职业大学徐建刚、卢国升、何科等对应用案例提供了素材支持和参与了部分文字编写工作。

在本书的编写过程中，南通理工学院和江苏省高校3D打印技术及应用重点建设实验室的黄天成、孙健华、徐媛媛、顾燕、施瀚昱、刘金金、陈浩、陈俣烨等老师给予了许多无私帮助与支持，他们做了大量的资料查阅、汇总及实例整理等工作，在这里对其表示衷心感谢。同时要感谢行知教育协作联盟、北京理工大学出版社、先临三维科技股份有限公司、苏州中瑞智创三维科技股份有限公司等单位在本书出版过程中给予的大力支持。在本书的编写过程中，作者还参考了大量的文献，在此向参考资料的原作者表示感谢！

　　本成果为机械设计制造及其自动化江苏省一流专业资助项目，同时得到了江苏省重点建设学科（苏教研〔2016〕9号）、江苏省重点研发计划（BE2018010-4）、教育部产学合作协同育人项目（201902294001、201902294016）、江苏省高校自然科学研究重大项目（20KJA460007）、南通市科技计划项目（JCZ19122、JCZ19123、JCZ20056、JC2020149、JC2020155）等的支持。

　　3D打印技术涉及众多学科，限于作者水平，书中不足之处在所难免，恳请读者批评指正。

编　者

CONTENTS 目录

第1章　绪　论 (1)

1.1　3D打印发展历程与趋势 (2)
    1.1.1　国外发展历程 (2)
    1.1.2　国内发展历程 (4)
    1.1.3　未来发展趋势 (6)

1.2　3D打印原理概述 (7)
    1.2.1　3D打印基本原理 (7)
    1.2.2　3D打印工作流程 (7)
    1.2.3　3D打印与传统制造 (9)

1.3　3D打印技术分类 (10)
    1.3.1　按成形工艺分类 (10)
    1.3.2　按加工材料分类 (13)

1.4　3D打印材料概述 (14)
    1.4.1　常见的3D打印材料 (15)
    1.4.2　新兴的3D打印材料 (18)
    1.4.3　3D打印材料的发展趋势 (20)

1.5　3D打印技术应用领域 (20)
    1.5.1　工业制造领域的应用 (21)
    1.5.2　建筑设计领域的应用 (21)
    1.5.3　生物医药领域的应用 (22)
    1.5.4　汽车制造领域的应用 (22)
    1.5.5　大众消费领域的应用 (23)

1.6　3D打印技术的机遇与挑战 (24)
    1.6.1　3D打印技术的发展机遇 (24)
    1.6.2　3D打印技术的未来挑战 (25)

思考与练习 (27)

第2章 3D打印的数据建模与处理 (28)

2.1 三维建模的方法 (28)
2.1.1 计算机辅助设计 (29)
2.1.2 逆向工程 (31)

2.2 STL数据和文件输出 (34)
2.2.1 STL文件的格式 (34)
2.2.2 STL文件的精度 (35)
2.2.3 STL文件的基本原则 (37)
2.2.4 STL文件的错误 (38)
2.2.5 STL文件的编辑和修复 (39)
2.2.6 STL文件的输出 (40)

2.3 三维模型的切片处理 (40)
2.3.1 成形方向的选择 (41)
2.3.2 主要切片方式 (42)
2.3.3 数据描述方式 (44)

思考与练习 (45)

第3章 光固化成形工艺及应用 (46)

3.1 概述 (46)
3.1.1 工艺发展 (46)
3.1.2 工艺特点 (47)

3.2 SLA成形工艺 (48)
3.2.1 基本原理 (48)
3.2.2 后处理 (52)

3.3 成形系统 (53)
3.3.1 SLA成形系统 (53)
3.3.2 DLP成形系统 (55)
3.3.3 PolyJet成形系统 (57)

3.4 成形材料 (58)
3.4.1 光敏树脂的性能要求 (58)
3.4.2 光敏树脂的组成 (58)
3.4.3 光敏树脂的分类 (59)

3.5 SLA成形制造设备 (59)

3.6 SLA成形质量影响因素 (63)
3.6.1 原理性误差 (64)
3.6.2 工艺性误差 (65)
3.6.3 后处理误差 (68)

3.7 SLA的应用 (68)

3.7.1　功能性和装配性测试 ………………………………………………… (69)
　　3.7.2　辅助铸造 …………………………………………………………… (70)
　　3.7.3　制造原型零件 ……………………………………………………… (71)
　　3.7.4　陶瓷制备 …………………………………………………………… (72)
　思考与练习 ……………………………………………………………………… (73)

第4章　选择性激光烧结工艺及应用 ……………………………………………… (74)

4.1　概　述 ……………………………………………………………………… (74)
　　4.1.1　工艺发展 …………………………………………………………… (74)
　　4.1.2　工艺特点 …………………………………………………………… (75)
4.2　SLS成形工艺 ……………………………………………………………… (76)
　　4.2.1　基本原理 …………………………………………………………… (76)
　　4.2.2　后处理 ……………………………………………………………… (78)
4.3　SLS成形系统 ……………………………………………………………… (79)
　　4.3.1　光学扫描系统 ……………………………………………………… (80)
　　4.3.2　供粉及铺粉系统 …………………………………………………… (82)
4.4　SLS成形材料 ……………………………………………………………… (83)
　　4.4.1　对材料的要求 ……………………………………………………… (84)
　　4.4.2　成形材料分类 ……………………………………………………… (84)
4.5　SLS成形制造设备 ………………………………………………………… (88)
4.6　SLS成形影响因素 ………………………………………………………… (92)
　　4.6.1　原理性误差 ………………………………………………………… (93)
　　4.6.2　工艺性误差 ………………………………………………………… (96)
　　4.6.3　后处理误差 ………………………………………………………… (102)
4.7　SLS的应用 ………………………………………………………………… (102)
　　4.7.1　模具制造 …………………………………………………………… (102)
　　4.7.2　产品试制与验证 …………………………………………………… (103)
　　4.7.3　辅助铸造 …………………………………………………………… (103)
　　4.7.4　原型制作 …………………………………………………………… (103)
　　4.7.5　医学应用 …………………………………………………………… (104)
　思考与练习 ……………………………………………………………………… (104)

第5章　选择性激光熔化工艺及应用 ……………………………………………… (105)

5.1　概　述 ……………………………………………………………………… (105)
　　5.1.1　工艺发展 …………………………………………………………… (105)
　　5.1.2　工艺特点 …………………………………………………………… (106)
5.2　SLM成形工艺 ……………………………………………………………… (107)
　　5.2.1　基本原理 …………………………………………………………… (107)
　　5.2.2　后处理 ……………………………………………………………… (108)

5.3 SLM 成形系统 (108)
　　5.3.1 光学系统 (108)
　　5.3.2 铺粉系统 (111)
　　5.3.3 气体循环系统 (112)
5.4 SLM 成形材料 (113)
　　5.4.1 材料特性 (113)
　　5.4.2 常用的粉末材料 (115)
5.5 SLM 成形制造设备 (117)
5.6 SLM 成形影响因素 (119)
　　5.6.1 原理性误差 (119)
　　5.6.2 工艺性误差 (122)
　　5.6.3 后处理误差 (129)
5.7 SLM 的应用 (130)
　　5.7.1 航空航天 (130)
　　5.7.2 医学植入体 (131)
　　5.7.3 模具制造 (131)
　　5.7.4 汽车零部件制造 (132)
思考与练习 (133)

第6章 熔融沉积成形工艺及应用 (134)

6.1 概　述 (134)
　　6.1.1 工艺发展 (134)
　　6.1.2 工艺特点 (135)
6.2 FDM 成形工艺 (136)
　　6.2.1 基本原理 (136)
　　6.2.2 后处理 (137)
6.3 FDM 成形系统 (138)
　　6.3.1 运动机构 (138)
　　6.3.2 挤出机构 (139)
　　6.3.3 喷头 (140)
6.4 FDM 成形材料 (141)
　　6.4.1 成形材料 (141)
　　6.4.2 支撑材料 (144)
6.5 FDM 成形制造设备 (145)
6.6 FDM 成形影响因素 (147)
6.7 FDM 的应用 (151)
　　6.7.1 概念模型可视化 (151)
　　6.7.2 性能和功能测试 (152)
　　6.7.3 装配校验 (153)

  6.7.4 制造原型零件 …………………………………………………… (154)
  6.7.5 快速模具的母模 ………………………………………………… (155)
 思考与练习 ………………………………………………………………… (156)

第7章 三维印刷成形工艺及应用 ………………………………………… (157)

 7.1 概　述 ………………………………………………………………… (157)
  7.1.1 工艺发展 ………………………………………………………… (157)
  7.1.2 工艺特点 ………………………………………………………… (158)
 7.2 3DP 成形工艺 ………………………………………………………… (159)
  7.2.1 基本原理 ………………………………………………………… (159)
  7.2.2 后处理 …………………………………………………………… (159)
 7.3 3DP 成形系统 ………………………………………………………… (160)
  7.3.1 喷墨系统 ………………………………………………………… (161)
  7.3.2 运动系统 ………………………………………………………… (164)
 7.4 3DP 成形材料 ………………………………………………………… (164)
  7.4.1 粉末材料 ………………………………………………………… (164)
  7.4.2 黏合剂 …………………………………………………………… (165)
 7.5 3DP 成形制造设备 …………………………………………………… (166)
 7.6 3DP 成形影响因素 …………………………………………………… (168)
 7.7 3DP 的应用 …………………………………………………………… (170)
  7.7.1 概念模型可视化 ………………………………………………… (170)
  7.7.2 辅助铸造 ………………………………………………………… (170)
  7.7.3 制造原型零件 …………………………………………………… (172)
  7.7.4 医疗领域应用 …………………………………………………… (172)
 思考与练习 ………………………………………………………………… (174)

第8章 分层实体制造工艺及应用 ………………………………………… (175)

 8.1 概　述 ………………………………………………………………… (175)
  8.1.1 工艺发展 ………………………………………………………… (175)
  8.1.2 工艺特点 ………………………………………………………… (176)
 8.2 LOM 成形工艺 ………………………………………………………… (177)
  8.2.1 基本原理 ………………………………………………………… (177)
  8.2.2 后处理 …………………………………………………………… (178)
 8.3 LOM 成形系统 ………………………………………………………… (180)
  8.3.1 切割系统 ………………………………………………………… (181)
  8.3.2 升降系统 ………………………………………………………… (184)
  8.3.3 加热系统 ………………………………………………………… (185)
  8.3.4 原料供应与回收系统 …………………………………………… (189)
 8.4 LOM 成形材料 ………………………………………………………… (190)

  8.4.1　薄片材料 (191)
  8.4.2　热熔胶 (193)
  8.4.3　涂布工艺 (194)
 8.5　LOM 成形制造设备 (194)
 8.6　LOM 成形影响因素 (196)
  8.6.1　原理性误差 (196)
  8.6.2　工艺性误差 (198)
 8.7　LOM 的应用 (203)
 思考与练习 (206)

第9章　其他成形工艺及应用 (207)

 9.1　形状沉积制造工艺及应用 (207)
  9.1.1　概述 (207)
  9.1.2　SDM 成形工艺 (208)
  9.1.3　SDM 成形系统 (210)
  9.1.4　SDM 成形材料 (211)
  9.1.5　SDM 成形制造设备 (212)
  9.1.6　SDM 成形影响因素 (213)
  9.1.7　SDM 的应用 (214)
 9.2　电子束熔化成形工艺及应用 (216)
  9.2.1　概述 (216)
  9.2.2　EBM 成形工艺 (217)
  9.2.3　EBM 成形系统 (218)
  9.2.4　EBM 成形材料 (220)
  9.2.5　EBM 成形制造设备 (221)
  9.2.6　EBM 成形影响因素 (222)
  9.2.7　EBM 的应用 (223)
 9.3　激光近净成形工艺及应用 (224)
  9.3.1　概述 (224)
  9.3.2　LENS 成形工艺 (225)
  9.3.3　LENS 成形系统 (226)
  9.3.4　LENS 成形材料 (228)
  9.3.5　LENS 成形制造设备 (229)
  9.3.6　LENS 成形影响因素 (230)
  9.3.7　LENS 的应用 (231)
 思考与练习 (233)

第10章　3D 打印综合实例 (234)

 10.1　SLA 综合实例 (234)

10.1.1　案例分析 …………………………………………………………………（234）
　　10.1.2　成形设备 …………………………………………………………………（235）
　　10.1.3　3D 打印 …………………………………………………………………（236）
10.2　SLS 成形综合实例 …………………………………………………………………（241）
　　10.2.1　案例分析 …………………………………………………………………（241）
　　10.2.2　成形设备 …………………………………………………………………（242）
　　10.2.3　3D 打印 …………………………………………………………………（243）
10.3　SLM 成形综合实例 …………………………………………………………………（247）
　　10.3.1　案例分析 …………………………………………………………………（247）
　　10.3.2　随形冷却水路设计及模流分析 …………………………………………（248）
　　10.3.3　成形设备 …………………………………………………………………（252）
　　10.3.4　3D 打印 …………………………………………………………………（253）
10.4　FDM 成形综合实例 …………………………………………………………………（259）
　　10.4.1　案例分析 …………………………………………………………………（259）
　　10.4.2　三维建模 …………………………………………………………………（259）
　　10.4.3　成形设备 …………………………………………………………………（265）
　　10.4.4　模型切片与 FDM 打印 …………………………………………………（265）
10.5　3DP 成形综合实例 …………………………………………………………………（269）
　　10.5.1　案例分析 …………………………………………………………………（269）
　　10.5.2　三维建模 …………………………………………………………………（269）
　　10.5.3　成形设备 …………………………………………………………………（273）
　　10.5.4　模型切片与 3DP 打印 …………………………………………………（273）
思考与练习 …………………………………………………………………………………（278）

参考文献 ……………………………………………………………………………………（279）

第 1 章

绪 论

制造业是国民经济的重要支柱,在新时期我国正经历着从制造大国向制造强国的转变。"中国制造 2025"提出了要"加快新一代信息技术与制造业深度融合"的目标,制造业的数字化、网络化和智能化成为"中国制造 2025"的决胜点和主攻方向。

制造技术从制造原理上可以分为三类:第一类技术为等材制造,在制造过程中,材料仅发生了形状的变化,其质量基本上没有发生变化;第二类技术为减材制造,在制造过程中,材料质量不断减少;第三类技术为增材制造,即 3D 打印技术,在制造过程中,材料质量不断增加。等材制造技术已经发展了几千年,减材制造技术发展了几百年,而增材制造技术仅有 40 年的发展史,这种新兴技术实现了制造技术从等材、减材向增材的重大转变,正以其化虚拟数据为实物的独特能力改变着制造业。

3D 打印(3D Printing)技术,是 20 世纪 80 年代中期发展起来的一种高新技术,是造型技术和制造技术的一次重大突破,它从成形原理上提出一个分层制造、逐层叠加成形的全新思维模式,即将计算机辅助设计(Computer Aided Design,CAD)、计算机辅助制造(Computer Aided Manufacturing,CAM)、计算机数字控制(Computer Numerical Control,CNC)、激光、精密伺服驱动和新材料等先进技术集于一体,依据计算机上构建的工件三维设计模型,对三维设计模型进行分层切片,得到各层截面的二维轮廓信息,3D 打印设备的成形头按照这些二维轮廓信息在控制系统的调度下,选择性地固化或切割各层的成形材料,形成指定的截面轮廓,并逐步有序地叠加形成三维工件。这种高自由度、个性化的制作方式解决了以往传统制造中工程设计的难题,能够轻松制造出具有空洞与复杂细节的高精度零件和产品。更高的制造自由度为工程师的创新提供了帮助,推进了整个制造业的转型与升级。

美国材料与试验协会(American Society for Testing and Materials,ASTM)F42 国际委员会将 3D 打印定义为:"Process of joining materials to make objects from 3D model data, usually layer upon layer, as opposed to subtractive manufacturing methodologies."即一种利用三维模型数据通过叠加材料获得实体的工艺,通常为逐层叠加,相对于传统的材料去除加工工艺,这是一种"自下而上"的材料累加的制造工艺。3D 打印技术自 20 世纪 80 年代末逐步发展起来,

期间也曾被称为"材料累加制造"（Material Increase Manufacturing）、"快速原型"（Rapid Prototyping）、"分层制造"（Layered Manufacturing）、"实体自由制造"（Solid Free-form Fabrication）和"增材制造"（Additive Manufacturing）等。名称各异的叫法也从不同角度反映了该制造技术的多样化特点。

从广义的原理来看，以设计数据为基础，将材料（液体、粉材、线材或块材等）自动化地累加起来成为实体结构的制造方法，都可视为增材制造技术。增材制造技术不需要传统的刀具、夹具及多道加工工序，根据三维设计数据在一台设备上即可快速而精确地制造出任意复杂形状的零件，从而实现"自由制造"，解决了复杂结构零件难以制造的难题，并大大减少了加工工序，缩短了加工周期。增材制造技术的飞速发展，为世界带来了颠覆性的变革。

3D打印技术是增材制造的核心技术之一，发展3D打印技术是提高我国制造业自主创新能力和促进我国经济发展方式转变的关键之举。3D打印技术是一种基于材料堆积法的先进制造技术，综合了机电控制技术、数字建模技术、电子信息技术、材料化学技术等多个领域的先进技术，为复杂零件的成形提供了新的制造方法，为设计者拓宽了新的设计空间，是对传统制造技术体系的重要补充。3D打印技术具有灵活性，可以以较低的生产成本和较高的生产效率完成小批量、复杂、精细定制部件的生产，从而在生产上实现结构优化，达到节省零件加工材料、节约能源等目的。正因为如此，3D打印技术受到了国内外各界的关注，成为一个极具发展前景的朝阳产业。

1.1 3D打印发展历程与趋势

1.1.1 国外发展历程

3D打印技术的核心思想起源于19世纪末的美国。1892年到1988年是3D打印技术的起步期。从历史上看，首次提出层叠成形方法的是J.E. Blanther，1982年，他在其美国专利（#473901）中，提出用分层制造的方法来构成三维地形图。该方法的具体内容是：将地形图的轮廓线压印在一系列的蜡片上，然后按照轮廓线切割各蜡片，并将切割后的蜡片依次有序地黏结在一起，熨平表面，从而得到对应的三维地形图。

1902年，Carlo Baese在他的美国专利（#774549）中提出了一种用光敏聚合物来制造塑料件的加工工艺，这是现代第一种3D打印技术的加工工艺——光固化成形（Stereo Lithography, SL）的最初设想。1982年，Charles W. Hull将光学技术应用于快速成形领域，并在UVP的资助下，完成了首个3D打印系统光固化成形系统的搭建。该系统于1986年获得专利，是3D打印技术发展史上的一个里程碑。同年，Charles成立了3D Systems公司，研发了著名的STL文件格式，STL格式逐渐成为CAD/CAM系统接口文件格式的工业标准。1988年，3D Systems公司推出了世界上第一台基于立体光刻技术的商用3D打印机SLA-250，SLA-250的面世标志着3D打印商业化的起步。

20 世纪 50 年代后，世界上先后涌现出了几百种 3D 打印成形工艺及技术。包括但不局限于以下几种：Michael Feygin 于 1984 年发明了叠层实体制造（Laminated Object Manufacturing，LOM）技术，其成立的 Helisys 公司于 1991 年推出第一台 LOM 系统；Scott Crump 于 1988 年发明了熔融沉积成形（Fused Deposition Modeling，FDM）技术，并于 1989 年成立了 Stratasys 公司，三年后该公司推出了首台基于 FDM 技术的 3D 工业级打印机；C. R. Dechard 于 1989 年发明了选择性激光烧结（Selective Laser Sintering，SLS）技术，DTM 公司于 1992 年推出首台 SLS 打印机；美国麻省理工学院（MIT）的 Emanual Sachs 于 1993 年发明了三维印刷（Three Dimensional Printing，3DP）技术；Z Corporation 于 1995 年开始开发了基于 3DP 技术的打印机。

除了新工艺的提出，3D 打印新技术也得到了快速发展。如 Objet 公司于 2000 年更新了 SLA 技术，运用紫外线光感和液滴综合技术，大幅提高 3D 打印的制造精度；Z Corporation 公司于 2005 年推出世界上首台高精度彩色 3D 打印机 Spectrum Z510，完成了 3D 打印技术由单一色彩向多色彩的迈进；Objet 公司（已与 Stratasys 公司合并）于 2008 年推出 Objet 500 Connex3 打印机，它是一台能够同时使用几种不同打印原料的 3D 打印机，如图 1-1 所示；2009 年，澳大利亚 Invetech 公司和美国 Organovo 公司研制出全球首台商业化 3D 生物打印机，并打印出第一条血管；2009 年，Bre Pettis 带领团队创立了著名的桌面级 3D 打印机公司 MakerBot，向用户出售 DIY（Do It Yourself）套件，用户可自行组装 3D 打印机。这些技术创新使 3D 打印技术越来越贴近人们的生活，并对许多行业产生深远甚至颠覆性的影响。2012 年 4 月，英国著名经济学杂志《经济学人》发表封面文章 *The Third Industrial Revolution*，表示 3D 打印"将与其他数字化生产模式一起推动实现第三次工业革命"。

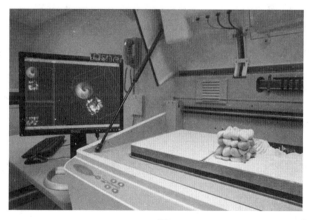

图 1-1　Objet 500 Connex3 打印机

2012 年，美国《时代》周刊将 3D 打印产业列为"美国十大增长最快的工业"。据 3D 打印领域的年度权威报告 *Wohlers Report* 2020 的数据，2019 年全球 3D 打印产业增长了 21.2%，达 118.67 亿美元，其中金属 3D 打印尤其突出。根据报告显示，2019 年销售约 2 327 台金属打印系统，而 2018 年销售量为 2 297 套，增幅 1.35%，如图 1-2 所示。在 2017—2019 年，金属打印机的平均销售价格逐年增长，每年的售价分别为 407 883 美元/台、413 043 美元/台、467 635 美元/台。

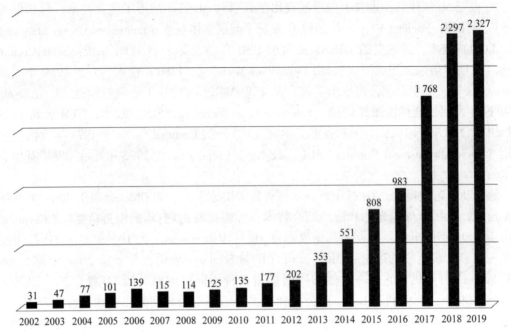

图 1-2　金属 3D 打印机销售趋势图

从国际市场来看，3D 打印成形市场本身已进入商业化阶段，出现了拥有多种成形工艺及相应的软件和设备的公司，如美国的 3D Systems、Stratasys 公司，德国的 EOS 公司，以色列的 Objet 公司，瑞典的 Arcam 公司，比利时的 Materialise 公司等。

由于 3D 打印技术蕴含着巨大商业价值，在建筑、医疗、汽车、航空航天等领域有着广泛应用，并且正不断融入人们的生活，因而众多国外企业纷纷投身到 3D 打印领域。经过多年的发展，国外企业通过自主研发或企业间并购等多种方式，不断优化产业链布局，不断将产业与技术高度集中，据公开资料统计，2019 年，非品牌设备的打印机销售占比达到了41.45%，品牌设备的销售占比为 58.6%，而在 2018 年的时候，非品牌设备的销售占比还只有 22.3%。这表明产业内的企业总数在不断增加，也意味着 3D 打印技术正日渐成熟。在接下来的几年，对于 3D 打印来说，虽然前路漫漫，但依然未来可期。今后的几年，3D 打印设备销售和服务将继续迎来高速发展。据预测，到 2021 年年底销售额可以达到 179 亿美元，而在 2029 年将至少达到 1 175 亿美元。

1.1.2　国内发展历程

我国 3D 打印技术的研究开始于 20 世纪 90 年代，研究工作主要在国内的高校展开。清华大学是最早从事 3D 打印技术研究的高校之一，1988 年，清华大学的颜永年教授在了解到快速成形技术后，多次与美国学者进行深入交流，并建立了清华大学激光快速成形中心。而后其与中国香港的殷发公司合作，创办了国内第一家 3D 打印公司——北京殷华快速成形模具技术有限公司，填补了国内在 3D 打印技术上的空白。颜永年教授所带领的研究团队主要就 3D 打印方面的基础理论、成形工艺、成形材料等方面展开研究，该团队自主研发了基于熔融沉积工艺原理的快速成形系统和基于叠层实体工艺原理的快速成形系统，并成功制备了叠层实体工艺的工艺用纸。

西安交通大学卢秉恒教授在 1992 年赴美学习的过程中发现了快速成形技术在汽车制造业中的应用前景，随后于 1994 年成立先进制造技术研究所，组建研究团队，并于 1997 年研发售出了国内第一台光固化快速成形机。1998 年，华中科技大学快速制造中心聘请史玉升教授专门负责选择性激光烧结技术和选择性激光熔化技术的研究，并针对性地对激光烧结设备及其合适的粉末材料进行研究，1999 年，史玉升团队应用自主研究的相关理论与研究的相关设备打印出了计算机鼠标外壳。2001 年，颜永年教授团队研制出了生物材料 3D 打印机，为制造科学又提出一个新的发展方向。此后，西北工业大学、华中科技大学等高校都将生物 3D 打印技术视为 3D 打印的重点研究方向。

3D 打印正式进入我国后，得到了社会各界的关注和投入。1995 年，3D 打印技术被列为我国未来十年十大模具工业发展方向之一，国内的自然科学学科发展战略调研报告也将 3D 打印技术研究列为重点研究领域之一。2012 年 10 月，由亚洲制造业协会联合华中科技大学、北京航空航天大学、清华大学等权威科研机构和 3D 行业领先企业共同发起的中国 3D 打印技术产业联盟正式宣告成立。2012 年 11 月，中国宣布成为世界上唯一掌握大型结构关键件激光成形技术的国家。2013 年，世界 3D 打印技术产业联盟宣告成立，总部基地落户南京。

2015 年 2 月，由国家工信部、发改委和财政部联合发布了《国家增材制造（3D 打印）产业发展推进计划（2015—2016 年）》，计划中要求将培育和发展 3D 打印产业作为推进制造业转型升级的一项重要任务，这为我国 3D 打印行业的快速发展提供了政策支持。同年 8 月，在李克强总理参会的"国务院先进制造与 3D 打印专题讲座"中，主讲人卢秉恒院士强调了 3D 打印在我国制造业发展中发挥的重大作用，这加大了国家政府对 3D 打印新兴技术发展的重视。2017 年 11 月，国家工信部、发改委、教育部、财政部等十二部委继续联合发布了《增材制造产业发展行动计划（2017—2020 年）》，使 3D 打印产业发展上升到国家高度，3D 打印产业已成为《中国制造 2025》的发展重点。

时至今日，我国 3D 打印技术已与世界先进水平同步甚至超过了世界先进水平。在高性能复杂大型金属承力构件增材制造等部分技术领域我国已达到国际先进水平。2016 年 12 月，中国科学家将 3D 打印血管植入恒河猴体内，实现了血管的再生，解决了临床人工血管内皮化的难题，该项成果属于全球首创，对干细胞技术临床应用具有里程碑意义。2017 年 7 月，上海长征医院成功完成全球首例全颈椎 3D 打印人工椎体置换手术，患者被确诊为软骨肉瘤，第二节至第七节颈椎骨都被侵蚀，通过对比分析患者的颈椎，应用 3D 打印技术设计定制了一模一样的钛合金人工椎体，最终实现了假体与人骨的融合，如图 1-3 所示。2019 年 11 月，中国建筑旗下中建二局广东建设基地完成了一栋 7.2 m 高的双层办公楼主体结构的 3D 打印工程，这标志着原位 3D 打印技术在建筑领域取得了突破性进展，这也是世界首例原位 3D 打印双层示范建筑，如图 1-4 所示。

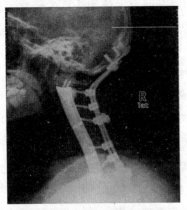

图1-3 3D打印人工椎体置换手术术后X光片

图1-4 世界首例原位3D打印双层示范建筑

1.1.3 未来发展趋势

在各种技术加速涌现的新时代，人们对3D打印、云计算、大数据、物联网等前沿技术已经见怪不怪了。经历了数十年的发展，3D打印技术已经逐步从科研阶段走向商业化落地阶段，3D打印技术已经在教育、建筑、医疗等领域初步展现了其蕴含的价值，许多传统行业也在3D打印技术的推动下快步地向着智能化、现代化方向进行转型升级。

《2019年中国3D打印产业市场需求与投资潜力分析报告》中指出，我国3D打印行业将呈现出以下几大发展趋势。

(1) 3D打印产业将持续高速增长。

报告中表示，预计未来十年，全球3D打印产业仍将处于高速增长期，据IDC预测，2020年全球增材制造产值将达289亿美元；而中国在不断突破技术壁垒的过程中，产业也将持续增长，进入大规模产业化时期。

(2) 工业3D打印将成为主流方向。

航空航天、汽车、航海、核工业以及医疗器械领域对金属3D打印的需求旺盛，应用端呈现快速扩展趋势。未来，工业3D打印将成为3D打印技术的主流应用方向。

(3) 应用深度和广度持续扩展。

未来，3D打印技术的应用环境将从简单的概念模型向功能部件直接制造方向发展。例如，在生物医疗领域，3D打印技术正在从"非活体"打印逐步进阶到"活体"打印。

总体而言，3D打印技术及产品已在我国航空航天、汽车、生物医疗、文化创意等领域得到了初步应用，涌现出了一批具备一定竞争力的骨干企业。但是，我国3D打印技术在高性能终端零部件直接制造方面还具有非常大的提升空间。同时，需要清楚认识到我国3D打印产业存在着关键核心技术有待突破，装备及核心器件、成形材料、工艺及软件等产业基础薄弱，政策与标准体系有待建立，缺乏有效的协调推进机制等问题。

随着智能制造进一步发展成熟，以及新的信息技术、控制技术、材料技术等不断被广泛应用到制造领域，技术难题将不断被突破，3D打印技术也将被推向更高的层面。未来，3D

打印技术的发展将呈现出精密化、智能化、通用化以及便捷化趋势。未来，拓展 3D 打印技术在生物医学、建筑、车辆、服装等更多行业领域的创造性应用将势在必行。

1.2　3D 打印原理概述

1.2.1　3D 打印基本原理

3D 打印技术是先进制造技术的重要组成部分。尽管 3D 打印技术包含多种工艺方法，但它们的基本原理都相同，其运作原理类似于传统喷墨打印机。传统喷墨打印机是将计算机屏幕上的一份文件或图形，通过打印命令传送给打印机，喷墨打印机即刻将这份文件或图形打印到纸张上。而 3D 打印技术的基本原理是：首先设计出所需产品或零件的计算机三维模型（如 CAD 模型）；然后根据工艺要求，按照一定的规则将该模型离散为一系列有序的二维单元，一般在 Z 轴向将其按一定厚度进行离散（也称为分层），把原来的三维 CAD 模型变成一系列的二维层片；再根据每个层片的轮廓信息，进行工艺规划，选择合适的加工参数，自动生成数控代码；最后由成形系统接受控制指令，将一系列层片自动成形并将它们连接起来，得到一个三维物理实体。有必要的话，可对完成的三维产品进行后处理，如深度固化、修磨、着色等，使之达到原型或零件的要求。3D 打印技术的基本原理如图 1-5 所示。

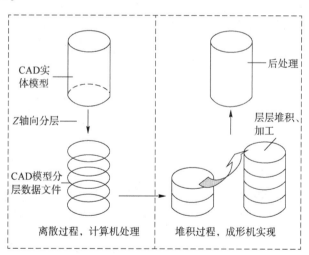

图 1-5　3D 打印技术基本原理示意

1.2.2　3D 打印工作流程

3D 打印的加工过程包括前处理、成形加工和后处理三个阶段，其中，前处理是获得良好成形产品的关键所在。

1. 前处理阶段

在打印前准备打印文件，主要包括三维造型的数据源获取以及对数据模型进行分层处理。

1) 三维建模

由于 3D 打印系统是由三维 CAD 模型直接驱动的，因此，首先要构建所加工工件的三维 CAD 模型。该三维 CAD 模型可以利用计算机辅助设计软件（如 Creo、Solidworks、UG 等）直接构建，也可以将已有产品的二维图样进行转换而形成三维模型，或对产品实体进行激光扫描、CT 断层扫描，得到点云数据，然后利用反求工程的方法来构造三维模型。目前，所有的商业化软件系统都有 STL 文件的输出数据接口。

2) 模型导入与数据处理

将建模输出的 STL 格式文件导入专门的分层软件，并对 STL 文件进行校验和修复。由于产品往往有一些不规则的自由曲面，加工前要对模型进行近似处理，以方便后续的数据处理工作。STL 格式文件简单、实用，目前已经成为 3D 打印领域的标准接口文件。STL 是用一系列小三角形平面来逼近原来的模型，每个小三角形用 3 个顶点坐标和一个法向量来描述，三角形平面的大小可以根据精度要求进行选择。STL 数据校验无误后，就可以摆放打印模型位置。摆放时要考虑到安装特征的精度、表面粗糙度、支撑去除难度、支撑用量以及功能件受力方向的强度等。

3) 模型切片处理

根据被加工模型的特征确定分层参数，包括层厚、路径参数和支撑参数等。层厚一般取 0.05~0.5mm。层厚越小，成形精度越高，但成形时间也越长，效率也越低，反之则精度低，效率高。分层完成后得到一个由层片累积起来的模型文件，将其存储为所用打印机能识别的格式。

2. 成形加工阶段

打印设备开启后，启动控制软件，读入前处理阶段生成的层片数据文件，在计算机控制下，相应的成形头（激光头或喷头）按各截面信息做扫描运动，在工作台上一层一层地堆积材料，然后将各层相黏结，最终得到原型产品。

3. 后处理阶段

打印结束后，从成形系统里取出成形件，进行去除支撑、打磨、抛光、二次固化，或放在高温炉中进行后烧结，进一步提高其强度。

从整个打印过程可以看出，所有的打印方法都必须先由 CAD 数字模型经过分层切片处理。因此，打印前必须对数据进行前期处理，数据处理的结果直接影响打印件的质量、精度以及打印效率。图 1-6 所示为 3D 打印的数据处理流程。

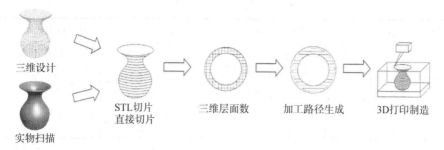

图 1-6　3D 打印的数据处理流程

1.2.3　3D 打印与传统制造

3D 打印技术与传统制造方法的加工方式不同，传统制造方法中的减材制造是将原材料通过车、铣、刨、磨、钻等方式，去除材料的一部分以得到零件实体的一种加工方式，传统的减材制造与 3D 打印相比对于原材料的利用率偏低。传统制造方法中的等材制造则是通过铸造、锻造等方式来改变原材料的形状的，在原材料质量无增减的情况下得到所需的零件实体。等材制造被广泛应用于注塑、挤压等领域。与 3D 打印相比，等材制造在生产过程中需要花费大量的时间成本用于模具制造的技术积累。而对于 3D 打印技术来说，只要能构建出零件的三维模型，就能将用户心中的想法打印出来，从而真正做到所想即所得。

3D 打印技术与传统制造方法的加工过程有所不同，3D 打印技术的加工过程是基于"离散/堆积成形"思想，是从零件的 CAD 实体模型出发，通过软件分层离散，利用数控成形系统层层加工的方法将成形材料堆积而形成实体零件的加工过程。3D 打印技术可以自动、快速、精确地将计算机中的设计模型转化为实物模型，甚至可以直接制造零件或模具，从而有效地缩短加工周期、提高产品质量并减少制造成本。3D 打印技术与传统制造技术的特征比较见表 1-1。

表 1-1　3D 打印技术与传统制造技术的特征比较

特征	传统制造技术	3D 打印技术
基本技术	车、铣、钻、磨、铸、锻	FDM、SLA、SLS、SLM、LOM、3DP 等
使用场合	大规模、批量化、不受限	小批量、造型复杂
零件复杂程度	受刀具或模具的限制，无法制造太复杂的曲面或异形深孔等	可制造任意复杂形状（曲面）的零件
适用材料	几乎所有材料	塑料、光敏树脂、陶瓷粉末、金属粉末等（有限）
材料利用率	产生切屑，利用率低	利用率高，材料基本无浪费
加工方法	去除成形，切削加工	添加成形，逐层加工
工具	切削工具	光束、热束

续表

特征	传统制造技术	3D打印技术
应用领域	广泛，不受限制	原型、模具、终端产品等
产品强度	较好	有待提高
产品周期	相对较长	相对较短
智能化	不容易实现	容易实现

与传统制造方法相比，3D打印技术具有以下几个特点：
(1) 3D打印技术变"减材""等材"加工为"立体打印"的增材制造；
(2) 化三维立体为二维平面，降低了制造复杂度；
(3) 适合结构复杂、个性化制造及创新构想模型的快速验证；
(4) 3D打印技术具有成形材料广、零件性能优的突出特点。

1.3 3D打印技术分类

随着对3D打印技术研究的不断深入，行业内对于3D打印技术的分类也逐渐形成统一标准，其中主流分类方式主要是按照3D打印的不同成形工艺和不同加工材料进行分类的。

1.3.1 按成形工艺分类

当前，3D打印技术按照成形工艺通常可分为两大类：一类是基于激光或其他光源的成形技术，包括光固化成形（Stereo Lithography Apparatus，SLA）工艺、选择性激光烧结（Selective Laser Sintering，SLS）工艺、选择性激光熔化（Selective Laser Melting，SLM）工艺、分层实体制造（Laminated Object Manufacturing，LOM）工艺等。另一类是基于喷射的成形技术，包括熔融沉积成形（Fused Deposition Modeling，FDM）工艺、三维印刷成形（Three-Dimensional Printing，3DP）工艺等。

1. 光固化成形（SLA）工艺

SLA工艺以光敏树脂为加工材料，在计算机控制下，紫外激光束按各分层截面轮廓的轨迹进行逐点扫描，被扫描区内的树脂薄层产生光聚合反应后固化，形成制件的一个薄层截面。每一层固化完毕之后，工作平台移动一个层厚的高度，然后在之前固化的树脂表面再铺上一层新的光敏树脂以便进行循环扫描和固化。如此反复，每形成新的一层均黏附到前一层上，直到完成零件的制作。需要注意的是，由于一些光敏树脂材料的黏度较大，流动性较差，这使得在每层照射固化之后，液面都很难在短时间内迅速流平。因此，大部分SLA设备都配有刮刀部件，用于在每次打印台下降后进行刮切操作，这样也便于将树脂均匀地涂覆在下一叠层上。SLA所用激光器的激光波长有限制，一般采用UV He-Cd激光器（325 nm）、UV Ar+激光器（351 nm、364 nm）和固体激光器（355 nm）等。采用这种工艺加工速度快,产品生产周期短,成形的零件有较高的精度且表面光洁;但其缺点是:可用材料的选择种类少,材料成本较高,激光器价格昂贵,从而导致零件制作成本较高。

SLA 技术已经在全球范围内得到了迅速的普及和广泛的应用,该项技术在概念设计与交流、精密铸造、快速模具、产品模型及直接面向产品的模具等众多方面被广泛应用于各行各业。

2. 选择性激光烧结(SLS)工艺

SLS 工艺采用高能激光器作为能源,根据计算机输出的产品模型的分层轮廓,在选择区域内扫描,铺粉系统将粉末材料均匀铺设在熔融工作台上,处于扫描区域内的粉末被激光束熔融后,形成一层烧结层,没有烧过的区域仍保持粉末状态,烧结完一层后,基体下移一个截面层厚,铺粉系统铺设新粉,计算机控制激光束再次扫描进行下一层的烧结。逐层烧结后,再去掉多余的粉末即获得产品原型。

为了提高产品原型的力学性能和热学性能,一般还需要对其进行高温烧结、热等静压、熔浸和浸渍等后处理。SLS 对材料的适用范围很广,特别是在金属和陶瓷材料的成形方面有独特的优点,由于成形材料的多样化,SLS 适用于多种应用领域,如原型设计验证、模具母模、精铸熔模、铸造型壳和型芯等。其缺点是:所成形零件的精度和表面光洁度较差。

3. 选择性激光熔化(SLM)工艺

SLM 工艺是在选择性激光烧结(SLS)工艺的基础上发展起来的,利用激光的高能光束对材料有选择地扫描,使金属粉末吸收能量后温度快速升高,发生熔化并接着进行快速固化,实现对金属粉末材料的激光加工。该工艺不需要黏合剂,成形的精度和力学性能要高于 SLS 工艺。在激光束开始扫描前,铺粉装置先把金属粉末平铺在成形缸的基板上,激光束再按当前层的填充轮廓线选择性熔化基板上的粉末,完成当前层的加工,然后成形缸下降一个层厚的距离,粉料缸上升一定厚度的距离,铺粉装置再在已加工好的当前层上铺好金属粉末,激光束按照下一层轮廓的数据进行加工,如此层层堆叠加工,直到整个工件的加工完毕。

整个加工需要在惰性气体的保护下进行,以避免金属在高温下与其他气体发生反应。工艺金属粉末包括铜、铁、铝及铝合金、钛及钛合金、镍及镍合金、不锈钢(304L、316L)、工具钢等。SLM 成形的零件致密度好,接近 100%,成形精度高,形状不受限制,但是设备投入成本较高,速度偏慢,精度和表面质量有限,需要后期加工。

4. 熔融沉积成形(FDM)工艺

FDM 工艺是以丝状的 PLA、ABS 等热塑性材料为原料,采用热熔喷头装置,使得熔融状态的塑料丝,在计算机的控制下,按模型分层数据控制的路径从喷头挤出,喷头可沿着 X 轴方向移动,而工作台则沿着 Y 轴方向移动。

在加工过程中,始终保持热熔性材料的温度稍高于固化温度,而成形部分的温度稍低于固化温度,从而保证热熔性材料挤喷出喷嘴后,能够与前一层面熔结在一起。一个层面沉积完成后,工作台按预定的增量下降一层的厚度,再继续熔喷沉积,直至完成整个工件的立体成形。这种工艺目前是 3D 打印技术最常见的应用工艺,其工艺成熟度高,能量传输和材料传输方式使得系统成本较低,可以进行彩色打印。但其依然存在以下缺点:由于喷头的运动是机械运动,速度有一定限制,所以加工时间稍长,成形材料适用范围不广,喷头孔径不可能很小,因此,原型的成形精度较低,成形表面光洁度不高。

5. 三维印刷成形(3DP)工艺

3DP 工艺原理与日常办公用喷墨打印机的原理近似,首先在工作仓中均匀地铺粉,再用喷头按指定路径将液态的黏合剂喷涂在粉层上的指定区域,随着工作仓的下降逐层铺粉并喷涂黏合剂,待黏合剂固化后,除去多余的粉末材料,即可得到所需的产品原型。

3DP 工艺涉及的粉末材料包括石膏粉末、塑料粉末、石英砂、陶瓷粉末、金属粉末等。该工艺可分为三种:粉末黏结 3DP 工艺、喷墨光固化 3DP 工艺、粉末黏结与喷墨光固化复合 3DP 工艺。其中粉末黏结 3DP 工艺与 SLS 类似,区别是,粉末材料不是通过烧结连接起来的,而是通过喷头喷射黏合剂黏结成形的。对于采用石膏粉末等作为成形材料的粉末黏结 3DP 工艺,其工件表面顺滑度受制于粉末颗粒的大小,所以工件表面粗糙,需用后处理来改善,并且原型件结构较松散,强度较低;对于采用可喷射树脂等作为成形材料的喷墨光固化 3DP 工艺,虽然其成形精度高,但由于其喷墨量很小,每层的固化层片一般为 $10\sim30\ \mu m$,所以其加工时间较长,制作成本较高。

6. 分层实体制造(LOM)工艺

LOM 工艺以薄片材料为原料,如纸、金属箔、塑料薄膜等,在材料表面涂覆热熔胶,再根据每层截面形状进行切割粘贴,实现零件的立体成形。这种工艺是根据二维分层模型所获得的数据,利用激光束,将单面涂有热熔胶的薄膜材料切割成产品模型的内外轮廓,同时加热含有热熔胶的纸等材料,使得刚刚切好的一层和下面的已切割层黏结在一起。切割时工作台连续下降。切割掉的纸片仍留在原处,起支撑和固定作用。如此循环,逐层反复地切割与黏合,最终叠加形成零件立体原型。薄膜的一般厚度为 $0.07\sim0.1\ mm$。该种工艺因其层面信息只包含加工轮廓信息,因此可以达到很高的加工速度,并且能够完成大尺寸零件的成形加工,但其缺点是:材料选择种类少,每层厚度不可调整。以纸质的片材为例,每层轮廓被激光切割后会留下燃烧的灰烬,且燃烧时有较大的有毒烟雾;而采用 PVC 薄膜作为片材时,由于材料较贵,利用率较低,模型成本太高。

SLA、SLS、SLM、FDM、3DP 和 LOM 等六种常见 3D 打印成形工艺之间的比较见表 1-2。

表 1-2 常见 3D 打印成形工艺比较

工艺	光固化成形	选择性激光烧结	选择性激光熔化	熔融沉积成形	三维印刷成形	分层实体制造
简称	SLA	SLS	SLM	FDM	3DP	LOM
材料类型	液体(光敏聚合材料)	粉末(聚合材料、金属、陶瓷)	粉末(金属)	丝材(PLA、ABS、PC、PPSF 等)	粉末(石膏、蜡、金属、砂、聚合材料)	片材(塑料、纸、金属)

续表

工艺	光固化成形	选择性激光烧结	选择性激光熔化	熔融沉积成形	三维印刷成形	分层实体制造
精度（mm）	0.05~0.2	0.1~0.2	0.05~0.1	0.15~0.25	0.1~0.2	0.1~0.2
速度	一般	快	快	慢	很快	快
是否需要支撑	是	否	否	是	否	是
代表性公司	3D Systems、Envisiontec、Shining3D	EOS、3D Systems、Arcam	EOS、3D Systems、Arcam	Stratasys、Shining3D	3D Systems、Objet、ExOne、Solidscape、Voxelet	Helisys、Kira

1.3.2 按加工材料分类

3D 打印技术可按照加工材料物理状态的不同进行分类，成形材料主要包括液态材料、离散颗粒和实体薄片，如图 1-7 所示。

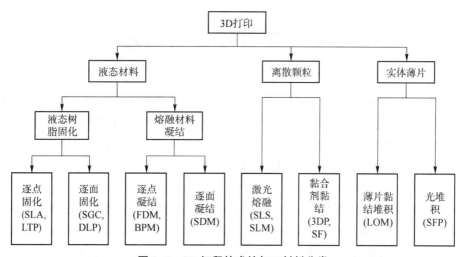

图 1-7　3D 打印技术按加工材料分类

1. 液态材料

液态材料的成形方法有液态树脂固化成形和熔融材料凝结成形两种，而液态树脂固化又包括逐点固化和逐面固化。SLA 属于典型的逐点固化工艺，成形过程与 SLA 相同的 LTP（Liquid Thermal Polymerization）为树脂热固化成形，LTP 是一种用红外激光器固化热性光敏树脂的成形工艺。SGC（Solid Ground Curing）为实体掩模成形，属于逐面固化成形，它是将每层的 CAD 数据制成一掩模，覆盖于树脂上方，通过在掩模上方的 UV 光源发出的平行光束，把该层的图形迅速固化，未固化的树脂被清洗掉，接着用蜡填充该层未被固化的区域，随后蜡在成形室内较低的温度下凝固，再铣平该层蜡。

熔融材料凝结成形又包括逐点凝结和逐面凝结。逐点凝结成形的典型工艺包括 FDM、BPM 等。BPM（Ballistic Particle Manufacturing）为弹道颗粒制造成形，将熔化的成形材料由喷嘴喷射到冰冷的平台上后，成形材料被迅速凝固成形。

2. 离散颗粒

离散颗粒材料成形方法包括激光熔融颗粒成形和黏合剂黏结颗粒成形两种方法。SLS、SLM 是激光熔融颗粒成形的两种典型工艺，3DP 属于黏合剂黏结颗粒成形。SF（Spatial Forming）空间成形也属于黏合剂黏结颗粒成形，每层切片的负型用有颜色的有机墨打印到陶瓷基体上，随后被紫外光固化，达到一定层数后，用含有金属颗粒的另一种墨填充未被有机墨喷射的区域，随后该种墨被固化，并铣平。

3. 实体薄片

实体薄片材料成形方法有薄片黏结堆积成形和采用光堆积成形两种。薄片黏结堆积成形的典型工艺为 LOM。SFP（Solid Foil Polymerisation）实体薄片成形属于采用光堆积成形，先用某种光源固化树脂形成一半固化薄层，再用 UV 光源在该半固化层上固化出该层的形状，未被 UV 固化的区域可以作为支撑，并且能够去除。

1.4　3D 打印材料概述

材料作为产品制造的物质，不但决定着产品的外在品质与内在性能，也决定着产品的加工方式。自 20 世纪 70 年代人们把信息、材料和能源誉为当代文明的三大支柱以来，材料研究一直得到高度重视和迅猛发展。随后，新材料、信息技术与生物技术又被并列为新技术革命的重要标志。在机械制造业，新材料更是有力地促进了传统制造业的改造和先进制造技术的涌现。

基于材料堆积方式的 3D 打印技术改变了传统制造的去除材料加工方法，材料是在数字化模型离散化基础上通过累积式的建造方式堆积成形的。因此，3D 打印技术对材料在形态和性能方面都有了不同要求。在早期的 3D 打印工艺方法研究中，材料研发根据工艺装备研发和建造技术的需要而发展，同时，每一种 3D 打印工艺的推出和成熟都与材料研究与开发密切相关。一种新的 3D 打印材料的出现往往会使 3D 打印工艺及设备结构、成形件品质和成形效益产生巨大的进步。3D 打印的材料根据实体建造原理、技术和方法的不同进一步细分为液态材料、丝状材料、薄层材料和粉末材料等。不同的制造方法对应的成形材料的状态是不同的，不同的成形制造方法对成形材料性能的要求也是不同的。随着 3D 打印技术的发展和推广，许多材料专业公司加入 3D 打印材料的研发中，3D 打印材料正向高性能、系列化的方向发展。

表 1-3 列出了不同工艺以及相应的打印材料。

表 1-3 打印材料与工艺

材料形态	成形工艺	打印材料
液态材料	立体光刻技术（SLA）	光敏树脂
	数字光处理（DLP）	光敏树脂
	三维印刷成形（3DP）	聚合材料、蜡
	石膏 3D 打印（PP）	UV 墨水
丝状材料	熔融沉积成形（FDM）	热塑性材料、低熔点金属、食材
	电子束自由成形制造（EBF）	钛合金、不锈钢等
薄层材料	分层实体制造（LOM）	纸、金属薄膜、塑料薄膜
粉末材料	直接金属激光烧结（DMLS）	镍基合金、钴基合金、铁基合金、碳化物复合材料、氧化物陶瓷材料等
	电子束选择性熔化成形（EBM）	钛合金、不锈钢等
	选择性激光熔化成形（SLM）	镍合金、钛合金、钴铬合金、不锈钢、铝等
	选择性激光烧结成形（SLS）	热塑性塑料颗粒、金属粉末、陶瓷粉末
	选择性热烧结（SHS）	热塑性粉末
	激光近净成形（LENS）	钛合金、不锈钢、复合材料等

当然，不同的打印材料是针对不同的应用的，3D 打印材料及其性能不仅影响着产品原型的性能及精度，而且也影响着与制造工艺相关联的建造过程。3D 打印技术对其成形材料的要求一般有以下几点：

（1）适应逐层累加方式的 3D 打印建造模式。
（2）在各种 3D 打印的建造方式下能快速实现层内建造及层间连接。
（3）制造的原型零件具有一定尺寸精度、表面质量和尺寸稳定性。
（4）制造的原型零件具有一定力学性能及稳定性能，且无毒、无污染。
（5）应该有利于后续处理工艺。

1.4.1 常见的 3D 打印材料

当前，已有的 3D 打印材料有 200 余种，这些材料在耐热性、灵活性、稳定性以及敏感性等性能上都能满足一定的要求。被广泛应用于专业原型制作和生产应用的 3D 打印材料主要可以划分为工程塑料、光敏树脂、金属材料和陶瓷材料这四个大类。

1. 工程塑料

工程塑料是当前行业应用最为广泛的一类 3D 打印材料，其在商用 3D 打印材料的占比达到 90% 以上，被广泛应用于 FDM 设备的 3D 打印工作中，其强度、耐冲击性、耐热性、硬度及抗老化性等综合性能都有较优的表现。目前常见的工程塑料主要有以下几类。

1) ABS

ABS（Acrylonitrile Butadiene Styrene，ABS）是丙烯腈（A）、丁二烯（B）、苯乙烯（S）三种单体的三元共聚物，是当前最热门的 FDM 热塑性塑料之一，通常呈丝状，具有无毒、无味、价格低廉的优点。运用该种材料经过熔化冷却后打印出来的零部件的机械强度能够达到生产级 ABS 的 70%，能够达到绝大部分原型部件的机械强度要求，ABS 是熔融沉积 3D 打印的首选工程塑料。同时，它在和可溶性支撑材料混合使用时，能够提供更为多样的颜色选择。例如，Stratasys 公司研发的 ABS plus 材料在 FDM 技术的辅助下就能提供象牙色、黑色、蓝色等九种颜色的选择。图 1-8 所示为 ABS 材料制成的 3D 打印零部件。

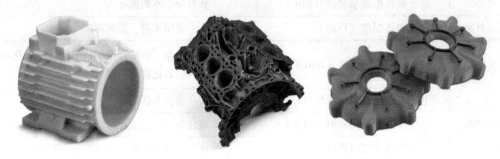

图 1-8　ABS 材料制成的 3D 打印零部件

2) PC

聚碳酸酯（Polycarbonate，PC）材料是被广泛应用于医疗器械、航空航天、汽车制造等领域的白色工程塑料，其机械强度比 ABS 材料还要高出 60% 左右，其在耐磨性、耐高温性、抗冲击性等方面表现优异，是真正的热塑性材料。使用 PC 材料制作的零部件，可以直接作为最终零部件用于工业生产，PC 材料制成的 3D 打印产品如图 1-9 所示。

图 1-9　PC 材料制成的 3D 打印产品

3) PA

聚酰胺（Polyamide，PA）俗称尼龙（Nylon）。尼龙材料对当前 FDM 材料产品组合进行了补充，能够满足在需使用重复卡扣匹配测试、高抗疲劳性、强耐化学性和按压（摩擦）匹配嵌件等方面的应用需求，图 1-10 所示为尼龙材料制成的 3D 打印产品。尼龙材料凭借其在韧性、无尘性等方面的突出表现，在航空航天、汽车和消费品等领域得到了普遍应用。Stratasys 公司生产的 FDM Nylon 12 零件具有出色的断裂伸长率和优异的抗疲劳性，适用于重复闭合、卡扣式和抗振动部件。

图 1-10　尼龙材料制成的 3D 打印产品

2. 光敏树脂

光敏树脂是在紫外线（Ultra-Violet Ray，UV）照射下会固化的液体树脂，其具有良好的液体流动性和瞬间光固化特性。使用光敏树脂材料制作而成的产品光滑而精致，是原型制作的不错选择，同时也适用于某些开模应用。图 1-11 所示为利用 PolyJet 技术通过喷射细液滴的光敏树脂打印 3D 工艺品。

虽然光敏树脂与行业内通常生产使用的热塑性塑料和弹性材料不属于同一类别，但是光敏树脂在机械特性、热特性和视觉特性方面均可比拟这些材料。它的缺点是对紫外线很敏感，并且不如工程塑料那样耐用。

图 1-11　光敏树脂材料制成的工艺品

3. 金属材料

3D 打印材料中的金属材料多呈粉末状、箔状和丝状。通常应用于当高性能热塑性塑料不能满足要求时，通过使用添加金属和合金，来确保制造出致密、耐腐蚀且强度高的零件，并且能够保障热处理和应力消除。

金属材料能够适用于 SLS、DMLS、EBM 等工业级别的 3D 打印机。当前常见的金属材料包括钛合金、不锈钢、钴铬合金和铝合金等材料。金、银等贵金属粉末材料偶尔也会被用于打印首饰或艺术品等，如图 1-12 所示。

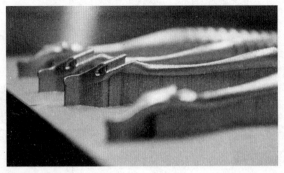

图 1-12　金属材料制成的零件和手术刀

4. 陶瓷材料

陶瓷材料具有高强度、高硬度、耐高温和耐腐蚀等特性，广泛运用于生物、机械工程等领域。3D 打印专用陶瓷材料是由陶瓷粉末和黏合剂混合而成的，陶瓷 3D 打印技术是利用激光作用在打印材料上时，使打印材料内部发生交联固化作用的原理，通过逐层叠加打印形成陶瓷零部件的。应用该种技术制成的陶瓷零部件，其致密度接近 100%，是具有极高强度和硬度的产品。陶瓷材料能够打印出形态逼真、色彩丰富、质感独特的产品，是工艺品、建筑和卫浴产品的理想选择，如图 1-13 所示。

图 1-13　陶瓷 3D 打印技术制成的工艺品

1.4.2　新兴的 3D 打印材料

2019 年，EOS 推出了一款全新柔性高分子材料：EOS TPU 1301，又为工业 3D 打印材料增添了有力的一员。该种材料具有高变形回弹性、减震性和工艺高稳定性等特性，应用该种材料打印出来的产品表面光滑，是鞋类、生活类和汽车类产品的理想选择，例如缓冲元件、防护齿轮和鞋底等，如图 1-14 所示。

如图 1-15 所示，美国得克萨斯州的拉马尔大学研究团队使用先进的 SLA 3D 打印机开发出了一种自我修复材料。该种材料能够在紫外线的照射下实现"自我修复"，能够在材料受损时对废料进行再利用，从而实现材料的零排放零污染。

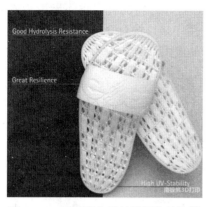
图 1-14　柔性高分子材料制作的拖鞋

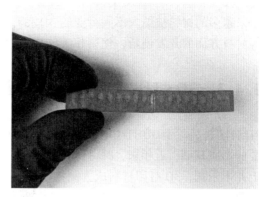
图 1-15　拉马尔大学研发的自我修复材料

2018 年，研究人员研发制造出一种新型的抗菌 3D 打印材料，该种材料是由各种植物基树脂和金属纳米氧化物颗粒组成的，其成分内包含的防止微生物浮游生长的氧化物颗粒、防止表面相关生长的油脂和防止临床病原体增殖的物质能够有效防止细菌的入侵生长和繁殖，该种材料或将在灭菌医疗工具的生产和制作领域得到广泛应用。

全球领先的特种化学品公司之一，科莱恩公司推出的增强型 PLA+GF10 材料，如图 1-16 所示，是一种高强度、高韧性的 3D 打印材料，在众多品牌的 3D 打印机上都能通用，并且具备高抗冲击性、高成形性、高抗摔性等出色的材料性能。通过试验测试表明，该种材料的断裂抗拉伸能力、拉伸模量及简支梁缺口冲击强度均比市场上的 PLA 材料高出

图 1-16　科莱恩公司推出的
增强型 PLA+GF10 材料

100%，断裂延伸率高出 42%。非常适用于打印工装夹具等生产辅助工具。

如图 1-17 所示，Markforged 公司于 2019 年推出了一款新型阻燃塑料 3D 打印材料 Onyx FR，可以应用于航空航天、国防和汽车等行业。该种材料具有自熄性、防火性、耐热耐高温、耐化学性的特质，比 ABS 材料强度高 1.4 倍，在 UL94 可燃性测试中达到了 V-0 等级，为飞机制造、国防事业提供了更多的 3D 打印的可能。

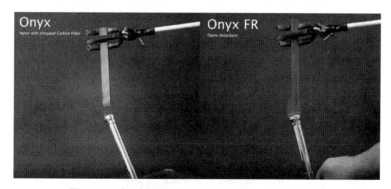
图 1-17　新型阻燃塑料 3D 打印材料——Onyx FR

在过去几年里,随着3D打印技术的发展,对于3D打印材料的开发也不断取得新的突破,越来越多的材料被纳入不同行业的3D打印技术应用中来。镍合金、碳、树脂和生物有机物等材料方面的开发创新,使得相关的3D打印技术的应用不断扩大。

1.4.3　3D打印材料的发展趋势

3D打印材料对于3D打印的重要性,相当于水之于鱼,它可以说是整个3D打印发展中最重要的物质基础。近年来,3D打印技术得到快速发展,应用领域也更为广泛,但在材料供给上并不乐观,3D打印材料成为制约3D打印进一步发展的技术瓶颈。

此前市场研究机构SmarTech根据目前3D打印材料研发的最新进展,总结了3D打印材料的三大趋势:高黏度陶瓷膏料或将在光聚合技术中得到广泛使用;粉末床熔融工艺中使用的金属铂制剂可以广泛应用于航空航天和医疗方向;选择性激光烧结(SLS)技术中使用的碳强化聚合物将被推广应用至汽车领域。

目前,国内在3D打印原材料方面缺少相关标准,加之生产3D打印材料的企业很少,特别是金属材料方面仍依赖进口,导致3D打印产品成本较高,影响其产业化进程。因此,建立相关标准迫在眉睫,同时加大对3D打印材料研发以及产业化的资金支持。

3D打印关键性材料的"缺失"已经成为影响3D打印产业腾飞的桎梏,如何寻找到优秀的新材料企业和优质的3D打印材料成为整个产业界关注的焦点。如若材料学基础研究能够取得更大的突破,那必将推动3D打印产业在未来更好地发展。

1.5　3D打印技术应用领域

3D打印提升了制造的自由度、节省了材料和缩短了工期,在定制化柔性方面优势明显。随着技术不断升级和打印材料选择范围的扩大,3D打印的应用领域越来越广泛,无论是在工业领域还是在用领域都取得了长足的进步,具体的行业分布如图1-18所示。P&S市场研究公司发布的3D打印市场研究报告显示,到2023年,全球3D打印市场预计将达到318.63亿美元。

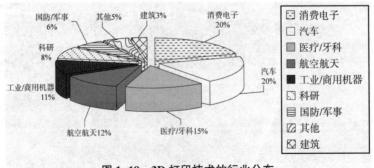

图1-18　3D打印技术的行业分布

1.5.1 工业制造领域的应用

3D 打印技术在工业制造领域的应用具体可以划分为模具制造领域、家电制造领域、航空航天领域、国防军事领域等。如图 1-19 所示，模具制造领域主要的应用场景是利用 3D 打印技术制造快速模具，规避传统模具存在的表面粗糙、使用寿命短等问题，以提高产品的成品率，有效地节约开发时间和费用。在家电制造领域则是利用 3D 打印技术设计制造出各式各样的家电外形和家电特殊零件。

图 1-19　3D 打印的快速模具

航空航天领域的应用是工业级 3D 打印技术最早探索的方向之一，最早的 3D 打印技术是用于制作航空设备的外观模型和辅助风洞测试的。就目前 3D 打印技术在军事领域的应用情况而言，其主要用于武器装备受损部件的维修和复杂零部件的生产，3D 打印技术所具备的制造成本低、速度快的特点，能有效降低武器装备研发过程中的风险，节约研制时间。图 1-20 所示为3D 打印制作的东方航空公司 B777 驾驶舱"电子飞行数据包"支架。

图 1-20　3D 打印制作的东方航空公司 B777 驾驶舱"电子飞行数据包"支架

1.5.2 建筑设计领域的应用

在建筑设计中，为了更好地表达设计意图和展示建筑结构，设计图纸与建筑模型是必不可少的。以往手工制作的模型，大多精度不够，而 3D 打印技术则弥补了这一不足，3D 打印出的建筑模型更加立体直接，能更好地表达设计者的设计理念。

3D 打印建筑物具有以下优势：一是抗震性能强，二是节省建筑材料，三是设计上可以大胆创新，四是建筑成本更低。3D 打印建筑能节省大量的人力、设备和费用，并且它可以

24小时工作，不需要更多的人力监控，工期可以相对缩短。图1-21所示为3D打印的莫比乌斯环建筑。

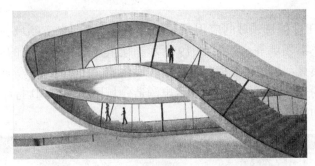

图1-21　3D打印的莫比乌斯环建筑

1.5.3　生物医药领域的应用

相对于工业制造的如火如荼，生物医药领域的发展也毫不逊色。如今，生物3D打印技术在世界范围内引起了越来越多的关注，并使制药工业、组织工程和再生医学等领域发生了革命性的变化。

近年来，经过各国学者的努力，多种生物器官结构的体外构建正在逐步实现，包括骨和软骨组织、心脏组织和心脏瓣膜、神经、肺、肝、胰腺、皮肤、视网膜、血管和复合组织等，这极大地缓解了移植器官来源短缺的巨大难题，为各种组织器官疾病的体外移植提供着新的定制解决方案。图1-22所示为3D打印的人体器官。与此同时，医用药物打印和医用模型打印，也在制药和外科手术等方面为生物医学领域带去了便利和实惠。

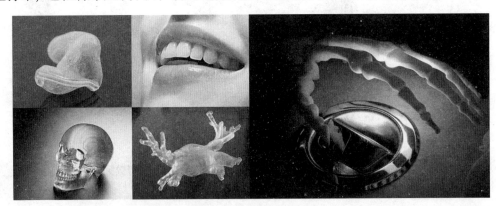

图1-22　3D打印的人体器官

1.5.4　汽车制造领域的应用

在汽车制造领域，3D打印技术并不是一个全新的概念，3D打印技术在汽车零部件制造业中的应用已日渐成熟。但是，这一新兴技术产业对人类汽车业的影响远不止如此。目前，科学界、学术界正在对3D打印技术在汽车设计理念、外观造型设计、内饰功能、体验设计、汽车结构设计及整个汽车设计流程等应用领域展开研究。图 1-23 和图 1-24 分别为美国洛克汽车公司推出的 3D 打印汽车和 3D 打印汽车的零部件。

图 1-23　美国洛克汽车公司推出的 3D 打印汽车

图 1-24　3D 打印汽车的零部件

对于以汽车零部件制造和出口为主的我国汽车行业，3D 打印技术更是处于刚刚起步的阶段。可以说，3D 打印技术在中国汽车设计领域中的应用前景是广阔的，但距离成熟完善的应用体系的形成尚有较大的距离和发展空间。

1.5.5　大众消费领域的应用

随着生活水平的提高，当下大众消费领域在追求目标更加呈现多元化，消费者不再只是追求产品的实用性，而是对产品的功能、外观、设计、独特性等多方面提出了自己的诉求。

而 3D 打印技术就能够在产品的设计、决策和执行上为设计师和执行决策者提供更好的帮助。3D 打印技术可以制作出比在屏幕或纸张上所看到的更加逼真的产品原型，并且比其他建模方法要快得多。3D 打印原型制作中的全色彩打印，也能够满足设计师挑剔的色彩需求。这不仅能够节省成本，还能加快将新产品推向市场的速度；从而让才华横溢的设计师将能够有更多时间来专注于设计本身。也为消费者提供了更多样化的产品，如图 1-25 所示。

图 1-25　3D 打印的工艺品

1.6　3D打印技术的机遇与挑战

1.6.1　3D打印技术的发展机遇

3D打印作为典型的数字化制造技术，不仅本身是引领制造业发展方向的新兴科技，同时3D打印的开放式设计创新为制造业的产品设计领域开拓了新思路，为我国制造业的创新驱动发展战略提供了新的发展机遇，引燃了众多消费者的创新热情，其主要表现在以下几个方面。

1. 降低制造成本

对于传统制造而言，产品的形状越复杂，制造成本越高。但是对于3D打印而言，打印一个形状复杂的物品和打印一个形状简单的物品所消耗的成本相差无几，并不会因为产品形状的复杂程度提高而消耗更多的时间或成本。这种制造复杂物品而不增加成本的打印将从根本上打破传统的定价模式，并改变整个制造业成本构成的方式。

2. 适于产品多样化和个性化制造和便携制造

传统制造方法制造不同零件一般需要不同设备的分工协作，而同一台3D打印设备只需要不同的数字设计蓝图和一批新的原材料就可以打印许多形状和材质均不同的零件，它可以像经验丰富的工匠一样每次都做出不同形状的物品，满足个性化需求。同时，3D打印设备具备自动移动的特点，可以制造出比自身体积大的物品。就单位生产空间而言，3D打印机与传统制造设备相比，其制造能力和潜力都更强大。

3. 产品无须组装、缩短交付时间

传统的大规模生产建立在产业链和流水线的基础上，在现代化工厂中，机器生产出相同的零部件，然后由机器人或工人进行组装。产品组成部件越多，供应链和产品线都将拉得越长，组装和运输所耗费的时间和成本就越多。而3D打印由于其生产特点，可以做到同时打印多个零部件，从而实现一体化成形，省略组装过程的目标，既缩短了供应链，也节省了劳动力和运输方面的大量成本。

4. 产品按须打印、即时生产

3D打印机可以根据人们的需求按需打印，这样可以最大限度地减少库存和运输成本。这种即时生产减少了企业的实物库存，极大地降低了企业的生产成本，降低了企业的资金风险，将对商业模式产生革新。供应链越短，库存和浪费就越少，生产制造对社会造成的污染也将越少。

5. 降低技能门槛

在传统制造业中，培养一个娴熟的工人需要很长的时间，而3D打印技术的出现可以显著降低生产技能的门槛。3D打印机从设计文件中自动分割计算出生产需要的各种指令集，制造同样复杂的物品，3D打印机所需要的操作技能相对传统设备少很多。这种摆脱原来高门槛的非技能制造业，将进一步开辟新的商业模式，并能在远程环境或极端情况下为人们提供新的生产方式。

6. 拓展设计空间

从制造物品的复杂性角度分析，传统制造技术和手工制造的产品形状有限，制造形状的能力受制于所使用的工具，而3D打印技术具备明显优势，甚至可以制造出目前只能存在于设计之中、人们在自然界未曾见过的形状。应用3D打印设备，可以突破传统制造技术的局限，开辟巨大的设计空间，设计人员可以完全按照产品的使用功能进行产品的设计，无须考虑产品的加工装配等诸多环节。

7. 大幅降低材料耗损、多材料无限组合

相对于传统的制造技术，3D打印机制造的副产品较少，浪费量也少，一般约为5%的材料损耗。而传统金属加工的浪费量是惊人的，一些精细化生产甚至会造成约90%的原材料浪费。随着打印材料的进步，"近净成形"制造将取代传统制造工艺成为更加节约环保的加工方式。同时，打印材料之间可以无限组合，而传统制造技术很难将不同原材料结合成单一产品。相信随着多材料3D打印技术的发展，3D打印技术有能力将不同原材料无缝融合在一起形成新的材料，制造出色彩种类繁多、具有独特属性和功能的产品零件。

8. 精确的实体复制

类似于数字文件复制，3D打印未来将使得数字复制扩展到实体领域。通过3D扫描技术和打印技术的运用，人们可以十分精确地对实体进行扫描、复制操作。3D扫描技术和打印技术将共同提高实体世界和数字世界之间形态转换的分辨率，实现异地零件的精确复制。

3D打印技术已经引起全社会的广泛关注，民用市场正逐渐成为引领3D打印技术迅速崛起的新领域。3D打印制作的工艺品、礼品、产品模型越来越得到年轻人的青睐，3D打印产品的消费市场规模将出现大幅提升。3D打印技术将会越来越多地应用到产品的研发过程和生产过程中。

1.6.2　3D打印技术的未来挑战

3D打印技术代表着生产模式和先进制造技术的发展趋势，产品生产将逐步从大规模制造向定制化制造发展，以满足社会多样化需求，尤其在航空航天、医疗等领域的产品开发阶段，以及在计算机外设发展和创新教育上3D打印技术具有广阔的发展空间。然而，3D打印技术相对传统制造技术还面临着许多新挑战和新问题，其主要表现在以下几个方面。

1. 产品原型的制造精度相对较低

由于分层制造存在台阶效应，每个层虽然都分解得非常薄，但在一定微观尺度下，仍会形成具有一定厚度的多级"台阶"，造成精度上的偏差。同时，多数 3D 打印成形工艺制造的产品原型都需要后处理，当表面压力和温度同时提升时，产品原型会因材料的收缩与变形，进一步降低制造精度。

2. 材料性能差，产品机械性能有限

由于 3D 打印成形工艺是层层叠加的增材制造，这就决定了层与层之间即使结合得再紧密，也无法达到传统模具整体浇铸成形的材料性能。这就意味着，如果在一定外力条件下，特别是沿着层与层衔接处，打印的部件将非常容易解体。虽然出现了一些新的金属 3D 打印技术，但是要满足许多工业需求、机械用途或者进一步机加工的话，还不太可能。目前，3D 打印设备制造的产品也多用于原型，要达到作为功能性部件的要求使用还有相当局限性。3D 打印技术在重建物体的几何形状和机能上已经获得了一定的水平，几乎任何静态的形状都可以被打印出来，但是那些运动的物体和它们的清晰度就难以实现了。这个困难对于制造商来说也许是可以解决的，但是 3D 打印技术想要进入普通家庭，每个人都能随意打印想要的东西，那么机器的限制就必须得到解决才行。

3. 可打印材料有限，成本高昂

目前，可用于 3D 打印的材料有 300 多种，多为塑料、光敏树脂、石膏、无机粉料等，制造精度、复杂性、强度等难以达到较高要求，主要用于模型、玩具等产品领域。对于金属材料来说，如果液化成形难以实现，则只能采用粉末冶金方式，技术难度高，因此，诸多金属材料在短期内很难实际应用。除了金属 3D 打印前期高昂的设备投入外，日常工作中的金属粉末材料的投入成本也是巨大的。3D 打印材料成本是阻碍专业 3D 打印在各领域普及应用的重要因素之一。虽然高端工业印刷可以实现塑料、某些金属或者陶瓷打印，但实现打印的材料都是比较昂贵和稀缺的。另外，打印机也还没有达到成熟的水平，无法支持日常生活中所接触到的各种各样的材料。研究者们在多材料打印上已经取得了一定的进展，但除非这些进展达到成熟并有效，否则材料依然会是 3D 打印的一大障碍。

4. 知识产权的忧虑

在过去的几十年里，音乐、电影和电视产业中对知识产权的关注变得越来越多。3D 打印技术也会涉及这一问题，因为现实中的很多东西都会得到更加广泛的传播。人们可以随意复制任何东西，并且数量不限。如何制定 3D 打印的法律法规用来保护知识产权，也是我们面临的问题之一，否则就会出现泛滥的现象。

应该说，目前 3D 打印技术是传统大批量制造技术的一个补充，但任何技术都不是万能的，传统技术仍有强劲的生命力，3D 打印技术应该与传统技术优选、集成，形成新的发展增长点。对于 3D 打印技术仍需要加强研发，培育产业，扩大应用。通过形成协同创新的运行机制，积极研发、科学推进，使之从产品研发工具走向批量生产模式，用技术引领应用市场的发展，改变人们的生活。

● **思考与练习**

1. 3D打印技术的成形原理是什么?
2. 3D打印技术与传统制造技术有何区别与联系?
3. 简述3D打印技术的发展历程。
4. 3D打印的基本流程可以分为哪几个步骤?
5. 辨析各类3D打印材料的区别。
6. 3D打印可以应用的领域有哪些?

第 2 章 3D 打印的数据建模与处理

3D 打印是基于三维 CAD 数字模型的先进成形技术,也就是说,所有的 3D 打印工艺都是用三维 CAD 数字模型经过切片处理来直接驱动的。来源于 CAD 的数字模型必须处理成 3D 打印成形系统所能接受的数据格式,并且在 3D 打印之前或打印过程中还需要进行叠加方向的切片处理。因此在 3D 打印前处理和打印过程中需要进行大量的数据准备和处理工作,数据的充分准备和有效的处理决定着 3D 打印件的加工效率、质量和精度。在 3D 打印技术的整个实施过程中,数据建模与处理是十分必要和重要的。

2.1 三维建模的方法

利用三维 CAD 模型可以为产品建立数字样机进行产品性能分析和验证,并实现数字化制造。所谓三维建模就是用计算机系统来表示、控制、分析和输出描述三维物体的几何信息和拓扑信息,最后经过数据格式的转换输出可打印的数据文件。

三维模型用点在三维空间的集合表示,是各种几何元素,如三角形、线、面等连接的已知数据(点和其他信息)的集合。三维建模实际上是对产品进行数字化描述和定义的一个过程。常用的建模途径如图 2-1 所示。

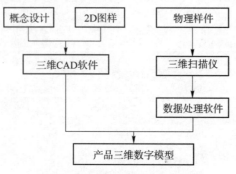

图 2-1 正向与逆向三维建模

2.1.1 计算机辅助设计

根据设计者的数据、草图、照片、工程图纸等信息在计算机上利用 CAD 软件人工构建三维模型的过程,常被称为正向设计。随着计算机辅助设计技术的发展,出现了许多三维模型的造型方法,常见的造型方法有以下几种。

1. 体素构造法 (Constructive Solid Geometry, CSG)

体素构造法也称为实体构造法,是以基本实体体素为基础,通过交、并、差等布尔运算来构造复杂实体的方法。基本体素是指能用有限个尺寸参数进行定形和定位的简单的封闭空间,如长方体可以通过长、宽、高来定义。此外,还要定义体素在空间的基准点、位置和方向。常用的体素有长方体、圆柱体、圆锥体、圆环体、球体和棱柱体等。也可以将体素理解为特定的轮廓沿给定的空间参数作平移扫描或回转扫描运动所产生的形体。

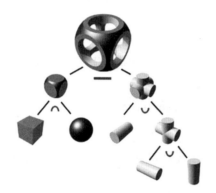

图 2-2 定义形体的 CSG 树

实体构造法的优点是数据结构比较简单,数据量比较小,无冗余的几何信息,所得到的实体真实有效,能方便地进行修改等。缺点是对形体的表示受体素的种类和对体素操作种类的限制,对形体的局部操作不易实现。

2. 边界表示法 (Boundary Representation, B-Rep)

边界表示法也称为 BR 表示或 B-Rep 表示,将实体定义为有封闭的边界表面围成的有限空间,封闭的边界表面既可以为平面,也可以为曲面。每个表面可由边界的边和顶点表示,如图 2-3 所示。

边界表示法强调形体的外表细节,包含了描述三维模型所需要的几何信息和拓扑信息。其中,几何信息包括物体的大小、尺寸、形状及位置,拓扑信息则描述了物体上所有顶点、边与表面之间的连接关系。通过检查拓扑关系可以保证物体拓扑的正确与否。边界表示法存储信息完整,其数据结构也复杂,需要大量的存储空间,维护内部数据结构的程序比较复杂。

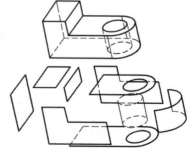

图 2-3 边界表示法模型

3. 扫描表示法（Sweep Representation）

扫描表示法是基于一个基体（一般是一个封闭的平面轮廓）沿某一路径运动而产生形体的方法。扫描表示法需要两个分量：一个是运动的基体，另一个是基体运动的路径，如图 2-4 所示。如果是变截面的扫描，还要给出截面的变化规律。

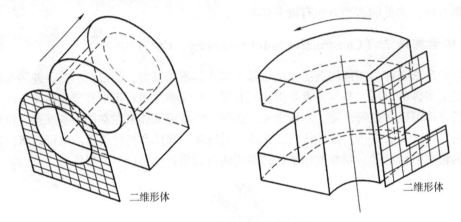

图 2-4　平移扫描和旋转扫描

4. 单元表示法（Unit Representation）

单元表示法是用一系列规则的空间体元来表示实体的一种方法，通常用体元重心处的坐标表示一个个小的空间单元。在计算机内部，通过定义各单元的位置被占用与否来表示实体。体元的大小决定了单元分解的精度，因而随着分解精度的提高，加工存储空间呈几何级数增加。这种表示方法不能表达实体各元素之间的拓扑关系，没有点、边、面等形体单元的概念。三维实体单元表示法的数据结构为八叉树结构，如图 2-5 所示。

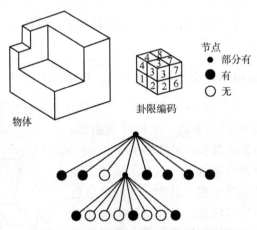

图 2-5　三维实体单元表示的八叉树结构

单元表示法是对实体的一种近似表示，有时会造成较大的误差，且难以转化为 CSG 和 B-Rep 表示。然而，单元表示法具有算法简单，易于实现并、交、差布尔运算，易于检查实体间的碰撞干涉，便于消隐和输出显示的优点，是物性计算和有限元分析的基础。

常用的 CAD 软件见表 2-1，其中应用较多的具有三维建模功能的传统的 CAD 软件有 CATIA、UG、Creo、Inventor、SolidEdge、3DS MAX、Solidworks、Rhinoceros 以及数字雕刻软件 Mudbox、Zbrush 等，还有专门针对 3D 打印的三维设计软件，如 Autodesk 123D、Sketch Up、3DTin、3DOne 等。

表 2-1 常用的三维建模软件

软件名称	所属公司	国家
CATIA	Dassault Systems	法国
UG	Siemens	德国
Creo	PTC	美国
Inventor	Autodesk	美国
SolidEdge	Siemens	德国
3DS MAX	Autodesk	美国
Solidworks	Dassault Systems	法国
Rhinoceros	Robert McNeel & Assoc	美国
Mudbox	Autodesk	美国
Zbrush	Pixologic	美国
Autodesk 123D	Autodesk	美国
Sketch Up	Trimble	美国
3DTin	Lagoa	加拿大
3DOne	中望软件	中国

2.1.2 逆向工程

对已有产品（样品或模型）进行三维扫描或自动测量，再由计算机生成三维模型，这种自动化的建模方式常被称为逆向工程或反求设计。逆向工程数据收集方法与技术如图 2-6 所示。

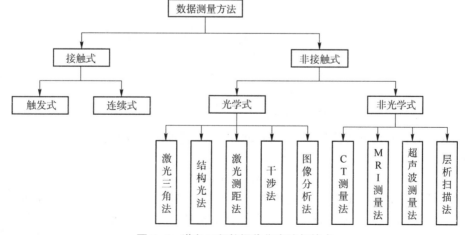

图 2-6 逆向工程数据收集方法与技术

常用的逆向工程测量方法可分为接触式和非接触式两大类，测量机理包括光、声、电、磁、机等。接触式可分为基于力-变形原理的触发式和连续扫描式数据采集，最典型的是三坐标测量机（Coordinate Measuring Machine，CMM）。

接触式测量不受样件表面的反射特性、颜色及曲率等影响，配合测量软件，可快速准确地测量出物体的基本几何形状；其机械结构及电子系统已相当成熟，有较高的准确性和可靠性。但是为了确定测量基准点，需使用特殊的夹具，测量费用较高；测量系统的支撑结构存在一定的静态及动态误差；接触测头以逐点方式进行测量，测量速度慢；测头尖端部分与被测件接触，会产生变形。

非接触式有激光三角法、立体视觉法、激光测距法、激光干涉法、结构光测距法、图像分析法和CT（Computed Tomography）法等。声呐测量仪是利用声音发射到被测物体产生回声的时间差来计算与被测点的距离；激光测距法是将激光束的飞行时间转化为被测点与参考平面之间的距离；图像分析法是利用一点在多个图像中的相对位置，通过视差计算距离得到点的空间坐标的；结构光测距法是将如条形光、栅格光等一定模式的光投影到被测物体表面，并捕获光被曲面反射后的图像，通过对图像的分析获得三维点的坐标；立体视觉法是根据同一个三维空间点在不同空间位置的两个（或多个）摄像机拍摄的图像中的视差，以及摄像机之间位置的空间几何关系来获取点的三维坐标。激光干涉法是通过移动被测目标并对相干光进行测量，经计数完成距离增量的测量；激光三角法是利用光源与影像感应装置（如摄像机）之间的位置与角度来推算点的空间坐标。

非接触式光学测量没有测量力，可以测量易变形物体，测量速度和采样频率较高；不需要进行测头半径的补偿。但非接触式光学测量受到光电探测器精度的影响，其测量精度较差；测量结果易受环境光线及被测件表面的反射特性的影响，被测件表面的粗糙度、颜色、斜率等均影响测量结果。因此，非接触式测量适用于工件轮廓坐标点的大量取样，而对边线处理、凹孔处理及不连续形状的处理则比较困难。

下面以单点式激光三角法为例来讲述激光三角法的测量原理。单点式激光三角法按照入射光线与待测物体表面法线的关系可以将测量系统分为斜入射模式和直入射模式。

斜入射式激光三角法位移测量原理如图2-7（a）所示。激光器与被测面的法线呈一定角度发射激光，激光穿透透镜后聚焦在被测面上，经被测面反射的光线经过透镜透射成像在光电位置探测器敏感面上。当物体发生移动或者表面发生变化时，光电位置探测器上形成的光斑像点也会随之发生变化。

当光电位置探测器上的光斑像点发生位移为 x' 的移动时，利用下式计算得到待测表面沿法线方向移动的距离：

$$x=\frac{ax'\cos\theta_1}{b\sin(\theta_1+\theta_2)-x'\cos(\theta_1+\theta_2)} \tag{2-1}$$

直入射式激光三角法位移测量原理如图2-7（b）所示。此时若光斑在探测器光敏面上发生 x' 的移动时，利用下式计算得到待测表面沿法线方向移动的距离：

$$x=\frac{ax'}{b\sin\theta-x'\cos\theta} \tag{2-2}$$

三角法被广泛地应用于中近距离测量，主要测量物体的厚度、宽度、表面轮廓和位移等。由于三角法测距的原理很简单，装置很容易构造，因此它被广泛应用于实时动态测量中。

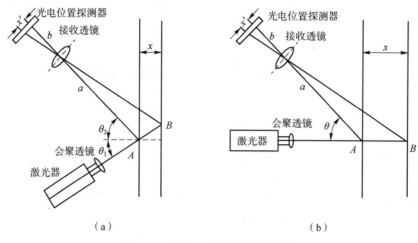

图 2-7　激光三角法位移测量原理
(a) 斜入射式；(b) 直入射式

这种建模途径用到三维扫描仪，它被用来探测搜集现实环境里物体的形状（几何构造）和外观（颜色、表面反照率等）信息，获得的数据通过三维重建，在虚拟环境中创建实际物体的数字模型。三维扫描仪大体分为接触式扫描和非接触式扫描。其中，非接触式扫描又分为光栅三维扫描仪（也称为拍照式三维扫描仪）和激光扫描仪。而光栅三维扫描仪又分为白光扫描和蓝光扫描，激光扫描又有点激光、线激光和面激光之分。常见的三维扫描仪品牌有：Breuckmann、Steinbichler、Gom、Artec3d、Cyberware、Shining3d 等。逆向工程测得的离散数据需要结合一定功能的数据拟合软件来处理，包括 3-matic、Imageware、PolyWorks、RapidForm、Geomagic 等。

除了利用计算机辅助设计软件构造三维模型和用逆向工程构建三维模型外，还可以利用建立的专用算法（过程建模）生成模型，它主要针对不规则几何形体及自然景物的建模，用分形几何描述（通常以一个过程和相应的控制参数描述）。如用一些控制参数和一个生成规则描述的植物模型，通常生成模型的存在形式是一个数据文件和一段代码（动态表示），包括随机插值模型、迭代函数系统、L 系统、粒子系统、动力系统等。三维建模过程也称为几何造型，几何造型就是用一套专门的数据结构来描述产品几何形体，供计算机进行识别和信息处理。几何造型的主要内容是：

（1）形体输入，即把形体从用户格式转换成计算机内部格式；
（2）形体数据的存储和管理；
（3）形体控制，如对几何形体进行平移、缩放、旋转等几何变换；
（4）形体修改，如应用集合运算、欧拉运算、有理样条等操作实现对形体局部或整体修改；
（5）形体分析，如形体的容差分析、物质特性分析、曲率半径分析等；
（6）形体显示，如消隐、光照、颜色的控制等；
（7）建立形体的属性及其有关参数的结构化数据库。

比较有代表性的 3D 打印建模软件是 OpenSCAD，它不仅支持快速、精确地创建基本几何对象，还支持条件、循环等编程逻辑，可以快速创建矩阵式的结构，如栅格、散热孔等。

由于OpenSCAD采用函数驱动，因此只需修改相应的参数就可以自动进行相关部分的调整。

2.2 STL数据和文件输出

2.2.1 STL文件的格式

STL（STereolithography）是由3D Systems公司为光固化CAD软件创建的一种文件格式，STL也被称为标准镶嵌语（Standard Tessellation Language）。该文件格式被许多软件支持，并广泛用于3D打印和计算机辅助制造领域。

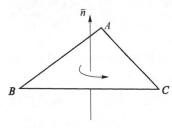

图2-8 STL三角形面片

STL数据格式的出发点就是利用小三角形面片的形式去逼近三维实体的自由曲面，是对三维CAD实体模型进行三角形网格化后得到的集合。每个三角形面片都可由三角形的三个顶点和指向模型外部的三角面片的法矢量组成。如图2-8所示，三角形ABC为STL文件中的一个三角形面片，它用A、B、C三点的坐标和法向量$\vec{n}$来表示，三角形面片的三个顶点按照右手法则进行存储。STL文件只描述三维对象表面几何图形，不含有任何色彩、纹理或者其他常见CAD模型属性的信息。图2-9所示为3D模型三角化前后对比图。

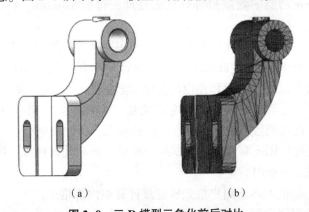

（a）　　　　　　　　（b）

图2-9 三D模型三角化前后对比

（a）原始三维模型；（b）三角化后数据模型

一般地，在CAD软件中输出STL文件时，设置的精度越高，STL数据的三角形数目越多，文件就越大。STL文件有两种格式，即文本格式（ASCII码）和二进制（Binary）格式。

1. ASCII文件格式

ASCII格式以关键字为标志逐行给出三角形面片几何信息，关键字依次为：solid、facet normal、outer loop、vertex、endfacet、endsolid。其中solid表示STL模型的文件名；facet normal 表示三角形面片的单位法向量坐标；outer loop 表示三角形顶点坐标开始记录；vertex 表示三个顶点坐标，存储顺序符合右手定则；endfacet 代表一个三角形面片已经记录完成，然后循环记录每一个三角形面片的数据；endsolid 代表三角形已经被全部记录，文件完成。每个三角面片所占用的文件存储空间为 150 个字节。

```
solid filename          //文件名称
facet normal nx ny nz   //第 1 个三角面片法向量坐标
outer loop              //说明随后 3 行数据分别为该三角形面片的 3 个顶点坐标
vertex x1 y1 z1         //第 1 个顶点坐标
vertex x2 y2 z2         //第 2 个顶点坐标
vertex x3 y3 z3         //第 3 个顶点坐标
endloop
endfacet                //第 1 个三角形面片完整定义
……                      //循环定义三角形面片
endsolid filename       //文件定义结束
```

2. 二进制文件格式

二进制文件格式是采用固定字节给出三角形面片几何信息的格式，它包含 80 B 的头文件信息和文件名称、4 B 的三角形面片个数信息、50 B 的描述三角形面片的信息；单位法线矢量与 3 个顶点坐标各占 12 B；剩余 2 B 用于描述三角形面片的属性。一个完整的二进制 STL 文件的字节大小即为三角形面片个数×50 B+84 B。

```
UINT8               //文件头
UINT32              //三角形面片数量
//定义每个三角形面片
REAL32 [3]          //法线矢量
REAL32 [3]          //第 1 个顶点坐标
REAL32 [3]          //第 2 个顶点坐标
REAL32 [3]          //第 3 个顶点坐标
UINT16              //文件属性统计
……                  //循环定义三角形面片
end                 //文件定义结束
```

ASCII 码格式的存储形式，可以使得三角形面片的顶点信息和外法向矢量坐标更清晰，方便直接使用文本阅读、编辑和修改。但是关键词的重复使用，使得 ASCII 格式的存储空间大小是相应二进制文件的 6 倍，二进制文件由于简洁而更加常见。

2.2.2 STL 文件的精度

三维 CAD 模型是 3D 打印的基础，一般需通过格式转换才能导入 3D 打印软件中进行打印。大多数 3D 打印机使用标准的 STL 数据模型来定义成形的零件。STL 通过许多空间小三角形面片来逼近三维实体表面的数据模型，在模型多曲面连接处会出现重叠、空洞、畸变等缺陷，从而影响其表面精度。一般可通过增加三角形面片的数量来提高拟合精度，其几何误差常用弦高 Ψ 来控制，弦高 Ψ 指的是近似三角形外轮廓边与曲面之间的径向距离，如图 2-10 所示。

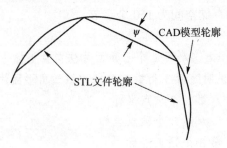

图 2-10　STL 文件转换误差

如果给定一个曲面 C^2 的连续参数 $P(u,v)$ 以及曲面与三角形 T 之间的弦高 Ψ，则三角形的最大边长为 Ω，其计算公式如下：

$$\Omega = 3\left[\frac{\Psi}{2(M_1+M_2+M_3)}\right]^2 \tag{2-3}$$

$$M_1 = \sup_{(u,v)\in T}\left\|\frac{\partial^2 P(u,v)}{\partial u^2}\right\| \tag{2-4}$$

$$M_2 = \sup_{(u,v)\in T}\left\|\frac{\partial^2 P(u,v)}{\partial u^2}\right\| \tag{2-5}$$

$$M_3 = \sup_{(u,v)\in T}\left\|\frac{\partial^2 P(u,v)}{\partial u^2}\right\| \tag{2-6}$$

对于同一个三维模型，设置不同的弦高参数，成形精度也不相同。理论上，增加面片数目可以有效提高成形精度，减小误差，却不能彻底消除误差。而且将会使 STL 文件存储量增大，软件处理速度降低，成形时间也随之增加，从而降低加工效率。以圆柱体和球体为例，来说明选取不同的三角形个数时近似的误差，分别见表 2-2 和表 2-3。

表 2-2　用三角形近似表示圆柱体的误差

三角形数	弦差/%	表面积误差/%	体积误差/%
10	19.1	6.45	24.32
20	4.89	1.64	6.45
30	2.19	0.73	2.90
40	1.23	0.41	1.64
100	0.20	0.07	0.26

表 2-3　用三角形近似表示球体的误差

三角形数	弦差/%	表面积误差/%	体积误差/%
20	83.49	29.80	88.41
30	58.89	20.53	67.33

续表

三角形数	弦差/%	表面积误差/%	体积误差/%
40	45.42	15.66	53.97
100	19.10	6.45	24.32
500	3.92	1.31	5.18
1 000	1.97	0.66	2.26
5 000	0.39	0.13	0.53

2.2.3 STL文件的基本原则

一个STL文件通过存储法线和顶点（根据右手法则排序）信息来构成三角形面，从而拟合坐标系中物体的轮廓表面。STL文件中的坐标值必须是正数，且没有缩放比例信息，但单位可以是任意的。除了对取值有要求外，STL文件还必须符合以下三维模型描述规范。

1. 共顶点规则

每相邻的两个三角形只能共享两个顶点，即一个三角形的顶点不能落在相邻的任何一个三角形的边上。图2-11（a）中四个三角形共顶点，此种表达是正确的；图2-11（b）中两个三角形共顶点，但顶点落在了另一大三角形的边上，因此这种表达是错误的。

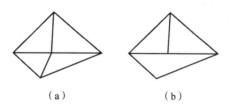

（a）　　　　　（b）

图2-11　共顶点规则

（a）四个三角形共顶点；（b）两个三角形共顶点

2. 取向规则

每个小三角形平面的法向量必须由内部指向外部，小角形三个顶点排列的顺序同法向量符合右手法则。每相邻两个三角形面片所共有的两个顶点在它们的顶点排列中都是不相同的，如图2-12所示。

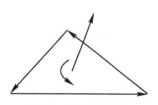

图2-12　取向规则

3. 充满规则

在STL三维模型的所有表面上必须布满小三角形面片。

4. 取值规则

每个顶点的坐标值必须是非负的，即STL模型必须落在第一象限。

2.2.4 STL 文件的错误

由于 CAD 软件和 STL 文件自身格式问题，以及 STL 在文件数据转换过程中容易出现数据错误和格式错误，所以会在分层后出现不封闭的环和歧义现象。常见的 STL 文件错误有以下几种。

1. 孔洞

孔洞是 STL 文件最常见的错误，主要是由三角形面片的丢失引起的。当 CAD 模型表面有较大曲率的曲面相交时，在曲面的相交部分会出现因丢失三角形面片而造成的孔洞，如图 2-13 所示。

2. 顶点错位

顶点错位是指三角形的边没有被两个三角形共享，也没有出现裂缝，也就是违反了共顶点规则，如图 2-14 所示。

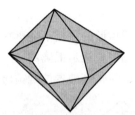

图 2-13 孔洞

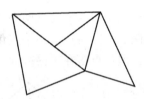

图 2-14 顶点错位

3. 法线矢量错误

法线矢量错误是指在进行 STL 文件格式转换时，因未按正确的顺序排列构成三角形的顶点而导致计算所得法线矢量的方向相反，也就是违反了取向规则，如图 2-15 所示。为了判断是否错误，可将怀疑有错的三角形的法线矢量方向与相邻的一些三角形的法线矢量方向加以比较。

4. 多余

多余是指正常的网格拓扑结构的基础上多出了一些独立的面片，如图 2-16 所示。

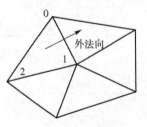

图 2-15 法线矢量错误

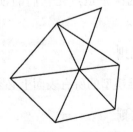

图 2-16 多余

5. 面片退化

面片退化是指小三角形面片的三条边共线，如图2-17所示。这种错误常常发生在曲率剧烈变化的两相交曲面的相交线附近，这主要是由CAD软件的三角形网格化算法不完善造成的。

6. 重叠和分离

重叠和分离主要是由三角形顶点计算时的舍入误差造成的，如图2-18所示。在STL文件中，面片的顶点坐标都是采用浮点数存储的，如果圆整误差范围较大，就会导致面片的重叠情况。

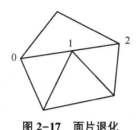

图2-17 面片退化

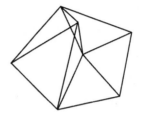

图2-18 重叠和分离

2.2.5 STL文件的编辑和修复

由于STL文件在生成过程中会出现一些错误，所以其不能满足四点描述规范，并且还可能出现坏边、壳体、重叠与交叉三角形面片等问题，因此需要对STL文件进行浏览和处理。目前，有多种用于浏览和处理STL格式文件的软件和打印数据处理专用软件，比较典型的有Solidview、Meshlab、NetFabb、Autofab、Magics RP、Mimics等。

以Magics RP软件为例，说明STL文件错误的编辑和修复步骤。

1. 观察

为了了解STL格式文件的结构，Magics RP提供了观察功能，能从各个角度观察所表达的三维模型，包括模型的内部结构，从而获得正确的截面形状。

2. 测量

对STL格式文件所表达的模型进行点与点、线与线、弧与弧之间的三维测量。

3. 变换

对STL格式文件所表达的模型进行各种变换，如布尔运算、分割、复制、缩放、减少或增加三角形数量等。

4. 修改

对STL格式文件中存在的错误进行修改。

5. 形成支撑结构

Magics RP 提供了不同的支撑结构及组合。图 2-19 所示为生成的一种块状支撑结构。

图 2-19 Magics RP 生成的支撑结构

2.2.6 STL 文件的输出

在三维模型生成后,要进行 STL 文件的输出。几乎所有 CAD/CAM 软件都具有 STL 文件的输出接口,操作非常方便。在输出过程中,根据模型的复杂程度,相应地选择所要求的精度指标。表 2-4 列举了常见的三维建模软件输出 STL 格式文件的方法。

表 2-4 常用的三维建模软件输出 STL 格式文件的方法

三维建模软件	输出方法
AutoCAD	命令行输入"Facetres"→输入"10"(高精度)→命令行输入"STLOUT"→选择实体
Inventor	Save Copy As→选择 STL 类型→选择"Options"设置
Pro/E	File→Save a Copy→Model→选择 STL 类型→设置弦高→设置 Angle Control
SolidEdge	File→Save As→选择 STL 类型→设置 Conversion Tolerance→设置 Surface Plane Angle
Solidworks	File→Save As→选择 STL 类型→选择"Options"设置 Resolution
UG	File→Export→Rapid Prototyping→选择"Binary"类型→设置 Triangle Tolerance→设置 Adjacency Tolerance

2.3 三维模型的切片处理

分层切片是指对三维 CAD 模型进行叠层方向(一般为 Z 方向)的离散化处理,具体过程为用一系列平行于 XY 坐标面的平面截取 STL 实体数据模型,进而获取各层的几何信息,每个层片包含的几何信息组合在一起构成整个实体模型的数据。通过对实体做切片处理,就能够把三维加工问题转换成二维加工问题,使加工工艺简单化。

2.3.1 成形方向的选择

三维模型的摆放位置决定了成形方向,即成形时每层的叠加方向。成形方向是影响成形件质量、打印时间、打印材料成本的重要因素。

1. 成形方向对成形件质量的影响

分层切片过程中,由于层与层之间存在一定的厚度,因此切片破坏了模型表面的连续性,导致产生形状和尺寸上的误差,误差主要表现为两种形式:分层方向误差和台阶效应误差。

分层方向误差主要由分层厚度和制件的成形方向尺寸决定,假设分层厚度为 t,制件的成形方向尺寸为 H,则成形方向尺寸误差 ΔZ 为

$$\Delta Z = \begin{cases} H - t \times \mathrm{int}\left(\dfrac{H}{t}\right) & \text{当 } H \text{ 为 } t \text{ 的整数倍时} \\ H - t \times \left[\mathrm{int}\left(\dfrac{H}{t}\right) + 1\right] & \text{当 } H \text{ 不是 } t \text{ 的整数倍时} \end{cases} \tag{2-7}$$

可见,对于成形方向尺寸误差而言,分层厚度对其精度影响不大,关键是要使制件的分层方向高度值为分层厚度的整数倍。

台阶效应误差是指成形件在逐层堆积过程中,其表面出现了一系列的阶梯,这些阶梯造成了实际成形件的尺寸与设计模型的尺寸间的误差。台阶效应误差分为正向台阶误差和负向台阶误差。正向台阶误差是指成形件表面处于设计模型表面外侧时的台阶误差,负向台阶误差是指成形件表面处于设计模型表面内侧时的台阶误差,如图 2-20 所示。

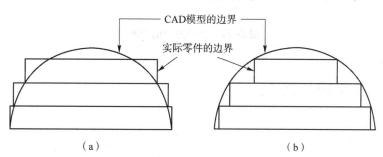

图 2-20 台阶效应误差
(a) 正向台阶误差;(b) 负向台阶误差

分层切片引起的误差不可完全避免,只能通过采用减小分层厚度或采用不同切片方法(如自适应分层、CAD 直接分层及曲面分层等)来减小台阶效应误差。

由于 3D 打印技术的基本原理是层层材料的叠加,每层内的材料结合比层与层之间的材料结合得要好,因此,成形件 X、Y 方向的强度一般高于 Z 方向强度。

2. 成形方向对打印时间的影响

成形件的打印时间包括前处理时间、打印机打印成形时间和后处理时间。前处理时间是

模型数据处理过程时间，所占打印时间的比例较小。后处理时间取决于成形件的结构复杂程度及成形方向的选择，特别是针对需要添加支撑的成形件而言，支撑的多少决定了后处理时间的多少。打印机打印时间是各层打印时间的总和，每层的打印时间包括扫描时间和辅助时间。每层的扫描时间由轮廓扫描时间、实体扫描时间和支撑扫描时间三部分组成。

对于同一零件而言，减小零件成形方向的高度尺寸，从而减少零件的分层数量，可进一步减少零件打印的辅助时间。实际上，并不是减小零件成形方向的高度尺寸就能减少打印时间的，高度方向尺寸的减小可能导致零件打印过程中为保证零件打印成功的支撑数量的增加，从而增加了支撑的打印时间，增加了材料的损耗和后处理时间。因此，较优的成形方向是在满足零件表面的前提下，成形高度尽量小，表面形成的支撑尽量小。

3. 成形方向对打印材料成本的影响

对于无须添加支撑的 3D 打印技术，总材料消耗量与成形件体积有关，同时与原材料的回收和再利用技术有关。对于需要添加支撑的 3D 打印技术，打印材料的消耗包括实体结构材料消耗和支撑结构材料消耗。实体结构材料与模型体积有关，对于同一零件而言，实体结构材料成本相同；不同成形方向导致支撑结构材料消耗量不同。图 2-21 所示的三种成形方向所需要的支撑结构材料成本从大到小的排序为（a）>（b）>（c）。

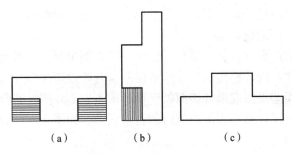

图 2-21 成形方向的影响

2.3.2 主要切片方式

1. 直接 STL 切片

1987 年，3D Systems 公司的 Albert 顾问小组鉴于当时计算机软硬件技术相对落后的情况，参考 FEM（Finite Elements Method）单元划分和 CAD 模型着色的三角化方法对任意曲面 CAD 模型表面作小三角形平面近似，从而开发了 STL 文件格式，并由此建立了从近似模型中进行切片获取截面轮廓信息的统一方法，且沿用至今。多年以来，STL 文件格式受到越来越多的 CAD 系统和 3D 打印设备的支持，成为 3D 打印行业事实上的标准，极大地推动了 3D 打印技术的发展。它实际上就是三维模型的一种单元表示法，以小三角形面为基本描述单元来近似描述模型表面。

切片是几何体与一系列平行平面求交的过程，切片的结果将产生一系列由曲线边界表示的实体截面轮廓，组成一个截面的边界轮廓环之间只存在两种位置关系：包容或相离。切片算法取决于输入几何体的表示格式。STL 格式采用小三角形平面近似描述实体表面，这种表示方法最大的优点就是切片算法简单易行,只需要依次与每个三角形求交即可。

在获得交点后,可以根据一定的规则,选取有效顶点组成边界轮廓环。获得边界轮廓后,按照外环逆时针、内环顺时针的方向描述,为后续扫描路径生成的算法处理做准备。

STL 文件因其特定的数据格式存在数据冗余、文件庞大及缺乏拓扑信息等问题,也因数据转换和前期的 CAD 模型的错误,有时会出现悬面、悬边、点扩散、面重叠、孔洞等错误,其诊断与修复困难。同时,使用小三角形平面来近似描述三维曲面,还存在曲面误差;大型 STL 格式文件的后续切片将占用大量的机时;当 CAD 模型不能转化成 STL 模型或者转化后存在复杂错误时,重新造型将使 3D 打印的加工时间和打印成本增加。正是由于这些原因,其他切片方法被不断发展。

2. 容错切片

容错切片基本上避开 STL 格式文件三维层次上的纠错问题,而直接在二维层次上进行修复。由于二维轮廓信息简单,并具有闭合性、不相交等简单约束条件,特别是对于一般机械零件实体模型而言,其切片轮廓多由简单的直线、圆弧、低次曲线组合而成,因而能更容易地在轮廓信息层次上发现错误。依照以上多种条件与信息,进行多余轮廓去除、轮廓断点插补等操作,可以切出正确的轮廓。对于不封闭轮廓,采用评价函数和裂纹跟踪处理,在一般三维实体模型随机丢失 10% 的三角形的情况下,都可以切出有效的边界轮廓。图 2-22 所示为对有错误的 STL 格式文件容错切片的输出实例。

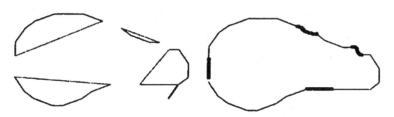

图 2-22 对有错误的 STL 格式文件容错切片的输出

3. 适应性切片

适应性切片根据零件的几何特征来决定切片的层厚,在轮廓变化频繁的地方采用小厚度切片,在轮廓变化平缓的地方采用大厚度切片。与同一层厚切片方法比较,可以减小 Z 轴误差、台阶效应和数据文件的长度。

4. 直接适应性切片

直接适应性切片利用适应性切片思想从 CAD 模型中直接切片,可以减小 Z 轴和 XY 平面方向的误差。

5. 直接切片

在工业应用中,保持从概念设计到最终产品的模型一致性是非常重要的。原始 CAD 模型本来已经精确地表示了设计意图,而 STL 文件反而降低了模型的精度。使用 STL 格式表示方形物体精度较高,表示圆柱形、球形物体精度较差。对于特定用户,生产大量高次曲面物体，使用STL格式会导致文件巨大、切片费时，这就迫切需要抛开STL文件，直接从CAD模型中获取截面描述信息。在加工高次曲面时，直接切片明显优于STL方法。相比较而言，采用原始CAD模型进行直接切片具有以下优点：

(1) 能减少3D打印的前处理时间；
(2) 可避免STL格式文件的检查和纠错过程；
(3) 可降低模型文件的规模；
(4) 能直接采用数控系统的曲线插补功能，从而可提高工件的表面质量；
(5) 能提高成形件的精度。

2.3.3 数据描述方式

除了STL文件格式外，还有其他一些二维、三维层片数据格式，如CLI、SLC、IGES、STEP、DXF等。

1. CLI格式

CLI（Common Layer Interface）文件格式是在欧洲汽车制造商支持的Brite Euram项目中研发出来的一种二维数据格式。研发CLI文件的目的是为3D打印系统提供另一种2.5维层片的数据表达形式。零件的几何形状由这些2.5维层面进行表达，每一层都是由具有一定厚度的一系列轮廓和剖面线来定义和描述的。CLI文件有ASCII码和二进制两种格式。

CLI数据格式所使用的实体元素有填充线和多线。填充线由一系列的平行直线组成；多线就是将一系列的顶点按事先排列好的顺序，用一段段直线连接起来。通过设定填充线和多线，可以设计加工出支撑结构。

CLI文件是目前3D打印技术与设备较为普遍接受的一种二维数据接口文件。CLI数据文件的最大特点就是简单、高效，易于切片和纠正层信息中的模型错误，并且具有自动修复的功能。CLI文件也有不足之处，其层层数据都是用具有一定的层厚的轮廓线进行表达的，轮廓线也只是定义出实体边界的区域，且是对轮廓曲线的近似表达，因此轮廓精度较低，文件的数据量较大，生成CLI数据文件的时间较长。

2. SLC格式

SLC（Stereo Lithogrpshy Contour）文件格式是美国3D Systems公司为了克服STL格式的缺陷而开发的一种直接切片数据格式，它直接由CAD模型进行二维切片，避开了曲面三角化过程。SLC格式是对三维CAD数据模型进行二维半的轮廓表述，即在Z轴方向上由一系列横截面组成，在每一层横截面当中，三维实体模型都是由内、外边界等多线进行表达和描述的。

获得SLC数据文件的途径较多，可以从三维CAD模型、表面模型和CT扫描数据等进行转化获得。SLC文件格式中使用的实体元素有轮廓层、轮廓边界、线段、多线等。轮廓层表示三维CAD数据模型在Z轴向上的一层层轮廓数据，横截面的切片层在与XY平面平行的一层层截面上，并有一定的层厚。轮廓边界是用于描述模型内、外部边界的封闭线。内边界的多线按顺时针方向进行分布与排列，实体材料部分则在多线的外部；外边界的多线按逆时针方向进行分布与排列，实体材料部分则在多线的内部。线段是指连接两个平面点的直线，多线表示封闭的有序线段序列。

SLC 数据格式每一层切片数据是对三维实体的近似表达，精度不高；此外，SLC 文件的数据量大，计算时间较长且较为复杂。

3. IGES 格式

IGES（Initial Graphics Exchange Specification）格式文件是在 1982 年由美国国家标准局首先提出的。IGES 格式文件可对实体、修剪曲面、曲面、线框、文字、视图、图纸及层、颜色、屏蔽状态、批处理、命令行处理、跟踪和调试记录等进行数据交换。IGES 产品模型的定义是通过实体对产品的形状、尺寸以及产品的特性信息进行描述的。

IGES 格式文件的优点是可提供点、线、曲线、圆弧、曲面、体等实体信息；能精确地表示三维 CAD 数据模型信息。IGES 格式文件的缺点是：IGES 格式文件虽然是一个通用标准，但包含了大量的冗余信息量；不支持面片格式的描述；其切片算法比 STL 格式文件的切片算法复杂；若三维实体模型需设立支撑结构，其支撑结构必须先在 CAD 系统内创建完成后，再转化成 IGES 格式，否则无法实现。

4. STEP 格式

STEP（Standard for the Exchange of Product），即产品模型数据交换标准，是一种工程产品数据交换标准接口文件，是为了克服 IGES 格式文件存在的问题，扩大产品数字化开发软件中几何、拓扑数据的范围而提出的。

STEP 文件的优点是信息流很大，并且 STEP 格式文件目前已是国际上产品数据交换的标准接口格式之一，因此将 STEP 文件作为三维 CAD 数据和 3D 打印技术之间的接口转换文件。STEP 数据格式的缺点是其文件中包含许多 3D 打印技术额外的冗余数据量。因此，在进行三维 CAD 数据和 3D 打印技术之间的接口转换时，首先必须去除一些冗余信息量，同时进行压缩数据量、加入拓扑信息等工作。

5. DXF 格式

DXF（Drawing Exchange Format）格式是 AutoDesk 公司的 AutoCAD 软件支持的中间文件格式，以 ASCII 码方式存储文件，在表现图形的大小方面十分精确且具有独到之处。虽然 DXF 文件格式未经国际标准组织认可，但仍被许多数字化设计软件接受。

DXF 文件格式数据量大，结构较为复杂，在描述复杂的三维产品信息时容易出现信息丢失等现象。

● 思考与练习

1. 什么是 STL 文件？
2. STL 文件需要满足哪些基本原则？
3. 什么是逆向工程？
4. 一个 STL 文件由 60 000 个小三角形构成，在同样精度下，分别计算采用二进制文件格式和文本文件格式保存的 STL 文件的大小。

第 3 章 光固化成形工艺及应用

光固化成形技术（Stereo Lithography Apparatus，SLA），有时也被简称为 SL（Stereolithography），是利用液态光敏材料的光敏特性，在特定波长的光源或其他如电子束、可见光或不可见光等的照射能量刺激下由液态转变为固态聚合物，实现三维物体的快速成形的。SLA 已经成为目前世界上研究最深入、技术最成熟、应用最广泛的一种 3D 打印方法。随着 SLA 技术的不断发展，又出现了以光固化为基础的数字投影成形（Digital Light Processing，DLP）技术和喷射成形（PolyJet）技术。SLA 技术能简捷、全自动地制造出表面质量好、尺寸精度高、几何形状较复杂的原型，它主要应用于制造各种模具、原型等。

3.1 概　述

3.1.1 工艺发展

1902 年，美国人 Carlo Baese 在他的专利中提出了一种用光敏聚合物来制造塑料件的方法，这是光固化的最初设想。后来，美国人 Charles W. Hull 将光学技术应用于快速成形领域（由于当时还没有"3D 打印"的概念和说法，Charles 将其功能描述为"快速成形"），在 1982 年完成了第一个 3D 打印光固化成形系统，如图 3-1 所示，并在 1983 年制造了有史以来的首个 3D 打印部件，如图 3-2 所示，成功发明了立体光固化成形技术。

1984 年，Charles 提交了立体光固化成形设备的专利申请，并在 1986 年获得了专利，成为 3D 打印史上的里程碑事件，Charles 也被人们称为 3D 打印技术之父。1986 年，Charles 成立了 3D Systems 公司，成为世界首家 3D 打印公司。1987 年，3D Systems 将首款 3D 打印机 SLA-1 立体光固化成形打印机成功推向市场，并于 1988 年推出了世界上第一台基于 SLA 技术的商用 3D 打印机 SLA-250，标志着 3D 打印商业化的起步。

图 3-1　第一个光固化成形系统

图 3-2　首个 3D 打印部件

除了 3D Systems 公司外，许多国家的公司、大学也开发了 SLA 系统并将其商业化。如德国的 EOS 公司、Fockele & Schwarze 公司，日本的 CMET 公司、索尼公司，法国的 Laser 3D 公司，中国北京隆源、陕西恒通、杭州先临三维等公司，美国的 Dayton 大学、MIT，国内的西安交通大学、清华大学、华中科技大学等研究机构，欧洲的一些国家和大学也都开展了该项技术的研究。

面成形光固化技术来源于 SLA 技术，是一种基于投影的立体光固化制造工艺，采用紫外光源投射掩膜图像到树脂液面来完成一层固化，兼顾了打印精度和打印效率。面成形技术最早由日本东京大学的 Takagi 和 Nakajima 于 1993 年提出，使用石英掩膜，但石英掩膜成本高，制作复杂。采用 DMD（Digtial Micromirror Devices）芯片能产生高亮度、高对比度、无缝的彩色图像，基于 DMD 芯片的投影技术，发展出了 DLP 技术。此后，基于 DLP 投影的 3D 打印设备、材料和工艺得到了快速发展。目前美国 3D Systems 公司、中国浙江迅实科技公司等已有商业化的 DLP 设备。

PolyJet 技术最早由 Objet 公司于 2000 年申请专利，该公司于 2011 年与 Stratasys 公司合并。PolyJet 技术的成形原理与 3DP 类似，都是通过喷射成形，但喷射的不是黏合剂而是树脂材料。PolyJet 技术是全球首例可以实现不同模型材料同时喷射的技术，在众多 3D 打印工艺中，是现有技术中唯一可以打印全彩模型产品的工艺，也被称为第二代 SLA 技术。目前美国 Stratasys 公司具有比较成熟的商业化 PolyJet 技术。

3.1.2　工艺特点

在当前应用较多的几种 3D 打印工艺方法中，SLA 成形制件原型表面质量好，成形精度和尺寸精度高，在工业生产中拥有广泛的应用。该技术有其自身特点，其优缺点如下。

1. SLA 成形工艺的优点

（1）成形过程无须刀具、夹具、工装等生产准备，自动化程度高。SLA 系统非常稳定，加工开始后，成形过程可以完全自动化，直至原型制作完成。

（2）尺寸精度高，可以制作结构十分复杂、尺寸比较精细的模型。尤其对于内部结构十分复杂、一般切削刀具难以进入的模型。SLA 原型的尺寸精度可达到±0.1 mm 以内，有时甚至可达到±0.05 mm。

（3）表面质量较好。虽然在每层固化时侧面及曲面可能出现台阶，但在原型制件的上表面仍可得到玻璃状的效果。

（4）可以直接制作面向熔模精密铸造的具有中空结构的消失模。

（5）制作的原型可以在一定程度上替代塑料件。

（6）零件的成形周期与其复杂程度无关，传统的机械加工方法，零件形状越复杂，工模具制造周期越长，困难越大，而 SLA 成形的周期与其形状无关。

2. SLA 成形工艺的缺点

（1）成形制件外形尺寸稳定性差。在成形过程中伴随着物理和化学变化，成形件较软、薄的部位易产生翘曲变形，因此需要进行反复补偿、修正，也可以通过支撑结构加以改善。

（2）需要设计模型的支撑结构，才能确保在成形过程中制件的每一个结构部分都能可靠定位。支撑结构需在成形零件未完全固化时手工去除，而此时容易破坏成形件的表面精度。

（3）SLA 设备运转及维护费用高。液态树脂材料和激光器的价格较高，激光器的使用寿命仅 2 000 h 左右，需要定期更换，成本较高。

（4）可使用的材料种类较少。目前可用的材料主要为感光性的液态树脂，并且在大多数情况下，不能进行抗力和热量的测试。

（5）液态树脂有一定的气味和毒性，平时需要避光保存，以防止提前发生聚合反应，固化过程会产生刺激性气味，有污染，机器运行时成形腔部分应密闭。

（6）成形制件需要二次固化。在很多情况下，经 SLA 系统光固化后的原型树脂并未完全被激光固化，为提高模型的使用性能和尺寸稳定性，通常需要二次固化。

（7）SLA 成形件的性能尚不如常用的工业塑料，一般较脆，强度较弱，易断裂，工作温度通常不能超过 100 ℃，抗化学腐蚀的能力不高，价格昂贵，不便进行机械加工。

3.2　SLA 成形工艺

3.2.1　基本原理

光固化是具有光敏性的树脂液体受光源能量激发发生化学变化的相转变过程，液态树脂会经历凝胶和玻璃化转变过程形成固态网络，实现三维物体的快速成形。不同光固化成形工艺的基本原理不尽相同。

1. SLA 成形工艺

SLA 成形工艺是基于液态光敏树脂的光聚合原理工作的，其成形过程如图 3-3 所示。储液槽中盛装液态光敏树脂，成形开始时，工作台处在树脂液面下的某一深度，如 0.05~0.2 mm。

然后成形机中的紫外光扫描器按照数控指令和分层的截面信息进行扫描，被照射的液态光敏树脂因为吸收了能量，发生聚合反应从液态变成固态，形成零件的一个薄层。一层固化完成后，未被紫外光扫描的树脂仍然是液态的，工作台下降一个层厚的距离，以使在原先固化好的树脂表面再敷上一层新的液态树脂，刮板将黏度较大的树脂液面刮平，然后进行下一层的扫描加工，新固化的一层牢固地黏结在上一层上，如此重复堆积，最终形成三维实体原型。

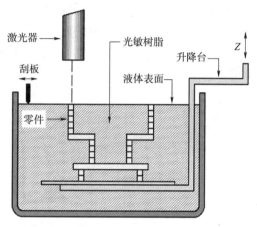

图 3-3 SLA 成形过程

2. DLP 成形工艺

数字投影成形（Digital Light Processing，DLP）也称掩模曝光成形，主要依赖于数字微镜技术的发展。

数字微镜由美国德州仪器公司（TI）于 1987 年发明，至今已开发出不同尺寸规格的型号。数字微镜由上百万个规则排列的可以沿其对角线偏转的铝制小微镜组成，每个小微镜构成一个像素点，微镜结构如图 3-4 所示。单片小微镜有 3 个存在状态："+1""-1""0"态，这里以偏转角为 ±12° 的数字微镜为例进行说明。入射光以入射角 24° 照射在数字微镜表

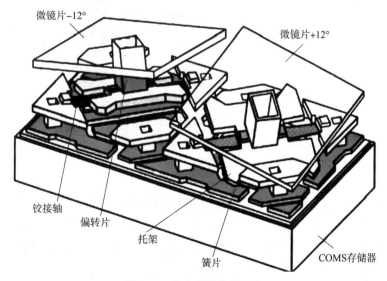

图 3-4 数字微镜结构示意

面上,当小微镜处于"+1"态时,偏转至+12°,光线被反射至投影区域,投影面上对应的像素点被照亮。当小微镜处于"-1"态时,偏转至-12°,光线被反射出投影区域,投影面对应的像素点不被照亮。不工作时小微镜处于"0"态。在数百万个小微镜共同作用下,根据计算机提供的数据信号各自偏转+12°或-12°,最终在投影面上形成二维截面轮廓信息。

DLP 成形过程如图 3-5 所示,计算机根据切片图像控制数字微镜,光照射到数字微镜上生成二维截面轮廓,光束传输系统将二维轮廓投射到树脂面上,使树脂按零件的截面轮廓固化成形。一层制作完成后,工作台向下移动一层厚度的距离,新的液态树脂覆盖在已制作的结构上方,继续下一层的制作。层层堆叠完成三维模型的制作。

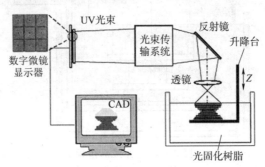

图 3-5　DLP 成形过程

数字微镜与光束传输系统也可置于成形平台的下方,即下置式 DLP 成形技术,其成形原理和过程与上置式相同,如图 3-6 所示。

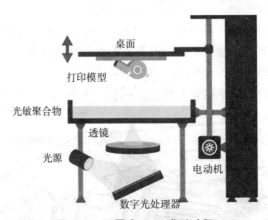

图 3-6　下置式 DLP 成形过程

3. PolyJet 成形工艺

喷射技术工艺(PolyJet)是基于喷射液滴的逐层堆积和固化的一种 3D 打印工艺。PolyJet 是由实体掩模成形(SGC)发展而来的。以色列 Cubital 公司 Nissan Cohen 发明的 SGC 与 3DP 相似,但是整个操作过程的逻辑与之相反,将成形的物质直接喷撒至工作台面后固化,形成想要的成品,这又与 FDM 有异曲同工之妙。

SGC 的基本原理是采用紫外光来固化树脂,其成形过程如 3-7 所示,电子成像系统先在一块特殊玻璃上通过曝光和高压充电过程产生与截面形状一致的静电潜像,并吸附上碳粉形成截面形状的负像,接着以此为"底片"用强紫外灯对涂覆的一层光敏树脂进行同时曝光固化,把多余的树脂吸附走之后,用石蜡填充截面中的空隙部分,接着用铣刀把截面铣平,在此基础上进行下一个截面的涂覆与固化。

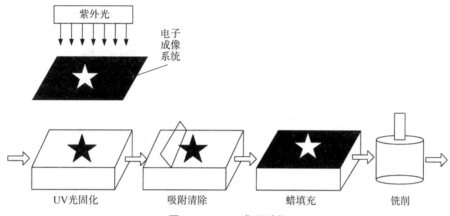

图 3-7　SGC 成形过程

相较于 SGC,PolyJet 将各元件大大地整合,减少了复杂的机构,并且不再使用机械式的剖面整平装置。PolyJet 结构如图 3-8 所示,整个系统包括原料喷撒器、控制器、CAD、硬化光源、打印头以及喷嘴等装置。与其他 3D 打印技术相比,PolyJet 的运动系统相对比较简单,如图 3-9 所示,只需要 X、Y、Z 三个方向的直线运动和定位,且 3 个方向上的运动都是独立进行的,不需要实现联动。

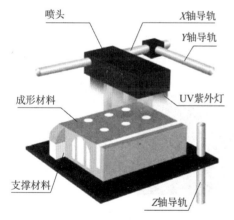

图 3-8　PolyJet 结构示意

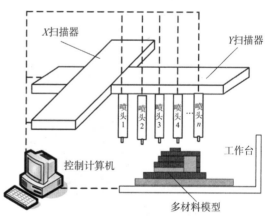

图 3-9　PolyJet 机械结构总体布局

PolyJet 的成形过程如图 3-10 所示,通过压电式喷头将液态光敏树脂喷射到工作台上,形成给定厚度的具有一定几何轮廓的一层光敏树脂液体,然后由紫外灯发射紫外光对工作台上的这层液态光敏树脂进行光照固化;完成固化后,工作台精准下降一个成形层厚,然后进行第二层具有一定几何轮廓的液态光敏树脂固化成形;如此循环进行多层固化成形,形成三维实体模型。

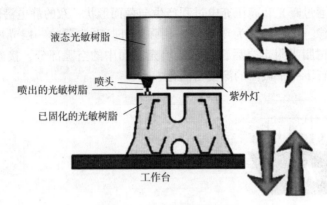

图 3-10　PolyJet 成形过程

3.2.2　后处理

光固化成形的后处理主要包括原型的清洗、去除支撑、后固化以及必要的打磨等工作。下面以某一 SLA 原型为例给出其后处理过程，如图 3-11 所示。

（1）原型叠层制作完成后，工作台升出液面，停留 5~10 min，以晾干滞留在原型表面的树脂和排除包裹在原型内部多余的树脂，如图 3-11（a）所示。

（2）将原型和工作台网板一起斜放晾干，并将其浸入丙酮、酒精等清洗液中，搅动并刷掉残留的气泡，如图 3-11（b）所示。如果网板是固定于设备工作台上的，直接用铲刀将原型从网板上取下进行清洗，如图 3-11（c）所示。

（3）原型清洗完毕后，去除支撑结构，即将图 3-11（c）中原型底部及中空部分的支撑去除干净。去除支撑时，应注意不要刮伤原型表面和精细结构。

（4）再次清洗后置于紫外线烘箱中进行整体后固化，如图 3-11（d）所示。对于有些性能要求不高的原型，可以不作后固化处理。

图 3-11　SLA 后处理过程

（a）工作台升出液面；（b）清洗液清洗；（c）去除支撑；（d）紫外线固化

3.3 成形系统

3.3.1 SLA 成形系统

SLA 系统的组成一般包括：光源系统、光学扫描系统、托板升降系统、涂覆刮平系统、液面及温度控制系统、控光快门系统等。图 3-12 所示为采用振镜扫描式的 SLA 系统示意。成形光束通过振镜偏转可进行 XY 二维平面内的扫描运动，工作台可沿 Z 轴升降。控制系统根据各分层截面信息控制振镜按设定的路径逐点扫描，同时控制光阑与快门使一次聚焦后的紫外光进入光纤，在成形头经过二次聚焦后照射在树脂液面上进行点固化，一层固化完成后，控制 Z 轴下降一个层厚的距离，固化新的一层树脂，如此重复直至整个零件制造完毕。

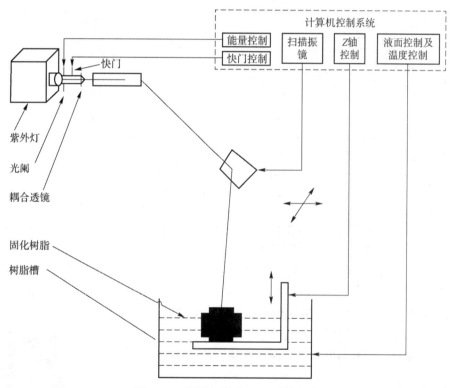

图 3-12 振镜扫描式 SLA 系统示意

1. 光源系统

当光源的光谱能量分布与光敏树脂吸收谱线相一致时，组成树脂的有机高分子吸收紫外线，造成分解、交联和聚合，其物理或化学性质发生变化。由光固化的物理机理可知，对光源的选择，主要取决于光敏剂对不同频率的光子的吸收。由于大部分光敏剂在紫外区的光吸收系数较大，一般使用很低的光能量密度就可使树脂固化，所以一般都采用输出在紫外波段的光源。目前，SLA工艺所用的光源主要是激光器，有气体激光器和固体激光器两类。激光器的选择主要根据固化的光波波长、输出功率、工作状态及价格等因素来确定。

2. 光学扫描系统

SLA的光学扫描系统有数控XY导轨式扫描系统和振镜式激光扫描系统两种，如图3-13所示。数控XY导轨式扫描系统实质上是一个在计算机控制下的二维运动工作台，它带动光纤和聚焦透镜完成零件的二维扫描成形。该系统在XY平面内的动作由步进电动机驱动高精密同步带实现（或由电动机作用于丝杠驱动扫描头）。XY导轨式扫描系统具有结构简单、成本低、定位精度高的特点，二维导轨由计算机控制在XY平面内实现扫描，它既可以使焦点做直线运动，又可以实现小视场、小相对孔径的条件，简化了物镜设计，但该系统扫描速度相对较慢，在高端设备应用中，已逐渐被振镜扫描系统取代。

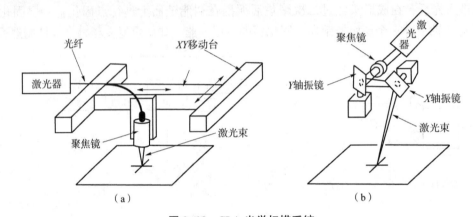

图3-13 SLA光学扫描系统
（a）数控XY导轨式扫描系统；（b）振镜式激光扫描系统

振镜扫描器常见于高精度大型3D打印系统，如美国3D Systems公司的SLA产品多用这种扫描器。这种扫描器是一种低惯量扫描器，主要用于激光扫描场合（激光刻字、刻线、照排、舞台艺术等），其原理是用具有低转动惯量的转子带动反射镜偏转光束。振镜扫描器能产生稳定状态的偏转，可以进行高保真度的正弦扫描以及非正弦的锯齿、三角或任意形式扫描。这种扫描器一般和$f-\theta$聚焦镜配用，在大视场范围内进行扫描。振镜扫描器具有惯量低、速度快、动态特性好的优点，但是它的结构复杂，对光路要求高，调整麻烦，价格较高。

3. 托板升降系统

托板升降系统如图3-14所示，它主要完成零件支撑及在Z轴方向的运动，它与涂覆刮平系统相配合，可实现待加工层树脂的涂覆。托板升降系统采用步进电动机驱动、精密滚珠丝杠传导及精密导轨导向的结构。制造零件时托板经常做下降、上升运动，为了减少运动对液面的搅动，可在托板上布置蜂窝状排列的小孔。

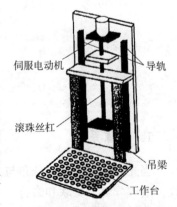

图3-14 托板升降系统

4. 涂覆刮平系统

在有些 SLA 设备中常设有涂覆刮平系统，用于完成对树脂液面的涂覆作用。涂覆刮平运动可以使液面尽快流平，进而提高涂覆效率并缩短成形时间。现在常用的涂覆机构主要有吸附式、浸没式和吸附浸没式三种，吸附式如图 3-15 所示，浸没式如图 3-16 所示。目前使用最多的是吸附浸没式涂覆，此机构综合了吸附式和浸没式的优点，同时增加了水平调节机构。它主要由真空机构、刮刀水平调节机构、运动机构和刮刀组成。真空机构通过调节阀控制负压值来控制刮刀吸附槽内的树脂液面的高度，保证吸附槽里有一定量的树脂；刮刀水平调节机构主要用于调节刮刀刀口的水平。由于液面在激光扫描时必须是水平的，因此，刮刀的刀口也必须与液面平行。在涂覆过程中，刮刀在吸附槽里由于存在负压，会一直带有一定量的树脂。当完成一层扫描后，升降托板带动工件下降几层的高度，然后再上升到比液面低一个层厚的位置，接着电动机带动刮刀做来回运动，将液面多余的树脂和气泡刮走，从而显著提高工件的表面质量和精度。

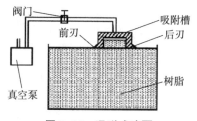

图 3-15 吸附式涂覆

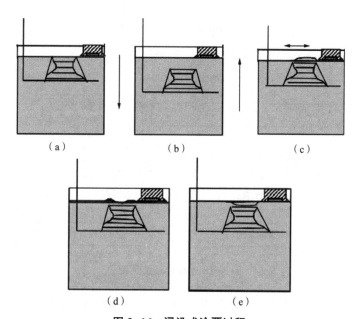

图 3-16 浸没式涂覆过程

(a) 一层扫描完成；(b) 托盘平台下潜；(c) 托盘平台上升刮平；(d) 刮平后液面；(e) 等待液面平整

3.3.2 DLP 成形系统

基于数字微镜光固化 3D 打印系统的结构简图如图 3-17 所示，图中轮廓图形发生装置即为本系统的光学系统，它是产生零件二维轮廓图形的核心部件。光学系统生成的轮廓图形被投射到透明的承载玻璃板上，光线透过承载玻璃使光敏树脂按需固化，每固化一层，Z 轴运动机构带动已固化零件向上运动一个层片厚度，接着进行下一层的固化，如此重复直至零件制造完成。为使零件成形后处理简单，采用下照射曝光，这样由未固化液态树脂和承载玻璃充当支撑，在加工过程中无须再另行添加支撑。

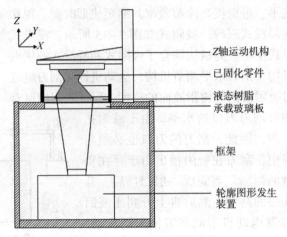

图 3-17 DLP 系统结构简图

如图 3-18 所示，整个系统包括四大模块：光学系统、数据处理系统、控制系统和机械系统，各部分相互协作以保证系统良好的工作状态。

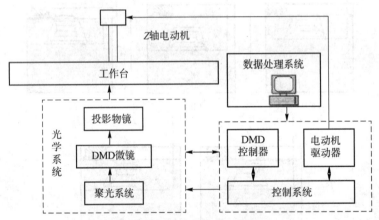

图 3-18 DLP 系统原理

光学系统由数字微镜、聚光系统以及投影物镜三个部分组成。其中，聚光系统为数字微镜提供均匀的照明入射光束，为树脂固化提供均匀的能量；投影物镜将数字微镜形成的二维轮廓投射到树脂面上，使树脂按零件的截面轮廓固化成形；数字微镜为实现零件二维轮廓的核心器件，通过控制系统的电信号可以完成图形轮廓的生成，整个光路系统设计以实现数字微镜的工作原理为基点，图 3-19 为 DLP 光学系统简图，从图中可以看出整个光学系统的组成。

数据处理系统负责完成从零件 CAD 模型到零件二维轮廓图形的数据转换，投影式光固化成形技术得到零件轮廓图形（bmp 文件）后无须再为二维轮廓生成加工路径，因此处理速度相对较快。控制系统负责控制相关器件从计算机读入二维轮廓图片信息（bmp 文件），并根据 bmp 文件的相关信息为数字微镜的每一片小微镜提供电信号，使微镜按要求进行偏转，实现掩膜图形的生成。控制系统还对 Z 轴的动力装置进行控制，每曝光固化一层后，

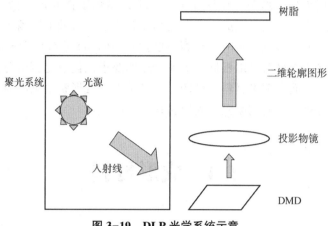

图 3-19 DLP 光学系统示意

控制电动机运动使 Z 轴往上运动一个层厚，以便进行下一个层厚的加工；此外，控制系统还起到快门的作用，在 Z 轴静止时使光线能够通过光学系统，而当 Z 轴运动时则严禁光线通过，以保证零件的加工精度。

机械系统是整个成形系统的骨架，为整个系统提供支撑，包括控制系统、光学系统、Z 轴的运动部件的安装固定。由于本系统是采用投影曝光，对各个关键器件的平行度要求较高，因此机械结构还必须完成对曝光用的投影物镜、承载玻璃板与数字微镜之间的平面度的调节。

这四大模块在整个系统中都是不可或缺的，各模块共同作用，互相配合才能加工出合格的三维零件。

3.3.3 PolyJet 成形系统

PolyJet 系统与 SLA 系统的主要区别在于喷头部分，PolyJet 的喷头结构如图 3-20 所示。

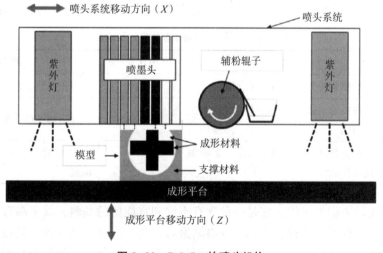

图 3-20 PolyJet 的喷头机构

PolyJet 系统采用阵列式喷头，在计算机控制下，喷嘴工作腔内的液态光敏树脂瞬间形成液滴，在压力作用下液滴喷射到成形平台的指定位置，并立即使用紫外灯照射将其固化，薄层沉积在成形平台上，形成精确的3D模型或零件。PolyJet 系统成形材料为一种刚性材料和一种弹性材料，这两种材料可以根据图形像素点的要求以任意比例组合，形成连续多功能梯度的材料混合物，从而实现多材料的打印。在悬垂部分或形状复杂需要支撑的部位，该系统可喷射用手或水可轻松除去的凝胶状支撑材料。

3.4 成形材料

3.4.1 光敏树脂的性能要求

光敏树脂材料需要具备两个基本条件：能够固化成形和成形后具有一定的形状、尺寸精度。具体来说，应满足以下条件：
(1) 液态树脂的稳定性好，固化速度快，一次固化程度高。
(2) 材料黏度低，保证加工层平整，并且减少液态树脂流平时间。
(3) 材料本身的热影响区小，收缩应力小，固化收缩小。
(4) 材料对光有一定的投射深度，以获得具有一定固化深度的层片。
(5) 材料成形后湿态强度高、溶胀小，保证成形件在液态光敏树脂的浸泡过程中不产生变形、膨胀及层间剥离、尺寸变小。
(6) 材料毒性小。

3.4.2 光敏树脂的组成

光敏树脂材料由低聚物、稀释单体以及光引发剂组成，各组成成分及其基本功能见表3-1。

表3-1 光固化材料的基本组分及功能

名称	功能	常用含量/%	类型
光引发剂	吸收紫外光能，引发聚合反应	≤10	自由基型、阳离子型
低聚物	材料的主体，决定固化后材料的主要功能	≥40	环氧烯酸酯、聚酯丙烯酸酯等
稀释单体	调整黏度并参与固化反应，影响固化膜性能	20~50	单官能度、双官能度、多官能度

低聚物是光敏树脂的主体，它是一种含有不饱和官能团的基料，其末端有可以聚合的活性集团，因此一旦有了活性种，它就可以继续聚合长大，而且一旦聚合，其相对分子质量上升的速度非常快，立刻就可转化为固体。低聚物决定了光固化成形材料的基本物理和化学性能，如液态树脂的黏度、固化后的强度和硬度、固化收缩率和溶胀性等。

稀释单体包括多官能度单体、双官能度单体和单官能度单体三类。目前采用的添加剂有：阻聚剂、光固化剂、燃料、天然色素、UV 稳定剂、消泡剂、流平剂、填充剂和惰性稀释剂等。其中阻聚剂尤其重要，它是保证液态树脂材料在容器中存放较长时间的主要因素。

光引发剂是刺激光敏树脂材料进行交联反应的特殊基团，当受到特定波长的光子作用时，它就会变成具有高度活性的自由基团而作用在低聚物上，促使其产生交联反应，使其由原来的线状聚合物变成网状聚合物，最终呈现为固态。光引发剂的性能决定了光固化树脂成形材料的固化程度和固化速度。

3.4.3 光敏树脂的分类

光敏树脂根据聚合机理的不同，可以分为自由基光固化树脂、阳离子光固化树脂和混杂型光固化树脂三种类型。

1. 自由基光固化树脂

目前用于光固化成形材料的自由基低聚物主要有三类：聚酯丙烯酸酯、聚氨酯丙烯酸酯、环氧树脂丙烯酸酯。聚酯丙烯酸酯材料的流平性较好，固化质量也较好，其成形制件的性能可调节范围较大。采用聚氨酯丙烯酸酯材料成形的制件可赋予产品一定的柔顺性和耐磨性，但聚合速度较慢。环氧树脂丙烯酸酯材料聚合的速度较快，成形制件的强度较高，但脆性较大，产品制件的外形易变色发黄。

2. 阳离子光固化树脂

阳离子光固化树脂材料的主要成分是光固化树脂环氧化合物。SLA 技术使用的阳离子型低聚物和活性稀释剂一般是阳离子和乙烯基醚。阳离子具有以下优点：
（1）固化后收缩小，产品制件的精度较高。
（2）黏度值较低，成形制件的强度较高。
（3）由于阳离子聚合物是活性聚合，因此在光熄灭以后还可以继续引发聚合。
（4）氧气对自由基的聚合有阻聚作用，但对阳离子树脂几乎没有影响。
（5）采用阳离子光固化树脂制成的制件可直接用于注射模具。

3. 混杂型光固化树脂

混杂型光固化树脂是以固化速度较快的自由基光固化树脂作为骨架结构，再以收缩、变形小的阳离子光固化树脂为填充物制成的，可以同时发生阳离子聚合和自由基聚合光固化反应。其主要优点是：可提供诱导期较短、聚合速度稳定的聚合物；可以设计成无收缩的聚合物；阳离子在光消失后，仍然可以继续引发聚合等。

3.5 SLA 成形制造设备

3D Systems 公司作为 SLA 技术的开拓者，是全世界最大的 3D 打印机制造商。该公司在提高 SLA 技术的制件精度及激光诱导光敏树脂聚合等方面做了深入的研究，并提出了一些有效的制造方法。3D Systems 公司现有多个成形机商品系列，目前该公司生产的 SLA 成形机最新型号为 ProJet 系列和 ProX 系列，图 3-21 所示为 ProX 950 SLA 系统。图 3-22 所示为 3D Systems 公司生产的 Figure 4 Jewelry DLP 设备，该设备主要用于珠宝设计与制造，能在数小时内生产用于铸造的打印件，使制造商能够加快上市时间，并以较低的单件成本快速响应市场对定制珠宝或短期生产的需求。与同类打印系统相比，Figure 4 Jewelry 的快速数字化工作流程的打印速度最多可加快 4 倍，可以灵活响应任何涉及的修改，具有较高的生产效率和精度。

图 3-21　3D Systems 的 ProX 950

图 3-22　3D Systems 的 Figure 4 Jewelry

Objet 公司作为 PloyJet 技术的开拓者，一直致力于 PloyJet 技术的研发，与 Stratasys 公司合并后，新公司以持股较高的 Stratasys 命名，并在十多年来始终占据全球工业级 3D 打印机出售量全球第一的位置。图 3-23 所示为 Stratasys 公司生产的 Objet 1000 PLUS 型打印机，它能够在一个部件中最多组合 14 种不同的材料，并具有 1 000 mm×800 mm×500 mm 的超大成形尺寸。

图 3-23　Stratasys 公司生产的 Objet 1000 PLUS

我国在光固化成形技术方面的研究虽然起步较晚，但也取得了丰硕的成果。西安交通大学、清华大学、南京理工大学等对 SLA 技术进行了较为系统的研究，这些单位先后开展了一系列光固化成形工艺相关的研究，申请了一系列专利。目前，国内杭州先临三维科技有限公司、上海数造机电科技股份有限公司已具有较成熟的 SLA 成形设备，浙江迅实科技有限公司已具有较成熟的 DLP 成形设备。图 3-24 为国内杭州先临三维科技有限公司开发的 EP-A650 型 SLA 设备，图 3-25 是上海数造机电科技股份有限公司自主研发的 3DSL-800Hi 型 SLA 设备，图 3-26 是浙江迅实科技有限公司自主研发的 SprintRay Pro 型 DLP 设备。目前国内外所有的 SLA 设备在技术水平上已经相当接近，由于售后服务和价格的原因，国内企业在竞争时具有明显的优势。

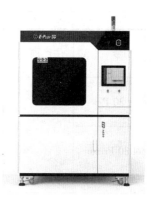

图 3-24　先临三维 EP-A650

图 3-25　上海数造 3DSL-800Hi

图 3-26　浙江迅实 SprintRay Pro

国内外部分 SLA、DLP 及 PolyJet 制造设备的特性参数见表 3-2。

表 3-2　国内外部分 SLA 制造设备的特性参数

型号	生产商	材料	成形尺寸 /(mm×mm×mm)	工艺类型
ProJet 6000 HD	3D Systems	VisiJet Flex, VisiJet, VisiJet Black, VisiJet Clear, VisiJet HiTemp, VisiJet-Stone, VisiJet Jewel	250×250×250	SLA
ProJet7000 HD		VisiJet Flex, VisiJet, VisiJet Black, VisiJet Clear, VisiJet HiTemp, VisiJet-Stone, VisiJet Jewel	380×380×250	SLA
ProX 800		Accura Phoenix, Accura SL 5530, Accura e-Stone, Accura 55, Accura ABS Black 等	650×750×550	SLA
ProX 950		Accura Phoenix, Accura SL 5530, Accura e-Stone, Accura CastPro, Accura PEAK, Accura Xtreme 等	1 500×750×750	SLA
Figure 4 Jewelry		Figure 4 JCAST-GRN 10	1 048×702×196	DLP

续表

型号	生产商	材料	成形尺寸/(mm×mm×mm)	工艺类型
Objet 30 Pro	Stratasys	刚性不透明材料，透明材料，耐高温材料	294×192×148.6	PolyJet
Objet 30 Prime		刚性不透明材料，透明材料，类聚丙烯材料，类橡胶材料，生物相容性材料	294×192×148.6	PolyJet
Objet Eden260VS		刚性不透明材料，类橡胶材料，透明材料，类聚丙烯材料，耐高温材料，生物相容性材料	255×252×200	PolyJet
Objet 500 Connex1		刚性不透明材料，类橡胶材料，透明材料，类聚丙烯材料，耐高温材料，生物相容性材料	490×390×200	PolyJet
Objet 260/350/500 Connex 3		刚性不透明材料，类橡胶材料，透明材料，类聚丙烯材料，耐高温材料，生物相容性材料	Objet 260：255×252×200 Objet 350：342×342×200 Objet 500：490×390×200	PolyJet
J720		VeroDent、VeroDentPlus、Vero系列不透明材料，VeroCyanV，VeroMagentaV，VeroYellowV，Tango，Agilus30，VeroClear	490×390×200	PolyJet
J750 DAP		Vero系列不透明材料，VeroClear，TissueMatrix，BoneMatrix	490×390×200	PolyJet
J850		Vero系列不透明材料，Agilus30，VeroClearhe VeroUltraClear透明材料	490×390×200	PolyJet
Objet 1000 PLUS		透明刚性材料，类橡胶材料，刚性不透明材料，VeroFlex	1 000×800×500	PolyJet
EP-A650	先临三维	355 nm 液态光敏树脂	650×600×400	SLA
EP-A450		355 nm 液态光敏树脂	450×450×350	SLA
EP-A350		355 nm 液态光敏树脂	350×350×300	SLA
EP-3500		355 nm 液态光敏树脂	350×350×100	SLA
Accufab-D1		开放材料	394×406×755	DLP
Accufab-C		开放材料	394×406×755	DLP

续表

型号	生产商	材料	成形尺寸/(mm×mm×mm)	工艺类型
3DSL-880Hi	上海数造	355 nm 液态光敏树脂	800×800×550	SLA
3DSL-800Hi		355 nm 液态光敏树脂	800×600×400	SLA
3DSL-600Hi		355 nm 液态光敏树脂	600×600×400	SLA
3DSL-450Hi		355 nm 液态光敏树脂	450×450×330	SLA
3DSL-360Hi		355 nm 液态光敏树脂	360×360×300	SLA
3DSL-600S		类ABS、类PP、透明、类橡胶等光敏树脂	600×600×400	SLA
3DSL-450S		类ABS、类PP、透明、类橡胶等光敏树脂	450×450×330	SLA
3DSL-360S		类ABS、类PP、透明、类橡胶等光敏树脂	360×360×300	SLA
MoonLite-L	浙江迅实	SP-RH 系列通用树脂	128×72×180	DLP
SprintRay Pro		SP-RW 系列齿科铸造树脂、SP-RM 系列牙模树脂、SP-RB 系列齿科手术导板树脂、SP-PG 系列牙龈胶树脂	182×102×200	DLP
MoonRay J		SP-RF 系列柔性树脂、SP-RS 系列压模树脂、SP-WW 系列水洗树脂、SP-RC 系列陶瓷基树脂、SP-HT 系列强韧树脂	64×40×200	DLP

3.6 SLA 成形质量影响因素

光固化成形的精度一直是设备研发和用户制作原型过程中密切关注的问题。光固化成形技术发展到今天，光固化原型的精度一直是人们需要解决的难题。控制原型的翘曲变形和提高原型的尺寸精度及表面质量一直是研究领域的核心问题之一。原型的精度一般包括形状精度、尺寸精度和表面精度，即光固化成形件在形状、尺寸和表面相互位置三个方面与设计要求的符合程度。形状误差主要有翘曲变形、扭曲变形、椭圆度误差及局部缺陷等；尺寸误差是指成形件与CAD模型相比，在 X、Y、Z 三个方向上的尺寸相差值；表面精度主要包括由叠层累加产生的台阶误差及表面粗糙度等。

此处以 SLA 技术为例，分析影响成形质量的各影响因素。影响 SLA 成形精度的因素有很多，包括成形前和成形过程中的数据处理、成形过程中光敏树脂的固化收缩、光学系统及激光扫描方式等。按照成形机的成形工艺过程，可将产生成形误差的因素按图 3-27 所示进行分类。其中，数字模型转化误差详见 2.2.2 节，分层切片误差详见 2.3.1 节。

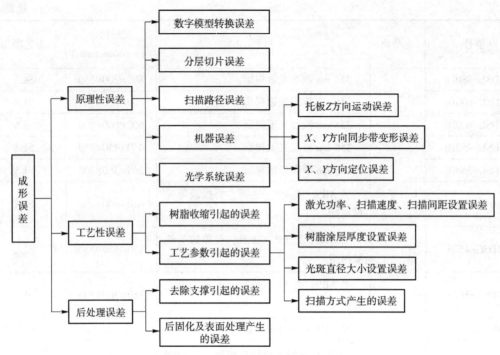

图 3-27 光固化成形误差因素分类

3.6.1 原理性误差

1. 扫描路径误差

对于扫描设备来说，一般很难真正地扫描曲线，但可以用许多短线段近似表示曲线，这样就会产生扫描路径误差，如图 3-28 所示。如果误差超过了容许范围，可以加入插补点使路径逼近曲线，减少扫描路径的近似误差。

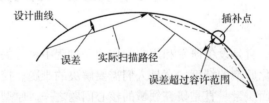

图 3-28 用短线段近似表示曲线造成的扫描误差

2. 光学系统误差

（1）激光器和振镜扫描头由于温度变化和其他因素的影响，会出现零漂或增溢漂移现象，从而造成扫描坐标系统偏移，使下层的坐标原点与上层的坐标原点不一致，致使各个断面层间发生相互错位。这可以通过对光斑进行在线检测，并对偏差量进行补偿校正消除误差。

(2) 振镜扫描头结构本身造成原理性的扫描路径枕形误差，振镜扫描头安装误差造成的扫描误差，可以用一种 XY 平面的多点校正法消除扫描误差。

(3) 激光器功率如果不稳定，将使被照射的树脂接受的曝光量不均匀。光斑的质量不好、光斑直径不够细等都会影响制件的质量。

3.6.2 工艺性误差

1. 树脂收缩变形引起的误差

高分子材料的聚合反应一般会出现固化收缩的现象。因此，光固化成形时，光敏树脂的固化收缩会使成形件内产生内应力，从而引起制件变形。从固化层表面向下，随着固化程度的不同，层内应力也不同，呈梯度分布。在层与层之间，新固化层收缩时要受到层间黏合力限制。层内应力和层间应力的合力作用，致使工件产生翘曲变形。

2. 成形工艺参数引起的误差

1) 激光扫描方式

扫描方式与成形工件的内应力有密切关系，合适的扫描方式可减少零件的收缩量，避免翘曲和扭曲变形，提高成形精度。

SLA 工艺成形时多采用方向平行路径进行实体填充，即每一段填充路径均互相平行，在边界线内顺序往复扫描进行填充，也称为 Z 字形（Zig-Zag）或光栅式扫描方式，如图 3-29（a）所示。在扫描一行的过程中，扫描线经过型腔时，扫描器以跨越速度快速跨越。这种扫描方式需频繁跨越型腔部分，一方面空行程太多，会出现严重的"拉丝"现象（空行程中树脂感光固化成丝状）；另一方面扫描系统频繁地在填充速度和快进速度之间变换，会产生严重的振动和噪声，激光器要频繁进行开关切换，降低了加工效率。

图 3-29（b）中采用分区扫描方式，在各个区域内采用连贯的 Zig-Zag 扫描方式，激光器扫描至边界即回折反向填充同一区域，并不跨越型腔部分；只有从一个区域转移到另一区域时，才快速跨越。这种扫描方式可以省去激光开关过程，提高成形效率，并且由于采用分区后分散了收缩应力，减小了收缩变形，从而提高了成形精度。

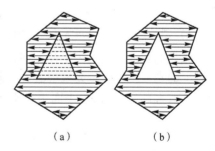

图 3-29　Z 字形扫描方式
（a）Z 字形；（b）分区扫描

2) 树脂涂层厚度

光固化是一种逐层累加的加工方法，一层液态树脂固化后，需要在已固化层表面涂上一层均匀厚度的液态树脂，使成形过程连续进行。树脂涂层厚度是影响光固化成形精度的关键因素之一。

在成形过程中要保证每一层铺涂的树脂厚度一致。当聚合深度小于层厚时，层与层之间将黏合不好，甚至会发生分层；如果聚合深度大于层厚，将引起过固化而产生较大的残余应力，进而引起翘曲变形，影响成形精度。在扫描面积相等的条件下，固化层越厚，则固化的体积越大，层间产生的应力也就越大，因此为了减小层间应力，应该尽可能地减小单层固化深度，以减小固化体积。

3) 光斑直径大小

在光固化成形中，原型光斑有一定的直径，固化的线宽等于在该扫描速度下实际光斑的直径大小。如果不采用补偿，光斑尺寸对制件轮廓尺寸的影响如图3-30（a）所示，成形零件实体部分的外轮廓周边尺寸大了一个光斑半径，而内轮廓周边尺寸小了一个光斑半径，结果导致零件的实体尺寸大了一个光斑直径，使零件出现正偏差。为了减小或消除实体尺寸的正偏差，通常采用光斑补偿方法，使光斑扫描路径向实体内部缩进一个光斑半径。从理论上说，光斑扫描按照向实体内部缩进一个光斑半径的路径扫描，所得零件的长度尺寸误差为零。

可以通过调整光斑补偿值的大小，修正制件的误差大小。光斑补偿值可根据尺寸误差情况设置，范围在0.1~0.3 mm。制件尺寸误差为正偏差，光斑补偿直径设置大一些；误差为负偏差，光斑补偿直径设置小一些。

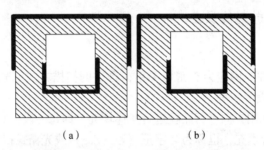

图3-30 光斑直径对成形尺寸的影响
（a）未采用光斑补偿；（b）采用光斑补偿

4) 激光功率、扫描速度、扫描间距

激光束光强度沿光斑半径方向为高斯分布，光束的中心部分光强最高，其中I表示单位面积上的光强度，I_0是光束中心部分的I值。沿Z轴方向即光束的轴线方向，为光强的空间分布。取直角坐标系XY平面垂直于光束轴线，则光强度在XY平面内的分布可用式（3-1）来表示：

$$I(x,y) = \frac{2P_L}{\pi \omega_0^2} \exp\left(-\frac{2\omega^2}{\omega_0^2}\right) \tag{3-1}$$

式中，P_L为激光全功率，ω_0是激光束中心光强度值$1/e^2$（约13.5%）处的半径，ω是距光轴原点(x_0, y_0)的距离，可用式（3-2）表示：

$$\omega = \sqrt{(x-x_0)^2 + (y-y_0)^2} \tag{3-2}$$

当激光束垂直照射在树脂液面时，设液面为Z轴的原点所在，激光强度$I(x, y, z)$沿树脂的深度方向Z分布，光强度I遵循Lamber-beer法则，沿Z向衰减，即

$$I(x,y,z) = \frac{2P_L}{\pi \omega_0^2} \exp\left(-\frac{2\omega^2}{\omega_0^2}\right) \exp\left(\frac{-z}{D_p}\right) \tag{3-3}$$

式中，D_p是激光在树脂中的透射深度。

照射在树脂上的激光束处于静止状态时，光固化的形状如图3-31（a）所示，呈旋转抛

物面状态。

光固化成形时激光束沿 Y 轴方向以速度 v_s 垂直于树脂表面扫描，树脂各部分的曝光量为：

$$E(y,z) = \sqrt{\frac{2}{\pi}} \frac{P_L}{\omega_0 v_s} \exp\left(\frac{-2y^2}{\omega_0^2}\right) \exp\left(\frac{-z}{D_p}\right) \tag{3-4}$$

当 $E = E_c$（临界曝光量）时树脂开始固化，在 $E \geq E_c$、$z \geq 0$ 的空间范围内固化成形时，可得

$$2y^2\omega_0^2 + \frac{z}{D_p} = \ln\left(\sqrt{\frac{2}{\pi}} \frac{P_L}{\omega_0 v_s E_c}\right) \tag{3-5}$$

此时，固化形状如图 3-31（b）所示，其中（x, z）平面是关于 Z 轴的抛物线，沿 Y 方向是等截面的柱体。

在光斑的中心处具有最大的固化深度，即 $y = 0$ 时，可得扫描线的最大固化深度 C_d：

$$C_d = D_p \ln\left(\sqrt{\frac{2}{\pi}} \frac{P_L}{\omega_0 v_s E_c}\right) \tag{3-6}$$

在树脂的液面上具有最大固化宽度，即 $z = 0$ 时，可得扫描线的最大固化宽度 L_w：

$$L_w = 2\omega_0 \sqrt{\ln\left(\frac{\sqrt{2}}{\pi} \frac{P_L}{\omega_0 v_s E_c}\right)} \tag{3-7}$$

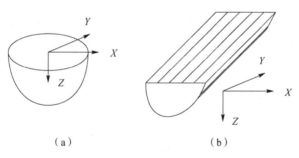

图 3-31 光固化线条轮廓形状

（a）激光束强度近似形状；（b）单条固化线形状

如图 3-32 所示，单根扫描线截面的形状和尺寸由激光总功率 P_L、激光光斑半径 ω_0、扫描速度 v_s 和临界曝光量 E_c 决定。

平面扫描就是用多条扫描线对一个截面进行扫描固化，当扫描速度、扫描间距一定时，激光功率越大，液态光敏树脂单位时间吸收的能量越大，尺寸误差向正方向增大。当激光功率、扫描间距一定时，扫描速度越快，液态

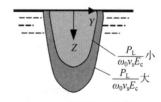

图 3-32 固化因子及尺寸

光敏树脂单位时间吸收的能量越小，尺寸误差向负误差的方向减小。当激光功率、扫描速度一定时，扫描间距越大，液态光敏树脂单位时间吸收的能量越小，尺寸误差向负误差的方向减小。在成形工程中，要综合选择激光功率、扫描速度和扫描间距。

3.6.3 后处理误差

SLA成形工艺后处理误差主要包括未固化树脂引起的误差、后固化处理引起的误差、去除支撑引起的误差以及表面处理引起的误差等。

1. 未固化树脂引起的误差

成形件内部残留有未固化的树脂,如果在后固化处理或成形件储存的过程中发生暗反应,残留树脂的固化收缩将引起成形件的变形,因此从成形件中排除残留树脂具有重要意义。如有封闭的成形件结构,常会将未固化的树脂封闭在里面,必须在设计CAD三维模型时预开一些排液的小孔,或者在成形后用钻头在适当位置钻出几个小孔,将未固化树脂排出。

2. 后固化处理引起的误差

用光固化方式进行后固化时,建议使用能透射到原型件内部的长波长光源,且使用照度较弱的光源进行辐照,以避免由于急剧反应引起的内部温度上升。随着固化过程产生的内应力、温度上升引起的软化等因素会使制件发生变形或者出现裂纹,从而引起原型误差。

3. 去除支撑引起的误差

用剪刀和镊子等工具去除支撑,然后用锉刀和砂布等进行光整过程中,对于比较脆的树脂材料,在后固化处理后去除支撑容易损伤制件,从而引起变形,建议在后固化处理前去除支撑。

4. 表面处理引起的误差

SLA工艺制造的成形件表面存在0.05~0.1 mm的层间台阶效应,为了获得较高的表面质量及外观,需要经过打磨、喷漆等表面处理。用砂纸打磨制件表面的层间台阶,会引起原型尺寸的负方向误差;喷漆处理需先用腻子材料填补层间台阶,然后喷涂底色,覆盖凸出部分,还可进行抛光处理,喷漆处理会引起原型尺寸的正方向误差。

3.7 SLA的应用

光固化成形技术特别适合于新产品的开发、不规则或复杂形状零件制造(如具有复杂成形面的飞行器模型和风洞模型)、大型零件的制造、模具设计与制造、产品设计的外观评估和装配检测、快速反求与复制,也适用于难加工材料的制造(如利用SLA技术制备碳化硅复合材料构件等)。这项技术不仅在制造业具有广泛的应用,而且在材料科学与工程、医学、文化艺术等领域也有广阔的应用前景。

3.7.1 功能性和装配性测试

SLA 模型可直接用于风洞试验,进行可制造性、可装配性检验,特别适用于航空航天领域和汽车制造领域。

航空航天零件往往是在有限空间内运行的复杂系统,在采用光固化成形技术以后,不但可以基于 SLA 原型进行装配干涉检查,还可以进行可制造性讨论评估,确定最佳的制造工艺。通过快速熔模铸造、快速翻砂铸造等辅助技术可进行特殊复杂零件(如涡轮、叶片、叶轮等)的单件、小批量生产,并可进行发动机等部件的试制和试验,图 3-33 所示为 SLA 技术制作的叶轮模型。

利用 SLA 成形技术可以制作出多种弹体外壳,装上传感器后便可直接进行风洞试验,可减少制作复杂曲面模型的成本和时间,从而可以更快地从多种设计方案中筛选出最优的整流方案,在整个开发过程中大大缩短了试验周期和开发成本。此外,利用光固化成形技术制作的导弹全尺寸模型,在模型表面进行相应喷涂后,清晰展示了导弹外观、结构和战斗原理,其展示和讲解效果远远超出了单纯的电脑图纸模拟方式,可在正式量产之前对其可制造性和可装配性进行检验。图 3-34 所示为 SLA 制作的导弹模型。

图 3-33 叶轮模型

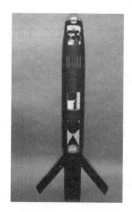
图 3-34 导弹模型

现代汽车生产的特点就是产品的多型号、短周期。为了满足不同的生产需求,就需要不断地改型。虽然现代计算机模拟技术不断完善,可以完成各种动力、强度、刚度分析,但研究开发中仍需要做成实物以验证其外观形象、工装可安装性和可拆卸性。对于形状、结构十分复杂的零件,可以采用 SLA 工艺制作零件原型以验证设计人员的设计思想,并利用零件原型做功能性和装配性检验。图 3-35 所示为采用 SLA 技术制造的汽车水箱面罩原型。

汽车发动机冷却系统(气缸盖、机体水箱)、进排气管等的研发中需要进行流动分析实验。将透明的模型安装在实验台上,中间循环某种液体,在液体内加一些细小粒子或细气泡以显示液体在流道内的流动情况。问题的关键是透明模型的制造,用传统方法时间长,花费大且不精确,而用 SLA 技术结合 CAD 造型仅仅需要 4~5 周的时间且花费只为之前的 1/3,制作出的透明模型能完全符合机体水箱和气缸盖的 CAD 数据要求,模型表面质量也能满足要求。图 3-36 所示为用于冷却系统流动分析的气缸盖模型。为了进行分析,该气缸盖模型装在了曲轴箱上,并配备了必要的辅助零件。当分析结果不合格时,可以将模型拆卸,对模型零件进行修改后重装模型,重新进行流动分析,直至各项指标均满足要求为止。

图 3-35 汽车水箱面罩原型

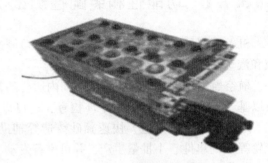

图 3-36 气缸盖流动模型

3.7.2 辅助铸造

在铸造生产中,模板、芯盒、压蜡型、压铸模等的制造往往采用机加工方法,有时还需要钳工进行修整,费时耗资,而且精度不高。特别是对于一些形状复杂的铸件(例如飞机发动机的叶片、船用螺旋桨、汽车、拖拉机的缸体、缸盖等),模具的制造更是一个巨大的难题。虽然一些大型企业的铸造厂也备有一些数控机床、仿型铣等高级设备,但除了设备价格昂贵外,模具加工的周期也很长,而且由于没有很好的软件系统支持,机床的编程也很困难。3D 打印技术的出现,为铸造的铸模生产提供了速度更快、精度更高、结构更复杂的生产技术保障。

航空领域中发动机上许多零件都是经过精密铸造来制造的,对于高精度的木模制作,传统工艺成本极高,且制作时间也很长。采用 SLA 工艺,可以直接由 CAD 数字模型制作熔模铸造的母模,时间和成本可以得到显著的降低。数小时之内,就可以由 CAD 数字模型得到成本较低、结构十分复杂的用于熔模铸造的 SLA 快速原型母模。图 3-37 所示为基于 SLA 技术采用精密熔模铸造方法制造的某发动机的关键零件。

光固化成形技术还可以与逆向工程技术、快速模具制造技术相结合,用于汽车车身设计、前后保险杠总成试制、内饰门板等结构样件/功能样件试制、赛车零件制作等。图 3-38 所示为基于 SLA 原型,采用 Keltool 工艺快速制作的某赛车零件的模具及产品。

图 3-37 发动机的关键零件

图 3-38 基于 SLA 原型的赛车零件的模具及产品

图 3-39（a）所示为用 SLA 技术制作的用来生产氧化铝基陶瓷芯的模具，该氧化铝陶瓷芯是在铸造生产燃气涡轮叶片时用作熔模的，其结构十分复杂，包含制作涡轮叶片内部冷却通道的结构，且精度要求高，对表面质量的要求也非常高。制作时，当浇注到模具内的液体凝固后，经过加热分解便可去除 SLA 模具，得到氧化铝基陶瓷芯。图 3-39（b）所示为用 SLA 技术制作的用来生产消失模的模具嵌件，该消失模是用来生产标致汽车发动机变速箱拨叉的。

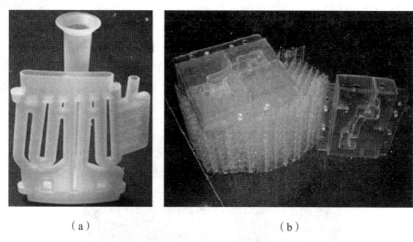

图 3-39　SLA 在铸造领域中的应用
（a）生产氧化铝基陶瓷芯的模具；（b）生产消失模的模具嵌件

3.7.3　制造原型零件

随着消费水平的提高及消费者追求个性化生活方式的日益增长，制造业中电器产品的更新换代日新月异。不断改进的外观设计以及因为功能改变而带来的结构改变，都使得电器产品外壳零部件的快速制作具有广泛的市场需求。在若干 3D 打印工艺方法中，光固化原型的树脂品质是最适合于电器塑料外壳的功能要求的，因此，SLA 工艺在电器行业中有着相当广泛的应用。图 3-40 所示的 SLA 模型的树脂材料是 DSM 公司的 SOMOS11120，其性能与塑料件极为相近，可以进行钻孔和攻丝等操作，以满足电器产品样件的装配要求。

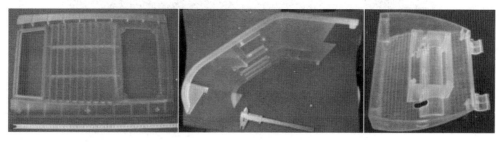

图 3-40　SLA 在电器行业的应用

3.7.4 陶瓷制备

光固化成形制备陶瓷是将陶瓷粉末加入液态光敏树脂中,通过高速搅拌使陶瓷粉末在树脂中分散均匀,制备高固相含量、低黏度的陶瓷浆料,然后使陶瓷浆料在光固化成形机上直接逐层固化,累加得到陶瓷零件素坯,最后通过干燥、脱脂和烧结等后处理工艺得到陶瓷零件。用光固化技术制作陶瓷件成形精度高,可制备复杂几何形状的零件,得到的陶瓷件烧结后致密度高,性能优异。

随着 DMD 技术的发展,DLP 技术逐渐应用于陶瓷光固化成形,法国的 Prodways 公司和 3DCREAM 公司、奥地利的 Lithoz 公司(图 3-41)、国内的清华大学和中科院空间应用中心等在材料和设备方面均取得了实质性的成果。目前可打印的陶瓷材料有氧化锆、氧化铝、熔融石英、氮化硅、碳化硅等。

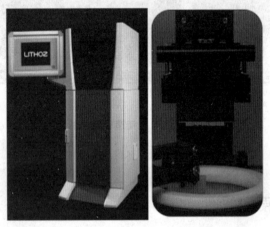

图 3-41 Lithoz 公司生产的光固化成形设备和其内部工作图

图 3-42 所示为利用光固化成形技术打印的陶瓷前驱体 3D 打印零件,该技术在自制的含有硅、碳、氧的陶瓷前驱体聚合物中加入光引发剂,采用光固化成形技术制造出聚合物陶瓷零件,经 1 000 ℃ 的高温热解转化为致密的陶瓷零件。力学性能测试结果表明,该方法制造的陶瓷零件在抗压强度和抗弯强度性能上均强于传统方法制备的相同密度多孔陶瓷。

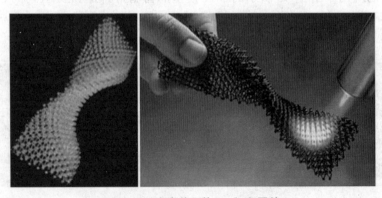

图 3-42 陶瓷前驱体 3D 打印零件
(a) 聚合物陶瓷零件;(b) 烧结后的陶瓷零件

● 思考与练习

1. 光固化成形工艺有哪些特点？
2. SLA、DLP、PolyJet 技术有什么区别？各有什么特点？
3. 光固化打印以后为什么要进行后固化？是不是所有模型都需要后固化处理？

第 4 章

选择性激光烧结工艺及应用

选择性激光烧结（Selected Laser Sintering，SLS）又称选区激光烧结，是一种采用激光有选择地分层烧结固体粉末，并使烧结成形的固化层层层叠加生成所需形状零件的工艺。塑料、石蜡、金属、陶瓷等受热后能够黏结的粉末都可以作为 SLS 的原材料。金属粉末的激光烧结技术因其特殊的工业应用，已成为近年来研究的热点，该技术能够使高熔点金属直接烧结成形为金属零件，完成传统切削加工方法难以制造出的高强度零件的成形，尤其是在航天器件、飞机发动机零件及武器零件的制备方面，这对 3D 打印技术在工业上的应用具有重要的意义。

4.1 概 述

4.1.1 工艺发展

SLS 思想最早是由美国得克萨斯大学奥斯汀分校的 Dechard 于 1986 年提出的，随后得克萨斯大学于 1988 年研制成功了第一台 SLS 成形机并获得了这一技术的发明专利，1992 年授权 DTM 公司将 SLS 系统商业化并推出了 Sinterstation 2000 系列商品化 SLS 成形机，随后分别于 1996 年、1998 年推出了 Sinterstation 2500（图 4-1）和 Sinterstation 2500 Plus（图 4-2）。DTM 公司在成形设备和成形材料方面均处于领先地位，拥有多项专利。该公司于 2001 年被 3D Systems 公司收购。

德国的 EOS 公司于 1989 年成立，是目前世界上 SLS 设备领域的领导者。EOS 公司于 1994 年推出了 3 个系列的 SLS 成形机，其中 EOSINT P 用于烧结热塑性塑料粉末，制造塑料功能件及熔模铸造和真空铸造的原型；EOSINT M 用于金属粉末的直接烧结，制造金属模具和金属零件；EOSINT S 用于直接烧结树脂砂，制造复杂的铸造砂型和砂芯。

图 4-1　Sinterstation 2500 打印机　　　图 4-2　Sinterstation 2500 Plus 打印机

国内从 1994 年开始研究 SLS 技术，引进了多台国外 SLS 成形机。北京隆源公司于 1995 年成功研制出第一台国产化 AFS 激光快速成形机，随后华中科技大学研制出了 HRPS 系列的 SLS 设备。此外南京航空航天大学、西北工业大学、中北大学、湖南华曙高科、北京易加三维等单位也先后开展了 SLS 技术的研究及应用工作。

4.1.2　工艺特点

SLS 成形工艺的优点如下。

1. 选材广泛，可制造多种原型

一般来说，任何粉末状的材料均可以采用 SLS 进行加工。广泛采用的材料包括尼龙、聚碳酸酯、金属和陶瓷等。采用不同的原料，可以直接生产复杂形状的原型、型腔模三维构件或部件及工具。

2. 无须支撑结构，材料利用率高

SLS 工艺无须设计支撑结构，成形过程中出现的悬空部分可直接由未烧结的粉末实现支撑。未烧结的粉末可以重复使用，是常见 3D 打印工艺中材料利用率最高的，可接近 100%。

SLS 成形工艺的缺点有以下几点。

① 表面粗糙。

原型是由材料粉层经过加热熔化实现逐层黏结的，因此，原型表面严格地讲是粉粒状的，因而表面较为粗糙，精度不高。

② 烧结过程有异味。

SLS 工艺中粉层需要通过激光使其加热达到熔化状态，高分子材料或者粉粒在激光烧结时会挥发出异味气体。

③ 有时辅助工艺较复杂。

以聚酰胺粉末烧结为例，为避免激光扫描烧结过程中材料因高温起火燃烧，需在工作空间加入阻燃气体，阻燃气体多为氮气。烧结前要预热，烧结后要在封闭空间去除工件表面浮粉，以避免粉尘污染。

4.2 SLS成形工艺

4.2.1 基本原理

选择性激光烧结工艺成形过程如图4-3所示。由CAD模型各层切片的平面几何信息生成 XY 激光扫描器在每层粉末上的数控运动指令，铺粉器将粉末一层一层地撒在工作台上，再用滚筒将粉末滚平、压实，每层粉末的厚度均对应于CAD模型的切片厚度（50~200 μm）。各层铺粉被激光器选择性烧结到基体上，而未被激光扫描、烧结的粉末仍留在原处起支撑作用，直至烧结出整个零件。

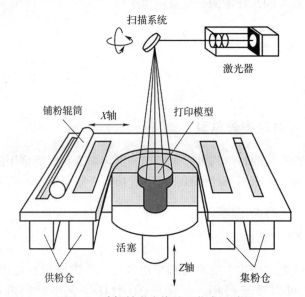

图4-3 选择性激光烧结工艺成形过程

当实体构建完成并充分冷却后，成形工作台会上升到初始的位置，将实体取出并将残留的粉末用后处理装置除去即可。

选择性激光烧结工艺使用的材料一般有石蜡、高分子、金属、陶瓷粉末及其复合粉末材料。材料不同，其具体的激光与粉末材料的相互作用及烧结工艺也略有不同。

1. 金属粉末SLS

金属粉末的SLS烧结主要有三种方法，分别是直接法、间接法和双组元法。一般将直接法和双组元法统称为"直接SLS"（Direct SLS），而将间接法对应地称为"间接SLS"（Indirect SLS）。

1) 直接法

直接法又称为"单组元固态烧结"（Single Component Solid States Sintering）法，金属粉末为单一的金属组元。激光束将粉末加热至稍低于熔化的温度，粉末之间的接触区域发生黏结，烧结的驱动力为粉末颗粒表面自由能的降低。直接法得到的零件再经热等静压烧结（Hot Isostatic Pressing，HIP）工艺处理，可使零件的最终相对密度达 99.9%，但直接法的主要缺点是工作速度比较慢。

2) 间接法

间接烧结工艺使用的金属粉末实际上是一种金属组元与有机黏合剂的混合物，有机黏合剂的含量约为 1%。由于有机材料的红外光吸收率高、熔点低，因而激光烧结过程中，有机黏合剂熔化，金属颗粒便能黏结起来。烧结后的零件孔隙率约达 45%，强度也不是很高，需要进一步加工。一般的后续加工工艺为脱脂（大约 300 ℃）、高温焙烧（>700 ℃）、金属熔浸（如铜）。间接法的优点是烧结速度快，主要缺点是工艺周期长，零件尺寸收缩大，精度难以保证。

3) 双组元法

为了消除间接法的缺点，采用低熔点金属粉末替代有机黏合剂，这一方法称为双组元法。这时的金属粉末由高熔点（熔点为 T_2）金属粉末（结构金属）和低熔点（熔点为 T_1）金属粉末（黏结金属）混合而成。烧结时激光将粉末升温至两金属熔点之间的某一温度 T（$T_1<T<T_2$），使黏结金属熔化，并在表面张力的作用下填充于结构金属的孔隙，从而将结构金属粉末黏结在一起。为了更好地降低孔隙率，黏结金属的颗粒尺寸必须比结构金属的小，这样可以使小颗粒熔化后更好地润湿大颗粒，填充颗粒间的孔隙，提高烧结体的致密度。此外，激光功率对烧结质量也有较大影响。如果激光功率过小，会使黏结金属熔化不充分，导致烧结体的残余孔隙过多；反之，如果功率太大，则会生成过多的金属液，使烧结体发生变形。因此，对双组元法而言，最佳的激光功率和颗粒粒径比是获得良好烧结结构的基本条件。双组元法烧结后的零件机械强度较低，需进行后续处理，如液相烧结。经液相烧结的零件相对密度可大于 80%，零件的机械强度也很高。

由于金属粉末的 SLS 温度较高，为了防止金属粉末氧化，烧结时必须将金属粉末封闭在充有保护气体的容器中。保护气体有氮气、氢气、氩气及其混合气体。烧结的金属不同，采用的保护气体也不同。

2. 陶瓷粉末 SLS

对于陶瓷粉末的 SLS 成形，一般要先在陶瓷粉末中加入黏合剂（目前所用的纯陶瓷粉末原料主要有 Al_2O_3 和 SiC，而黏合剂有无机黏合剂、有机黏合剂和金属黏合剂 3 种）。在激光束扫描过程中，利用熔化的黏合剂将陶瓷粉末黏结在一起，从而形成一定的形状，然后再通过后处理以获得足够的强度，即采用"间接 SLS"。

3. 塑料粉末 SLS

塑料粉末的 SLS 成形均为"直接 SLS"，烧结好的制件一般不必进行后续处理，采用一次烧结成形，将粉末预热至稍低于其熔点的温度，然后控制激光束加热粉末，使其达到烧结温度，从而把粉末材料烧结在一起。

4.2.2 后处理

SLS 形成的金属或陶瓷件只是一个坯体，其机械性能和热学性能通常不能满足实际应用的要求，因此，必须进行后处理。常用的后处理方法主要有脱脂烧结、高温烧结（二次烧结）、热等静压烧结、熔渗和浸渍等。

1. 脱脂烧结

脱脂烧结是通过温控炉的加温和保温去除黏结固相颗粒的高分子材料的。高分子粉末材料的去除伴随着一个物理化学变化的过程，材料受热熔化形成液相，保温一段时间后汽化降解。脱脂烧结的设定温度介于高分子和金属粉末熔点之间，因这两种材料熔点相差较大，温度可以设定比高分子熔点相对较高的范围。这样一方面使得黏结粉末可以充分去除，一方面又不影响固相颗粒的状态。烧结一般在真空状态下或者通保护气体下进行，这样可以保护粉末不被氧化。在烧结过程中，应该控制好温度与压力，不适当的参数会使制件开裂。

2. 高温烧结（二次烧结）

SLS 制件经脱脂烧结后，有机物基本已经消除。由于黏结剂的去除，制件内部产生大量空隙，此时仅靠颗粒之间的残余应力保持形状，因此需要进行二次烧结。将 SLS 成形件放入温控炉中，将烧结的温度设定为接近金属的熔点。经过这样的处理后，坯体内部孔隙减少，制件的密度和强度得到提高。在二次烧结过程中，同样也要保持炉内压力的稳定和温度分布均匀，否则会导致制件产生裂纹。

3. 热等静压烧结

热等静压烧结（Hot Isocratic Pressing，HIP）将高温和高压同时作用于坯体，能够消除坯体内部的气孔，提高制件的密度和强度，如图 4-4 所示。它主要包括三个过程：升温、保温和冷却。该后处理方法周期较短、处理后零件非常致密，致密度高达 99%。有学者认为，可以先将坯体做冷等静压处理，以大幅度提高坯体的密度，然后再经高温烧结处理，提高制件的强度。以上两种后处理方式虽然能够提高制件的密度和强度，但是也会引起制件的收缩和变形。

4. 熔渗

熔渗（Infiltration）是将金属坯体浸入液态金属中或者与低熔点的液态金属相接触，让坯体内的孔隙被液体填充，坯体冷却下来就能获得致密的金属烧结件。二次烧结后的金属件存在较多的孔隙，强度较低，所以需要提高烧结件的强度，而提高强度的有效措施就是渗金属。低熔点金属熔化后，由于毛细力或者重力，熔化的金属通过烧结坯体内相互连通的孔隙，从而填满烧结件内的孔隙，最后使坯体成为致密的金属件。熔渗的方式如图 4-5 所示。

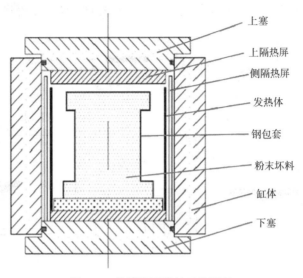

图 4-4 热等静压烧结工作原理

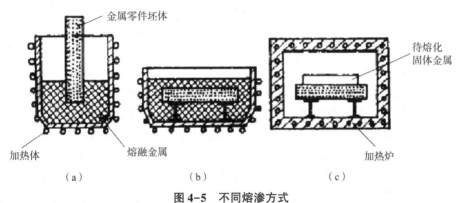

图 4-5 不同熔渗方式
(a) 部分熔渗法；(b) 全部熔渗法；(c) 接触法

5. 浸渍

浸渍和熔渗相似，所不同的是，浸渍是将液态非金属物质浸入多孔烧结坯体的孔隙内。和熔渗相似，经过浸渍处理的制件尺寸变化很小。

4.3　SLS 成形系统

SLS 系统一般由高能激光系统、光学扫描系统、加热系统、供粉及铺粉系统等组成。图 4-6 所示为采用振镜式扫描的 SLS 系统。计算机根据切片截面信息控制激光器发出激光束，同时伺服电动机带动反射镜偏转激光束，激光束经过动态聚焦镜变成会聚光束在整个平面上扫描，一层加工完成后，控制供粉缸上升一个层厚，工作台下降一个层厚，铺粉滚筒在电动机驱动下铺一层新粉，开始新层的烧结，如此重复直至整个零件制造完毕。

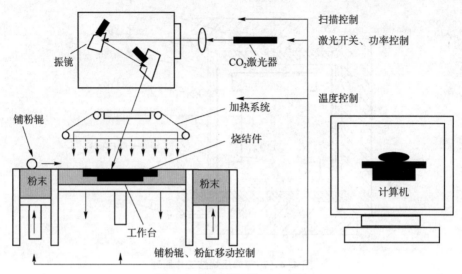

图 4-6　振镜式扫描 SLS 系统

4.3.1　光学扫描系统

SLS 工艺一般采用红外激光器，在计算机控制下根据分层截面信息对粉末材料进行有选择的照射，材料粉末在高强度的激光照射下被烧结在一起，得到零件的截面，并与已成形的部分黏结；一层完成后再进行下一层烧结，全部烧结完后去掉多余的粉末，就可以得到一个烧结好的零件。目前，SLS 主要采用振镜式激光扫描和 X-Y 直线导轨扫描。

振镜式激光扫描系统的基本原理如图 4-7 所示，包括激光器、振镜 X、振镜 Y、聚焦透镜等，其中振镜 X 和振镜 Y 正交设置。激光束首先照射到振镜 X，经振镜 X 反射到振镜 Y，再经振镜 Y 反射到工作台的烧结区内形成一个扫描点。计算机控制系统根据截面轮廓形状和路径分别驱动振镜 X 和振镜 Y，使其能够做固定角度的偏转，振镜的偏转带动反射镜的偏转。

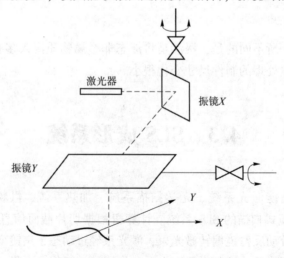

图 4-7　振镜式激光扫描原理

振镜偏转由电动机带动，振镜转动惯量小，可不考虑加减速的影响，因此振镜式激光扫描系统响应速度快；振镜式激光扫描系统扫描速度快，变速范围宽，能满足绝大部分材料的烧结要求；扫描光斑的形状随振镜的偏转角变化，各扫描点能量分布不均，影响材料成形的物化和机械性能；扫描速度随振镜偏转角的变化而变化，为保持各点速度相同，需进行复杂的插补运算，增加了数据处理与转换的工作量；为使振镜的偏转控制与激光束的光强匹配，以减小误差，需要复杂的误差补偿运算。

振镜式激光扫描系统在扫描过程中，扫描点与振镜 X 轴、Y 轴反射镜的摆动角度以及动态聚焦的调焦距离是一一对应的，但是它们之间的关系是非线性的。只有通过精确的扫描模型得到扫描点坐标与振镜 X 轴和 Y 轴反射镜摆角及动态聚焦移动距离之间的精确函数关系，才能实现振镜式激光扫描系统扫描控制。

振镜式激光物镜前扫描方式原理如图 4-8 所示。入射激光束经过振镜 X 轴和 Y 轴反射镜反射后，由 f-θ 透镜聚焦在工作面上。理想情况下，焦点距离工作场中心的距离 L 满足以下关系：

$$L = f \cdot \theta \tag{4-1}$$

式中，f 为 f-θ 透镜的焦距，θ 为入射激光束与 f-θ 法线的夹角。

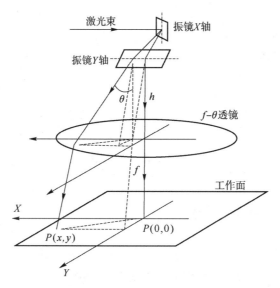

图 4-8 振镜式激光物镜前扫描方式原理

通过计算可得工作场上扫描点的轨迹，并通过式（4-2）和式（4-3）表示：

$$x = \frac{L\sin 2\theta_x}{\cos(L/f)} \tag{4-2}$$

$$y = \frac{L\sin 2\theta_y}{\tan(L/f)} \tag{4-3}$$

式中，$L = \sqrt{x^2 + y^2}$，其为扫描点距工作场中心的距离，θ_x 为振镜 X 轴的机械偏转角度，θ_y 为振镜 Y 轴的机械偏转角度。

综上所述，振镜式激光物镜前扫描方式的数学模型如式（4-4）和式（4-5）所示。

$$\theta_x = 0.5\arctan\frac{x\cos(\sqrt{x^2+y^2}/f)}{\sqrt{x^2+y^2}} \qquad (4-4)$$

$$\theta_y = 0.5\arctan\frac{y\cos(\sqrt{x^2+y^2}/f)}{\sqrt{x^2+y^2}} \qquad (4-5)$$

图 4-9 为 X-Y 直线导轨扫描原理图。来自激光器的激光束经镜 1 的反射指向 X 正向，随 X 一起移动的镜 2 将激光束反射到工作台的烧结区内，形成一个烧结点。扫描轨迹是通过控制 X、Y 两轴的运动从而带动镜 1 和镜 2 来实现的。XY 直线导轨扫描的特点是：数据处理相对简洁，控制易于实现；扫描精度取决于 XY 直线导轨的精度；激光聚焦容易，扫描过程中扫描光斑形状恒定；导轨惯性大，需考虑加减速影响，扫描速度相对较慢，加工效率不高，故 XY 直线导轨扫描在 SLS 工艺中已很少应用。

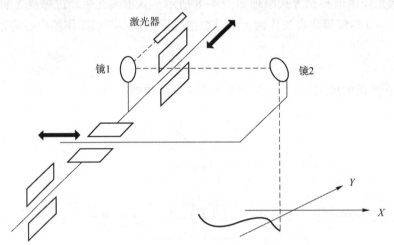

图 4-9　直线导轨扫描原理

4.3.2　供粉及铺粉系统

图 4-10 所示为供粉及铺粉系统示意，该系统由烧结槽、供粉槽及铺粉滚筒组成。烧结槽与供粉槽均为活塞缸筒结构。两槽内分别在 Z 轴方向和 W 轴方向通过安装的步进电动机驱动活塞的上、下运动来实现烧结和供粉工作。烧结槽的顶面为激光烧结成形的工作台面，是激光扫描工作区。在成形过程中，加工完一层，W 轴方向的活塞上升一定高度，Z 轴方向的活塞下降一个铺粉层厚。

然后，铺粉滚筒在电动机驱动下沿 U 轴方向按照程序设定的运动距离自右向左运动，同时，铺粉滚筒在电动机驱动下绕自身中心轴 B 轴逆向转动；运动到达终点后，铺粉滚筒停止转动，同时铺粉滚筒反向自左向右运动，返回原位，完成一层新粉铺敷，开始新层的烧结。

铺粉过程可以概括为：

（1）烧结槽下降一个层厚，同时供粉槽上升一定高度。

（2）铺粉装置自右向左运动，同时铺粉滚筒正向转动，铺粉装置运动至程序设定的终点。

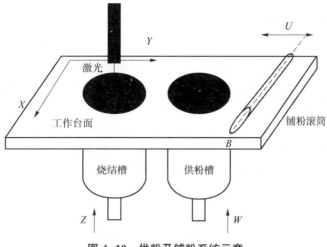

图 4-10 供粉及铺粉系统示意

(3) 铺粉滚筒停止转动, 铺粉装置自左向右运动, 按程序设定的距离返回原位。铺粉参数有: 扫描层厚, 供粉槽的上升高度, 供粉槽、烧结槽的升降速度, 铺粉装置的平动速度, 铺粉滚筒的转动速度。扫描层厚直接影响烧结件的精度、表面粗糙度及成形时间。供粉槽的上升高度、铺粉装置的平动速度及铺粉滚筒的转动速度影响铺粉层的密实度及平整性, 间接影响烧结件的质量。铺粉参数应根据具体的烧结材料及工件烧结精度要求而定。

对于供粉槽而言, 其主要功能是在扫描准备阶段向上供给粉末, 所以主要考虑供粉槽是否提供足够的粉末来完成零件的制作, 以及根据单层厚度确定送粉量。对于具有双向送粉机构的选择性激光烧结系统, 理论上的供粉槽储粉量可按式 (4-6) 计算:

$$h_s = h_L + h_R = \frac{h_p \omega_c}{\omega_s} \tag{4-6}$$

式中, h_L、h_R 分别为左右供粉槽的储粉高度, ω_c、ω_s 分别为烧结槽和供粉槽的宽度, h_p 为待制作零件的高度。

制作每层零件的送粉量可以按式 (4-7) 计算:

$$h_s = \frac{h_t \omega_c}{\omega_s} \tag{4-7}$$

式中, h_t 为每层的厚度。

4.4 SLS 成形材料

SLS 技术是一种基于粉床的增材制造技术, 以粉末作为成形材料, 所使用的成形材料十分广泛, 从理论上讲, 任何被激光加热后能够在粉粒间形成原子间连接的粉末材料都可以作为 SLS 的成形材料。但是粉末材料的特性对 SLS 制件的性能影响较大, 其中粒径、粒径分布及形状等最为重要。

4.4.1 对材料的要求

SLS 采用波段为红外的激光作为加工热源,并且根据零件当前加工截面的几何形状来逐层扫描粉末材料,使得粉末材料彼此黏结最终成形为三维致密的实体。对于在确定了 SLS 设备的前提下,材料的选择是首先需要考虑的问题。表 4-1 是一些主要材料物理性能对 SLS 成形的影响。从表 4-1 中可以总结出对于适合 SLS 的材料必须具有以下几个特点:

(1) 热塑性良好,导热性不能太低,在烧结成形后粉末要有良好的黏结强度;
(2) 为了不降低烧结件的品质,粉末的颗粒不能太大;
(3) 作为用于 SLS 的材料,"熔化-固化"的温度范围应尽量小,否则会影响烧结件的精度。

表 4-1 材料物理性能对 SLS 成形的影响

性能	影响
热吸收性	CO_2 激光的波长为 10.6 μm,要求材料在此波段有较强的吸收特性,这样才能使粉体在较高的扫描速度下熔化和烧结
热传导性	材料的热导系数小,可以减小热影响区,保证成形尺寸精度分辨率,但成形效率低
收缩率	要求材料的变相体积收缩率和膨胀系数尽量小,以减少成形内应力和收缩翘曲
熔点	熔点低,易于烧结成形,反之易于减少热影响区,提高分辨率
玻璃化转变温度	对非晶体材料,影响作用与熔点相似
结晶温度与速率	在一定冷却速率下,结晶温度低,速率慢,有利于工艺控制
热分解温度	一般要求有较高分解温度
燃烧及抗氧化性要求	不易燃,不易氧化
模量	模量高,不易变形
熔体黏度	黏度小,易于流动,强度高,热影响区大
粉体粒径	粒径大,成形精度与表面光洁度低,不易于激光吸收,易变形;粒径小,易于激光吸收,表面质量好,成形效率低,强度低,易污染,易烧蚀
粒径分布	合适的粒径分布有利于提高堆积密度,减少收缩变形,粉体中颗粒形状影响粉体堆积密度和表面质量,流动性和光吸收性应接近球形
堆积密度	影响收缩率和成形强度

4.4.2 成形材料分类

SLS 工艺成形材料广泛,目前已经成功地用石蜡、高分子、金属、陶瓷粉末及其复合粉末材料进行了烧结。SLS 成形材料品种多、用料节省、成形件性能优异,适合多种用途,所以 SLS 的应用越来越广泛,较为成熟的用于 SLS 工艺的材料见表 4-2。

表 4-2　SLS 工艺常用的材料及其特性

材料	特性
ABS	强度较高，用于快速制造原型及功能件
聚苯乙烯（PS）	吸湿率小，收缩率也较小，其成形件浸树脂后可进一步提高强度，可作为原型件或功能件使用，也可用做消失模铸造用母模生产金属铸件
聚碳酸酯（PC）	成形件强度高、表面质量好，且脱模容易，主要用于制造熔模铸造航空、医疗、汽车工业的金属零件用的消失模以及制作各行业通用的塑料模
蜡粉	蜡模强度较低，难以满足精细、复杂结构铸件的要求，且成形精度差
尼龙（PA）及复合材料	具有机械强度高、致密性高等优点，适合概念型和测试型制造
聚醚酮（PEK）聚醚醚酮（PEEK）	具有很强的力学强度与硬度，并且热稳定性与化学稳定性极为优秀，是两种运用于高端制造业的特种工程塑料
高密度聚乙烯（HDPE）	作为一种重要的通用结晶性塑料，产量巨大、价格便宜、应用广泛
金属	成形件的密度和强度较低，如作为功能件使用，需进行后续处理，即可制得用于塑料零件生产的金属模具或放电加工用电极
覆膜陶瓷粉末	经二次烧结工艺处理后获得铸造用陶瓷型壳，用该陶瓷型壳进行浇注即可获得制作的金属零件
覆膜砂	可直接用作铸造用砂型（芯）来制造金属零件，其中锆砂具有更好的铸造性能，尤其适用于具有复杂形状的有色合金铸造

3D Systems 公司针对不同类型的 SLS 设备开发了多种适用于 SLS 工艺的材料，适用于 sPro 机型的粉末材料及材料性能见表 4-3，适用于 ProX 机型的粉末材料及材料性能见表 4-4。

表 4-3　3D Systems 公司的 sPro 机型所支持的粉末材料及材料性能

项目	DuraForm TPU	DuraForm Flex	DuraForm EX	DuraForm PA	DuraForm GF	DuraForm HST	CastForm PS	DuraForm FR1200
成形件密度/(g·cm^{-3})	0.78	—	1.01	1.03	1.49	1.20	0.86	1.02
挠曲模量/MPa	6	5.9	1 310	1 387	3 106	4 400～4 550	—	1 770
挠曲强度/MPa	—	48	46	37	37	83～89	—	62
拉伸模量/MPa	5.3	5.9	1 517	1 586	4 068	5 475～5 725	1 604	2 040
拉伸强度/MPa	2.0	1.8	48	43	26	48～51	2.84	41
断裂伸长率/%	220	110	47	14	1.4	4.5	—	5.9
冲击强度/(J·m^{-1}) 缺口悬臂	—	—	74	32	41	37.4	<11	25
冲击强度/(J·m^{-1}) 无缺口悬臂	—	—	1 486	336	123	310	14	233

续表

项目	DuraForm TPU	DuraForm Flex	DuraForm EX	DuraForm PA	DuraForm GF	DuraForm HST	CastForm PS	DuraForm FR1200
热变形温度/℃ 0.45 MPa	—	—	188	180	179	184	—	180
热变形温度/℃ 1.82 MPa	—	—	48	95	134	179	—	94
硬度	59A	45~75A	74D	73D	77D	75D	—	76D

表4-4 3D Systems 公司的 ProX 机型所支持的粉末材料及材料性能

项目	DuraForm ProX PA	DuraForm ProX GF	DuraForm ProX HST	DuraForm ProX EX BLK	CastForm ProX AF+	DuraForm ProX FR1200
成形件密度/(g·cm^{-3})	0.95	1.33	1.12	1.02	1.31	1.03
挠曲模量/MPa	1 650	3 120	3 430	1 360	3 710	1 720
挠曲强度/MPa	63	60	75	51	64	61
拉伸模量/MPa	1 770	3 720	4 123	1 570	4 340	2 010
拉伸强度/MPa	47	45	44	43	37	45
断裂伸长率/%	22	2.8	4.3	60	3	8
冲击强度/(J·m^{-1}) 缺口悬臂	45	48	55	75	54	24
冲击强度/(J·m^{-1}) 无缺口悬臂	644	207	307	3 336	255	278
热变形温度/℃ 0.45 MPa	182	180	183	193	182	180
热变形温度/℃ 1.82 MPa	97	129	171	57	174	94
硬度	73D	73D	73D	76D	78D	77D

DuraForm TPU 热塑性弹性体材料具有橡胶般的弹性和功能，持久耐用，具有良好的抗撕裂性、表面光洁度和特征细节，可在不变换材料的情况下改变硬度。DuraForm Flex 是一种橡胶状耐用材料，具有出色的抗撕裂性和耐破度，适用于需要橡胶般性能的耐用原型。DuraForm EX 塑料粉烧结的模型强度较高，其强度类似于注射成形的 ABS 或 PP 制件，抗冲击性较好，可重复加工性强，适于制作复杂薄壁的管道制件等。DuraForm PA 为尼龙粉，适用于制作概念与功能模型，生物相容性较好，耐蚀性和抗吸湿性较好，机械性能均衡且具有细微特征表面分辨率。DuraForm GF 是在尼龙粉中添加了玻璃粉材料，能制造微小特征，适

合概念模型和测试模型制造,模型刚硬性及耐温性较好,尺寸稳定,可获得较好的表面质量。DuraForm HST是一种纤维增强工程塑料,具有出色的刚度和耐热性,不导电且射频透明,可在恶劣环境下进行测试和使用。CastForm PS塑料粉烧结制作的消失模与蜡模相比,力学性能好,方便运输,便于装配与修复中的夹持,余灰少,陶瓷壳不易出现裂纹,可用于陶瓷模和石膏模的制作,适用于各种金属及合金的熔模铸造。DuraForm FR1200是在尼龙12中添加了阻燃剂,是一种无卤材料,具有极好的表面质量。

德国的EOS公司也开发了用于SLS工艺的系列材料,其性能见表4-5。

表4-5 EOS公司开发的部分粉末的材料性能

项目	Alumide	PA 1101	PA 2105	PA 2200	PA 3200 GF	PP 1101	PrimeCast 101
拉伸模量/MPa	3 800	1 600	1 850	1 650	3 200	1 200	1 600
拉伸强度/MPa	48	48	54	48	51	27	5.5
断裂伸长率/%	4	45	20	18	9	12	0.4
冲击强度/($kJ \cdot m^{-2}$) 缺口	4.6	7.8	—	4.8	5.4	—	—
冲击强度/($kJ \cdot m^{-2}$) 无缺口	29	—	—	53	35	—	—
弯曲模量/MPa	3 600	—	—	1 500	2 900	—	—
弯曲强度/MPa	72	—	—	—	73	—	—
邵氏硬度	76	75	75	75	80	—	—
熔化温度/℃	176	201	176	176	176	140	105
热变形温度/℃ 0.45 MPa	175	180	—	—	157	—	—
热变形温度/℃ 1.80 MPa	144	46	—	—	96	—	—
成形件密度/($kg \cdot m^{-3}$)	1 360	990	950	930	1 220	895	770

我国对SLS工艺材料的研究与开发相对较为滞后,与国外相比存在较大差距。表4-6为北京易加三维公司研发的部分材料及其性能。

表4-6 北京易加三维公司研发的部分材料及其性能

项目	EP-PA11&12	EP-PA12GF	EP-PA6GF	EP-PSB	TPU-92A	TPU-97A
颜色	白	白	白	白	白	白
拉伸强度/MPa	47	48	70	3	20	26
弹性模量/MPa	1 500	3 100	6 300	1 600	—	—

续表

项目	EP-PA11&12	EP-PA12GF	EP-PA6GF	EP-PSB	TPU-92A	TPU-97A
断裂伸长率/%	35	10	20	0.4	500	200
弯曲强度/MPa	55	70	65	—	27	—
弯曲模量/MPa	1 100	1 600	6 000	—	6 000	—
简支梁非缺口冲击强度/(kJ·m^{-2})	不断裂	14	14	—	不断裂	不断裂

EP-PA11&12 为进口尼龙粉末，机械性能好，韧性较高，适合制造大型零部件、复杂件和塑料模型等。EP-PA12GF 和 EP-PA6GF 分别是在尼龙 12 粉末和尼龙 6 粉末中添加了玻璃微珠，细节特征表达较好。TPU-92A 和 TPU-97A 均为热塑性弹性体材料，可用于小批量及中等批量产品的直接制造，运动装备如运动鞋、头盔内衬，医疗领域如假肢内衬，工业应用领域如弹性功能部件、软管、密封圈和垫圈等。

4.5 SLS 成形制造设备

目前，最具代表性的 SLS 品牌有 3D Systems 公司的 sPRO 系列、EOS 公司的 EOS P 系列、湖南华曙高科的 HT 系列、北京隆源的 AFS 系列以及北京易加三维的 EP 系列等。3D Systems 公司已经生产了几代 SLS 系统，图 4-11、图 4-12 和图 4-13 分别为 Stratasys 公司的 ProX SLS 6100、sPro 230 和 sPro 60 HD – HS 三种机型。ProX SLS 6100 打印机可用于功能性原型制造，也可用于直接生产。选择工业级尼龙 11 DuraForm ProX EX NAT 或 DuraForm ProX PA 尼龙 12、阻燃尼龙 12 DuraForm ProX FR1200、纤维强化型 DuraForm ProX HST、玻璃纤维 DuraForm ProX GF 和铝纤维 DuraForm ProX AF+。同时，采用新的空气冷却激光器，材料利用率达 95%，成本比类似打印机节省 20%。材料质量控制（MQC）系统提供自动混合和回收，并将材料传送到打印机，完全无须手动干预。打印速度更快，高性能嵌套和高密度能力让产能增加 25%。

图 4-11　3D Systems 的 ProX SLS 6100 3D 打印机

图 4-12　3D Systems 的 sPro 230 3D 打印机

图 4-13　3D Systems 的 sPro 60 HD-HS 3D 打印机

德国 EOS 公司的 FORMIGA P 和 EOSINT P 系统是专门为打印塑料材料而研发的 SLS 设备。其中 FORMIGA P 110 为紧凑型 SLS 系统，如图 4-14 所示，它具有快速灵活的特点。FORMIGA P 110 可使用 9 种商用聚合物材料，适用于功能性原型件以及熔模铸造和真空铸造的原型件的生产。

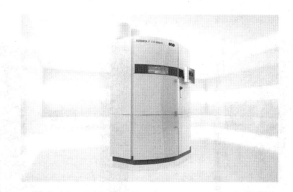

图 4-14　EOS 的 FORMIGA P 110 3D 打印机

图 4-15 所示为湖南华曙高科的 HT1001P 3D 打印机，秉承将 3D 打印转变为真正的直接制造的理念，HT1001P 专为增材制造产业化量身定制。连续不间断的生产能力、几乎为零的生产间歇时间、高效模块化的上送粉系统和全数字化多激光扫描配置，使 HT1001P 的生产实现最大化。

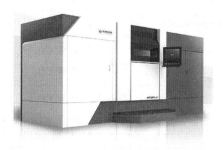

图 4-15　湖南华曙高科的 HT1001P 3D 打印机

北京隆源的 AFS-360 3D 打印机如图 4-16 所示，它采用铝合金型材一体化先进设计，造型美观大方，内置式集粉排烟滤尘系统使运行清洁环保；分立式操作控制显示平台，使用操作方便；前置整体掀背式开门结构，添料取件容易；烧结塑料、精铸模料、覆膜砂等，实现一机多材；激光器自动功率控制，延长使用寿命；烧结工艺曲线图预置，可以无人值守；工作状态实时监测并报警，安全防护可靠。

图 4-16　北京隆源的 AFS-360 3D 打印机

图 4-17 所示为北京易加三维公司的 EP-P3850 尼龙 3D 打印机。它以尼龙材料为成形材料，成形空间大、尺寸精度高、力学性能好，适用于研发部门和服务部门生产最终用途零部件和功能型原型。可高密度嵌套打印不同零件，零部件打印无须使用支撑结构。

图 4-18 所示为北京易加三维公司的 EP-C7250 铸型 3D 打印机。它以树脂砂、可消熔模、塑料为成形材料，成形尺寸大、打印精度高，适用于熔模和砂型铸造厂快速经济地生产中型模型、型芯，也可用于研发部门生产产品原型和功能模型。适合所有的铝、铜、镁、铁和钢等常规合金材料。

图 4-17　EP-P3850 尼龙 3D 打印机

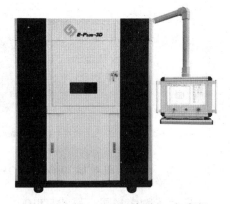

图 4-18　EP-C7250 铸型 3D 打印机

国内外部分 SLS 制造设备的特性参数见表 4-7。

表 4-7　国内外部分 SLS 制造设备的特性参数

型号	生产商	成形尺寸 /(mm×mm×mm)	层厚/mm	激光光源	激光扫描速度 /(m·s^{-1})	外形尺寸 /(mm×mm×mm)
EP-P3850	北京易加三维	380×380×450	0.08~0.3	30 W CO_2 55 W CO_2	2（轮廓线） 4（填充）	1 400×1 300×2 450
EP-C7250	北京易加三维	720×720×500	0.08~0.3	55 W CO_2 100 W CO_2	2（轮廓线） 5（填充）	2 000×1 500×2 650
EP-C5050	北京易加三维	520×520×500	0.08~0.3	55W CO_2	2（轮廓线） 4（填充）	2 000×1 300×2 300

续表

型号	生产商	成形尺寸/(mm×mm×mm)	层厚/mm	激光光源	激光扫描速度/(m·s^{-1})	外形尺寸/(mm×mm×mm)
HT1001P	湖南华曙高科	1 000×500×450	0.06~0.3	2*100 W CO_2	15.2	2 680×3 000×2 980
Flight 403P		400×400×450	0.06~0.3	光纤	20	2 470×1 500×2 145
HS403P		400×400×450	0.06~0.3	60 W CO_2	10	2 470×1 500×2 145
HT252P		250×250×320	0.06~0.3	60W CO_2	10	1 735×1 225×1 975
eForm		250×250×320	0.06~0.3	30 W CO_2	7.6	1 735×1 225×1 975
AFS-360	北京隆源	360×360×500	0.08~0.3	55 W CO_2	2	1 660×910×1 960
AFS-500		500×500×500	0.08~0.35	55 W CO_2 / 120 W CO_2	6	1 960×1 210×2 180
LaserCore-5100		560×560×500	0.08~0.35	55 W CO_2 / 100 W CO_2	8	1 960×1 130×2 250
LaserCore-5300		700×700×500	0.08~0.35	55 W CO_2 / 120 W CO_2	6	1 960×1 500×2 700
LaserCore-6000		1 050×1 050×650	0.08~0.35	55 W CO_2 / 120 W CO_2	6	2 760×1 560×3 310
ProX SLS 6100	3D Systems	381×330×460	0.08~0.15	100 W CO_2	5（轮廓线）12.7（填充）	1 740×1 230×2 300
sPro 60 HD-HS		381×330×460	0.08~0.15	70 W CO_2	HD：2.5（轮廓线）HD：6（填充）HS：5（轮廓线）HS：12.7（填充）	1 750×1 270×2 130
sPro 140		550×550×460	0.08~0.15	70 W CO_2	5（轮廓线）10（填充）	2 130×1 630×2 410
sPro 230		550×550×750	0.08~0.15	70 W CO_2	5（轮廓线）10（填充）	2 510×2 080×2 740

续表

型号	生产商	成形尺寸/(mm×mm×mm)	层厚/mm	激光光源	激光扫描速度/(m·s^{-1})	外形尺寸/(mm×mm×mm)
FORMIGA P 110	EOS	200×250×330	0.06~0.12	30 W CO_2	5	1 320×1 067×2 204
EOS P 396		340×340×600	0.06~0.18	70 W CO_2	6	1 840×1 175×2 100
EOS P 770		700×380×580	0.06~0.18	2*70 W CO_2	10	2 250×1 550×2 100
EOS P 800		700×380×560	0.12	2*50 W CO_2	6	2 250×1 550×2 100
EOS P 810		700×380×380	0.12	2*70 W CO_2	6	2 500×1 300×2 190

4.6　SLS 成形影响因素

SLS 工艺成形质量受多种因素影响，包括成形前数据的转换、成形设备的机械精度、成形过程的工艺参数以及成形材料的性质等，见表 4-8。

表 4-8　SLS 成形质量影响因素

影响因素	参数
材料性能	材料组成、粒度及其分布、形貌、导热系数、比热容、熔点、收缩率
铺粉参数	辊筒平动速度、辊筒转动速度、转动方向、振动频率、辊筒直径、摩擦系数、铺粉层厚
能量参数	光斑直径、功率稳定性、波长、激光功率、扫描速度、扫描间距、扫描路径规划
烧结环境	环境温度、预热温度、保护气氛

其中加工工艺参数的影响尤为突出。成形材料的性能与成形工艺参数的选择密切相关，而合理的成形工艺又是取得良好烧结质量的前提。工艺参数对成形件性能的影响见表 4-9。

表 4-9　工艺参数对成形件性能的影响

工艺参数	受影响的物理特性
激光功率	
扫描速度	
光斑尺寸	1. X、Y、Z 方向的强度、硬度；2. 表面粗糙度、尺寸、形状精度；3. 密度、强度等机械性能；4. 热性能；5. 加工时间或成本
扫描间距	
扫描向量长度	
层厚	

续表

工艺参数	受影响的物理特性
工作台预热温度	1. X、Y、Z方向的强度；2. 表面粗糙度、尺寸、形状精度和翘曲；3. 精度；4. 密度、强度；5. 热性能；6. 加工时间或成本；7. 后处理
成形位置	1. 精度；2. 形状精度
底层	1. 翘曲；2. 加工时间或成本；3. 后处理

4.6.1 原理性误差

1. 成形收缩

成形收缩是成形件误差的一个非常重要的来源：一方面，成形件发生收缩，其实际尺寸必然小于理论尺寸，成形件出现尺寸误差；另一方面，收缩现象严重时成形件甚至出现翘曲等缺陷，成形件出现位置误差。成形收缩是SLS工艺中普遍存在的现象，因此分析成形收缩现象的组成及产生的原因，并采取一定的改进措施，对减小成形收缩引起的误差和改善成形质量至关重要。

1) 温致收缩

SLS工艺中，粉末材料受到激光作用后，瞬时将光能转化为热能，材料温度急剧上升，其烧结温度远远高于室温，甚至接近材料的分解温度，当激光扫描结束后材料逐渐冷却至室温。整个烧结过程材料前后自身温度降低，出现一定程度的收缩，将万物普遍存在的这类收缩定义为温致收缩。成形件的温致收缩δ_1可表示为

$$\delta_1 = \zeta \cdot \Delta T = \zeta \cdot (T - T_s) \tag{4-8}$$

式中，ζ为材料线膨胀系数，T为烧结过程中最高温度，T_s为室温。

由公式4-8得知，温致收缩与材料线膨胀系数ζ和温差ΔT成正比，因此可通过减小材料的线膨胀系数与烧结过程中温差ΔT两种途径减小温致收缩。材料线膨胀系数为材料自身性质，无法通过工艺对其更改，因而与成形工艺参数无关。烧结过程中的温差由成形工艺参数取值和材料导热系数大小共同决定。在材料确定的情况下，成形工艺参数成为直接影响烧结过程中的温度的唯一因素。因此应该在保证成形件可成功制备的前提下，尽可能合理地选择成形工艺参数，减小成形过程的温差，降低材料的温致收缩。

2) 烧结收缩

SLS工艺的本质是激光作用瞬间，粉末材料吸收光能变为热能，材料自身温度上升变为熔融态且颗粒表面的自由能减小，进而驱动粉末颗粒发生黏性流动，待加工结束后黏性流动停止，零件冷却成形。粉末材料发生黏性流动后，不仅引起颗粒表面积发生变化，同时引起颗粒之间逐渐靠近，粉末孔隙率缩小，粉末逐渐实现致密化。黏性流动的根本为粉末材料迁移，材料短暂时间内完成熔融—黏结，这一瞬间材料出现一定量的收缩，这种收缩被定义为烧结收缩。烧结收缩与温致收缩的根本差别是烧结收缩发生了颗粒粉末中心的靠近，且具有瞬时性。

由上述分析可知，粉末烧结时的状态确定了材料黏性流动状态，而决定烧结状态的关键因素为工艺参数。无论是烧结收缩还是温致收缩，两种收缩量都与成形工艺参数有着密不可分的关系。在合理的工艺参数下，粉末材料几乎完全熔融，烧结收缩现象也会有所控制，同时温致收缩也会适当减小，控制成形收缩的关键问题是工艺参数的取值。

2. 材料性能

1）粒径

粉末的粒径会影响到 SLS 成形件的表面光洁度、精度、烧结速率及粉床密度等。在 SLS 成形过程中，粉末的切片厚度和每层的表面光洁度都是由粉末粒径决定的。由于切片厚度不能小于粉末粒径，当粉末粒径减小时，SLS 制件就可以在更小的切片厚度下制造，这样就可以减小阶梯效应，提高其成形精度。同时，减小粉末粒径可以减小铺粉后单层粉末的粗糙度，从而提高制件的表面光洁度。因此，SLS 所用粉末的平均粒径一般不超过 100 μm，否则制件会存在非常明显的阶梯效应，而且表面会非常粗糙。但平均粒径小于 10 μm 的粉末同样不适用于 SLS 工艺，因为在铺粉过程中，摩擦产生的静电会使此种粉末吸附在辊筒上，造成铺粉困难。

粒径的大小也会影响高分子粉末的烧结速率。一般地，粉末平均粒径越小，其烧结速率越大，烧结件的强度也越高。粉床密度为铺粉完成后工作腔中粉体的密度，可近似为粉末的表观堆积密度，它会影响 SLS 制件的致密度、强度及尺寸精度等。研究表明，粉床密度越大，SLS 制件的致密度、强度及尺寸精度越高，粉末粒径对粉床密度有较大影响。一般而言，粉床密度随粒径减小而增大，这是因为小粒径颗粒更有利于堆积。但是当粉末的粒径太小时（如纳米级粉末），材料的表面积增大，粉末颗粒间的摩擦力、黏附力以及其他表面作用力显著增大，因而影响到粉末颗粒系统的堆积，粉床密度反而会随着粒径的减小而降低。

2）粒径分布

常用粉末的粒径都不是单一的，而是由粒径不等的粉末颗粒组成的。粒径分布（Particle Size Distribution），又称为粒度分布，是指用简单的表格、绘图和函数形式表示的粉末颗粒群粒径的分布状态。

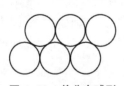

图 4-19 单分布球形粉末的正交堆积

粉末粒径分布会影响固体颗粒的堆积，从而影响粉床密度。一个最佳的堆积相对密度是和一个特定的粒径分布相联系的，如将单分布球形颗粒进行正交堆积（图 4-19）时，其堆积相对密度为 60.5%（孔隙率为 39.5%）。

正交堆积或其他堆积方式的单分布颗粒间存在一定体积的空隙，如果将更小的颗粒放于这些空隙中，那么堆积结构的孔隙率就会下降，堆积相对密度就会增大。增大粉床密度的一个方法是将几种不同粒径的粉末进行复合。图 4-20 所示分别为大粒径粉末 A 的单粉末堆积图和大粒径粉末 A 与小粒径粉末 B 的复合堆积图。可以看出，单粉末堆积存在较大的孔隙，而在复合粉末堆积中，由于小粒径粉末占据了大粒径粉末堆积中的孔隙，因而其堆积相对密度得到增大。

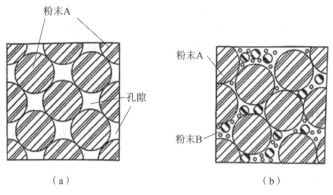

图 4-20　单粉末堆积与复合粉末堆积

(a) 单粉末堆积；(b) 复合粉末堆积

3) 粉末颗粒形状

粉末颗粒形状对 SLS 制件的形状精度、铺粉效果及烧结速度都有影响。一般而言，球形粉末 SLS 制件的形状精度比不规则粉末高，由于规则的球形粉末具有更好的流动性，因而球形粉末的铺粉效果更好，尤其是当温度升高，粉末流动性下降的情况下，这种差别更加明显。研究表明，在平均粒径相同的情况下，不规则粉末颗粒的烧结速率是球形粉末的五倍，这是因为不规则颗粒间的接触点处的有效半径要比球形颗粒的半径小得多，因而表现出更快的烧结速率。高分子粉末的颗粒形状与制备方法有关，喷雾干燥法制备的高分子粉末为球形，如图 4-21 (a) 所示；溶剂沉淀法制备的粉末为近球形，如图 4-21 (b) 所示；而深冷冲击粉碎法制备的粉末呈不规则形状，如图 4-21 (c) 所示。

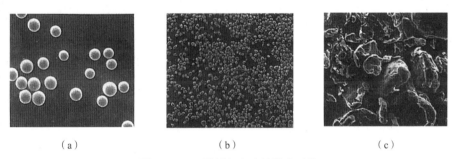

图 4-21　不同制备方法的粉末形状

(a) 喷雾干燥法；(b) 溶剂沉淀法；(c) 深冷冲击粉碎法

3. 成形设备

设备影响成形精度的影响因素主要包括激光振镜扫描系统和铺粉系统。在激光扫描过程中主要存在系统本身的误差，该部分误差主要是由扫描系统组件引起的，包括振镜装配精度、步进电动机偏转精度等。另一种就是该扫描系统的原理误差，包括枕形畸变、离焦误差或桶形失真等其他畸变方式，主要是当激光束要完成给定扫描路径时，由于激光束在 X、Y 振镜进行反射，其中振镜受到计算机 D/A 模拟信号实现线性控制，振镜间光路理论控制方程与实际产生误差。而离焦误差则是激光束经过动态聚焦单元，由于扫描路径的变化，激光束到达加工平面所引发的激光光斑直径的变化。针对上述误差，现阶段往往是通过提高扫描系统加工及装配精度，再通过在振镜扫描系统物理模型上分别推导添加相应畸变补偿量的公式，如借助校正网格插值模型、多项式曲线模型校正以及神经网络算法校正，进而实现加工平面内的扫描系统误差补偿的。

针对铺粉系统的精度问题，主要通过计算机实现对步进电动机的控制，进而控制成形缸及供粉缸的进给量来解决的，其中为保证成形缸每下降一个层厚均与切片厚度一致，需要严格保证步进电动机与丝杠间的工作精度，特别是做好设备的定期校正与标定。

4.6.2　工艺性误差

1. 铺粉参数

1）铺粉摩擦

粉辊压力使一部分粉末嵌入已烧结实体表面，当已成形部分高度不大时，由于工作缸中粉末状态松散，容易造成已烧结部分在摩擦力作用下的倾斜，从而促成了图4-22中零件在水平方向上的位置误差。图4-22中，零件在粉辊摩擦的作用下，向粉辊运动方向偏移了Δx距离，并且顺时针方向偏转了角度θ'，致使Z方向上增加了Δz距离。如此积累的效果相当于水平方向上产生了正向精度误差，同时Z方向上也产生了正向误差。

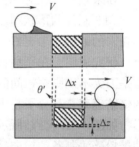

图4-22　铺粉摩擦导致的位置误差

2）铺粉压力与振动

一般情况下，SLS过程中，铺粉辊会对粉末施加一定的压力，再加上机械（如电动机、铺粉辊）振动作用，形坯已成形的部分会由于重力的作用产生下陷，因此增加了Z向的正向误差。尤其对于Z向尺寸较大且底部尺寸较小的零件形坯，此作用由于积累的效果而变得更为明显。

在SLS中，铺粉层的均匀性和密实程度将在很大程度上影响烧结件的强度、收缩和翘曲变形，从而影响零件的精度和表面粗糙度。因此，铺粉过程是SLS工艺的关键工序之一。

3）铺粉厚度

在初始成形过程中，由于片层累积高度较小，重力作用并不大。铺粉过程中粉末颗粒的碰撞产生的摩擦，有可能推动已烧结并黏结的片层。图4-23反映了铺粉过程与切片厚度的关系，图4-23（a）中，一些松散粉末层堆积在铺粉辊和已烧结的片层表面，粉末在铺粉辊的转动与向前平动推动下的运动过程中，颗粒间相互碰撞，即产生内摩擦。该内摩擦由粉末颗粒传递给了已烧结片层表面并且与粉辊径向压力共同施加给已烧结区上层的粉末，随粉辊的水平运动，对该层粉末造成了综合摩擦作用。图4-23（a）的条件下，切片厚度较大，内摩擦和粉辊的压力都会在该层粉末中得到充分缓冲，因而综合摩擦作用较小，无法对已烧结片层的稳固构成威胁。但极端情况是铺粉辊与已烧结平面之间由一层最大直径的粉末颗粒构成，如图4-23（b）所示，那么上述内摩擦和粉辊的压力将直接作用于刚性粉末颗粒，没有缓冲过程，因而其摩擦的综合作用较大，对已烧结区的冲击易于对层间黏结构成破坏。基于上述原因,切片厚度的下限值必须大于粉末颗粒的最大粒径,以有利于形坯的强度。

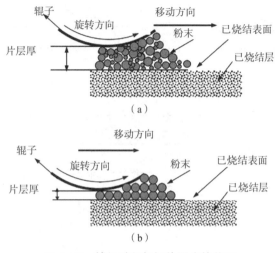

图 4-23 铺粉过程与切片厚度的关系
(a) 切片厚度较大; (b) 切片厚度极限

2. 激光参数

SLS 过程中,烧结制件会发生收缩。如果粉末材料都是球形的,在固态未被压实时,最大密度只有全密度的 70% 左右,烧结成形后制件的密度一般可以达到全密度的 98% 以上。所以,烧结成形过程中密度的变化必然引起制件的收缩。

烧结后制件产生收缩的主要原因是:(1) 粉末烧结后密度变大,体积缩小,导致制件收缩(熔固收缩)。这种收缩不仅与材料特性有关,而且与粉末密度和激光烧结过程中的工艺参数有关。(2) 制件的温度从工作温度降到室温造成的收缩(温致收缩)。

1) 激光功率

对于一定厚度的成形层粉末,在扫描速度一定的情况下改变激光功率,得到激光功率对烧结效果的影响。当激光功率过小时,烧结深度不够,层与层之间不能很好地黏结,会造成脱层现象的发生,如图 4-24 (a) 所示。当激光功率过大时,虽然层与层之间能够很好地黏结,但由于烧结温度过高,成形层产生收缩和变形,严重时还会出现翘曲和开裂,如图 4-26 (b) 所示。选择适当的激光功率,不仅可以使层与层之间较好黏结,还可以把成形件收缩和变形量控制在可接受范围内,如图 4-26 (c) 所示。总之,控制激光功率的大小以确保被烧结粉末的温度稍微超过粉末熔化温度为宜。

激光器功率可由式 4-9 确定:

$$P = \frac{d^2(T-T_i)}{2\beta A}\sqrt{\frac{2v}{\alpha d}} \tag{4-9}$$

式中,d 为激光光斑的直径,v 为扫描速度,T 为烧结温度,T_i 为起始温度,α 为热扩散率,A 为材料的吸收系数,β 为激光发送系统的透明度。

在扫描系统中,为了降低所需激光的功率,应尽可能减少激光光斑的直径 d,提高粉末

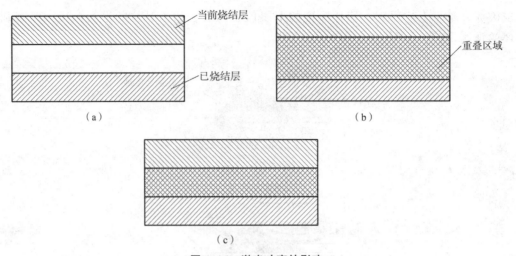

图 4-24　激光功率的影响

(a) 功率过小；(b) 功率过大；(c) 功率合适

材料的起始温度 T_i，采用适当的激光扫描速度 v。在固体粉末选择性激光烧结中，激光功率和扫描速度决定了激光对粉末的加热温度和时间。如果激光功率小而且扫描速度快，则粉末的温度不能达到熔融温度，不能烧结，制造出的制件强度低或根本不能成形。如果激光功率大而且扫描速度又很慢，则会引起粉末汽化或使烧结表面凹凸不平，影响颗粒之间、层与层之间的黏结。

在其他条件不变的情况下，当激光功率逐渐增大时，材料的收缩率逐渐升高。这是因为随着功率的增大，加热使温度升高、材料熔融，粉末颗粒密度由小变大，烧结制件收缩增大了。但是当激光功率超过一定值时，随着激光功率的增加，温度升高，表层的材料被烧结升华，产生离子云，对激光产生屏蔽作用。

2) 扫描速度

扫描速度是一个重要的工艺参数，它不仅决定着生产率的高低，而且对烧结件的质量有着较大的影响。扫描速度与激光辐照时间可以用以下公式表示：

$$t = \frac{2r}{v} \tag{4-10}$$

式中，t 为激光辐照时间，r 为光斑半径，v 为扫描速度。

从式 4-10 中可以看出，当光斑半径参数一定时，激光辐照时间与扫描速度成反比。在同一激光功率下，扫描速度不同，激光辐照时间不同，材料吸收的热量也不同，变形量不同引起的收缩变形也就不同。当扫描速度较快时，激光辐照时间过短，即作用于某点粉末的时间缩短，材料吸收的热量相对少，会使粉末在烧结过程中出现"飞溅"现象，使得粉末飞离烧结区，烧结区的材料减少，进而影响烧结件的质量。当扫描速度较慢时，可以保证粉末材料的充分熔化，获得理想的烧结效果。但是，扫描速度过低，材料熔化区获得的激光能量过多，容易引起"爆破飞溅"现象，出现烧结表面"疤痕"，且熔化区内易出现材料"炭化"，从而降低烧结表面质量。

3) 光斑直径

当激光器的光束照射到粉末表面时，会形成具有一定大小的光斑。在用激光束烧结粉末时，成形件的实际轮廓线和光斑中心的扫描轨迹之间存在至少半个光斑直径（$D/2$）的偏差，即零件外轮廓有尺寸增大的现象，如图4-25所示。另外，光斑还会造成成形件的尖角变圆，影响成形件的形状精度。光斑大小对成形件精度的影响在某种程度上掩盖了粉末粒径的影响。

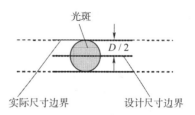

图4-25 光斑直径的影响

激光光斑直径对成形效率也有较大的影响。在同等扫描速度情况下，如果加大光斑直径将会提高能量密度分布的均匀性，可以加大扫描间距，有利于提高效率；如果采用小光斑直径将会有利于提高层间连接强度，提高成形件的机械性能；如果采用变光斑技术，则可以实现边界小光斑扫描，内部大光斑扫描。这样既可提高扫描效率，降低变形，同时也可得到较高强度的成形件。

4）烧结深度

在SLS成形过程中，新烧结层和已烧结层黏结量的多少对烧结质量有直接影响。图4-26所示为烧结深度对烧结件的影响，其中，h为新烧结层深度，H为粉层厚度。

（1）当$h<H$时，激光束仅熔化新层中的粉末材料，新层与已烧结层无黏结现象发生，烧结线易成为一串大小不一的圆球，或一条粗细不一的烧结线，则烧结成形无法进行下去，如图4-26（a）所示。

（2）当$h=H$时，已烧结层表面几乎不熔化，已烧结层同样无法与新层有效地黏结在一起，仍然不能满足烧结进行的基本要求，如图4-26（b）所示。

（3）只有当激光能量穿透当前粉层，即$h>H$，才能对相邻的已烧结层进行二次烧结，使层面结合部分重新熔化而黏结为一体，如图4-26（c）所示。

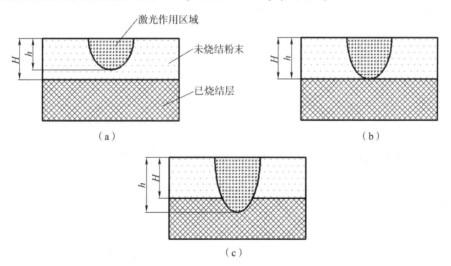

图4-26 烧结深度对烧结件的影响

(a) $h<H$；(b) $h=H$；(c) $h>H$

5）扫描间距

激光扫描间距是指相邻两激光束扫描行之间的距离。它的大小直接影响到传输给粉末的能量的分布和粉末体烧结制件的精度。在不考虑材料本身热效应的前提下，激光沿着单一方向重复扫描多道时，烧结线的截面如图4-27所示。其中，D为光斑直径，S为扫描间距。

扫描间距对烧结成形的影响可用重叠系数 φ 来表示。

$$\varphi = \frac{D-S}{D} \times 100\% \tag{4-11}$$

（1）当 $\varphi<0$ 时，扫描区域彼此分离，激光扫描线和线之间没有连接成片，其相邻区域总的激光能量小于粉末烧结需要的能量，不能使相邻区域的粉末烧结，导致相邻两个烧结区域之间黏结不牢，烧结制件的表面凹凸不平，因而严重影响制件的强度，如图 4-27（a）所示。

（2）只有当 $\varphi>0$ 时，烧结线之间才能连成片，但当重叠较少时，激光总能量的分布呈现波峰波谷，能量分布不均匀，在两条扫描线之间仍存在部分未烧结的粉末，如图 4-27（b）所示，因此粉末烧结成形效率降低，并能引起制件较大的翘曲和收缩。

（3）只有当 φ 大于一定值时，扫描线的激光能量叠加后，分布基本上是均匀的，此时粉末烧结深度一致，烧结线之间不存在未烧结的粉末，烧结的制件密度均匀，如图 4-27（c）所示。

（4）从理论上讲，图 4-27（c）情况下烧结线之间未烧结的残余面积为 0，此时的扫描间距已经完全可以满足烧结要求。但在实际加工中，为保证加工层面之间和烧结线的牢固黏结，常采用的扫描间距往往较图 4-27（c）中的值小，如图 4-27（d）所示。重叠量的增加，修正了前道烧结线的弧度，这样可以提高成形面片的平整度、增大烧结件的致密度。

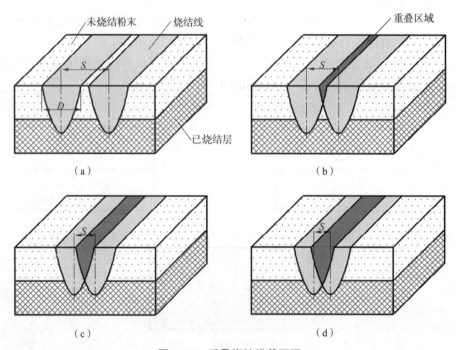

图 4-27　重叠烧结线截面图

(a) $\varphi<0$；(b) $\varphi>0$；(c) φ 大于一定值；(d) 实际加工

6）扫描方式

在激光烧结成形中，被烧结的粉末经受了突然的加热和冷却过程。当激光束照射到粉末表面时，粉末由初始温度突然升高到熔点温度，这时被照射的粉末和其周围未被照射的粉末之间形成了一个较大的温度梯度，会产生热应力。激光束扫描过后，被熔化的粉末立即冷却凝固，引起收缩，也会导致较大的残余应力。这两种应力的作用会使烧结体翘曲变形。烧结体翘曲变形的程度与温差成正比。扫描方式直接影响加工表面的温度场分布，并直接影响烧结件的致密度和表面质量。常用的扫描路径一般有两种：方向平行路径和轮廓平行路径。结合不同的移动方向，常用的扫描方式如图 4-28 所示。

以图 4-28（a）~（c）所示的扫描方式加工零件时，所有扫描线均平行于 X（或 Y）坐标轴，因此，每层截面的扫描方向相同。例如沿长边方向扫描时，所有扫描线均平行于沿长边方向的坐标轴，这些扫描线的起点可以位于同侧或异侧，如图 4-28（a）和图 4-28（b）所示，这种方式常称为长边扫描。扫描方向相同时，每条扫描线的收缩应力方向也一致，增大了烧结体翘曲变形的可能性，因而采用异侧扫描，即相邻两层采用不同的扫描方向，可以减小烧结体的翘曲变形。

沿短边方向扫描的方式称为短边扫描，所有扫描线均平行于沿短边方向的坐标轴，其他方面与沿长边方向扫描完全相同，见图 4-28（c）。沿短边方向扫描时，相邻两次扫描的间隔时间短，温度衰减慢，前一次被扫描烧结的粉末还未冷却，相邻的扫描又开始了，因而相邻扫描线之间的温差较小。同时，前一次扫描相当于对后一次扫描的粉末进行预热，由于扫描间隔时间短，预热效果明显，降低了粉末烧结时形成的温度梯度，减小了粉末烧结的热应力，同时可减小烧结体的翘曲变形。

光栅扫描方式的每层截面要扫描两次，沿平行 X、Y 坐标轴的方向分别扫描一次，它的扫描线呈网格状分布，如图 4-28（d）所示。光栅扫描时，制件轮廓的温度要高于其他扫描方式，因而由热传导产生的轮廓尺寸误差会更大。使用光栅扫描时，由于每层截面扫描两次，粉末材料吸收的总能量要比其他扫描方式高出近一倍，因而烧结体的初始强度较高。

环形扫描沿平行于边界轮廓线的方向进行扫描，即按照截面轮廓的等距线进行扫描。环形扫描有两种扫描方向，如图 4-28（e）和 4-28（f）所示。由外向内扫描时，外层粉末先被烧结，内层热应力难于向外释放，容易使烧结体翘曲变形甚至开裂。

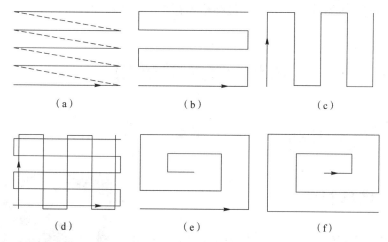

图 4-28　SLS 不同扫描方式

(a) 长边同侧；(b) 长边异侧；(c) 短边方向；(d) 光栅扫描；(e) 向内循环；(f) 向外循环

激光束扫描过后，被熔化的粉末立即冷却凝固，引起收缩。收缩率相同时，短线段的收缩量较小，因而在烧结参数、材料等相同的情况下，将截面分割成几个小区域，有利于减小烧结体的翘曲变形。

3. 烧结环境

烧结环境包括环境温度、预热温度和保护气氛。环境温度和粉床表面的预热温度都是由控制系统控制的。保护气氛主要是用于保护成形材料在烧结过程中免于氧化变性，一般在材料中加入抗氧化剂后就可以不用保护气体。预热一方面可以节约激光能量，另一方面可以减少成形过程中由于受热不均匀产生的变形。

在SLS成形过程中，不仅存在着由激光能量密度分布不均匀造成的非均匀温度场，同时存在着激光扫描在X、Y、Z三个方向上变化时序不一致形成的非均匀温度场。温度场的不均匀导致内应力分布不均匀，从而导致材料的变形。在烧结的最初几层，变形仅表现为X、Y方向上的收缩，随着底层厚度的增加，变形表现出在Z轴方向上的翘曲。将粉床表面预热，可以使整个烧结平面内的温度梯度减小，这样有利于减小烧结过程的变形。一般对于非晶态聚合物，预热温度稍低于材料的软化点。对于晶体材料，则预热温度设定为接近于熔点的温度，如果粉床温度超过材料的熔点，则整个粉床就会熔化，导致成形失败；如果粉床温度太低，则容易产生烧结变形，成形过程将变得非常困难。

4.6.3 后处理误差

现阶段针对SLS成形件后处理的主要措施包括涂刷、浸渍以及表面光洁等。其中涂刷一般材料选择多为树脂，通过对SLS成形件间隙进行填充，进而提高SLS原型表面强度。将SLS成形件浸入加固材料中，较为常用的是石蜡，经过浸蜡不仅使得蜡液进入SLS成形件缝隙，提高了整体强度，而且经过二次浸蜡显著提高了SLS成形件的表面质量，进而使其能够满足熔模精密铸造的需要。但是高温蜡液的进入导致SLS成形件发生一定的体积变化，同时由于多余蜡液黏附于SLS成形件表面，最终蜡模存在一定的尺寸误差。

4.7 SLS 的应用

SLS技术目前已被广泛应用于航天航空、机械制造、建筑设计、工业设计、医疗、汽车和家电等行业。

4.7.1 模具制造

SLS可以选择不同的材料粉末直接或间接制造不同用途的模具，用SLS法可直接烧结金属模具和陶瓷模具，用作注塑、压铸、挤塑等用于工作温度低、受力小的塑料成形模及钣金成形模。图4-29所示为采用SLS工艺制作的高尔夫球头模具及产品。

图4-29 采用SLS工艺制作的高尔夫球头模具及产品

4.7.2 产品试制与验证

湖南华曙高科采用 SLS 技术进行不同产品的试制。这种技术成功应用于无人机、汽车仪表盘等研发,在缩短研发周期的同时,提高了零部件的强度。图 4-30 所示为某款大型汽车仪表盘,其长 2 m,宽 55 cm,高 70 cm,采用 SLS 技术打印出 20 余种零部件,其误差值<1 mm,整个制作过程在一周内全部完成,与传统工艺相比缩短了 80% 的研发周期,节约了 66% 的人工成本和 45% 的制作成本。

图 4-30　3D 打印大型汽车仪表盘

4.7.3 辅助铸造

SLS 整体成形复杂的覆膜砂型(芯),尺寸精度高(CT6-8 级),表面质量好(表面粗糙度达到 3.2~6.3 μm),水平接近金属型铸造,在高性能复杂薄壁铸件精密制造方面具有巨大的应用价值和广阔前景。武汉华科三维公司利用自主研制的 HK S 系列激光烧结设备成形的树脂砂型,能快速铸造出发动机缸体、缸盖、涡轮、叶轮等结构复杂的零部件,在广西玉柴、中国一拖等得到了成功应用,其成形的复杂结构砂型如图 4-31 所示。

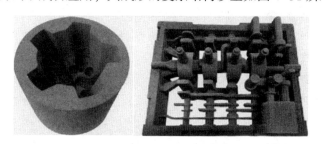

图 4-31　武汉华科三维 HK S 系列设备成形的复杂砂型

4.7.4 原型制作

SLS 特别适宜整体制造具有复杂形状的金属功能零件。在新产品试制和零件的单件小批量生产中,不需复杂工装及模具。这可大大加快制造速度,并降低制造成本,如图 4-32 所示。

图 4-32　原型由快速无模具铸造方法制作的产品

4.7.5　医学应用

由于 SLS 工艺烧结的零件具有很高的孔隙率，故其在医学上可用于人工骨的制造。根据国外对于用 SLS 技术制备的人工骨进行的临床研究，人工骨的生物相容性良好。同时，SLS 技术可以用于医学诊断和外科手术台策划——能有效地提高诊断和手术水平，缩短时间，节省费用。图 4-33 所示为 SLS 技术成形的复杂颌面骨骨折模型及骨盆模型。

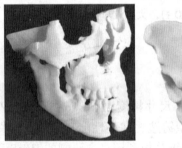

图 4-33　SLS 技术成形的复杂颌面骨骨折模型及骨盆模型

思考与练习

1. SLS 的成形原理是什么？
2. SLS 成形后需要进行哪些后处理？
3. SLS 的成形材料有哪些要求？
4. SLS 有哪些应用？举例说明。

第 5 章

选择性激光熔化工艺及应用

选择性激光熔化技术（Selective Laser Melting，SLM），又称为激光选区熔化，主要利用高能量激光熔融单一金属或混合金属粉末直接制造出具有冶金结合、致密度接近100%、具有较高尺寸精度的金属零件，它是在克服了SLS技术制造金属零件工艺过程复杂的困扰的基础上发展起来的。SLM技术综合运用了新材料、激光技术、计算机技术等前沿技术，是一种具有广阔应用前景和生命力的金属增材制造技术。

5.1 概 述

5.1.1 工艺发展

得益于计算机技术的发展及激光器制造技术的逐渐成熟，德国Fraunhofer激光器研究所（Fraunhofer Institute for Laser Technology，FILT）于1995年最早提出了选择性激光熔化技术。目前欧美等发达国家在SLM设备的研发及商业化进程上处于世界领先地位。

英国MCP公司相继推出了SLM-50、SLM-100以及第三代的SLM-250设备。德国EOS GmbH公司现在已经成为全球最大同时也是技术最领先的选择性激光熔化增材制造系统的制造商，EOSINT M280增材制造设备是该公司最新开发的SLM设备，如图5-1所示。美国3D Systems公司推出了sPro 250 SLM商用3D打印机，如图5-2所示。德国ReaLizer公司于2004年正式成立，公司主要产品有：SLM 50桌面型金属3D打印机，以及SLM 100、SLM 250、SLM 300等型号的工业级3D金属打印机。此外，美国的PHENIX、德国的Concept Laser、英国的Renishaw及日本的TRUMPF等公司的SLM设备均已商业化。除了以上几大公司进行SLM设备商业化生产外，国外还有很多高校和科研机构进行SLM设备的自主研发，比如比利时鲁汶大学、日本大阪大学等。

图 5-1　EOSINT M280 设备　　　图 5-2　sPro 250 SLM 商用 3D 打印机

国内 SLM 设备研发工作与国外相比起步较晚，设备稳定性方面稍微落后，但整体性能相当。华中科技大学模具国家重点实验室快速制造中心从 2003 年开始就致力于 SLM 技术的研究，在 SLM 系统制造技术上实现了重大突破和创新，推出了 HRPM-Ⅰ、HRPM-Ⅱ型增材制造设备，如图 5-3 所示。华南理工大学于 2004 年推出 DiMetal-240，并在 2012 年研发出预商业化增材制造设备 DiMetal-100。此外南京航空航天大学、西北工业大学以及苏州中瑞、北京易加三维等单位也先后开展了 SLM 技术的研究及应用工作。

图 5-3　HRPM-Ⅱ增材制造设备

5.1.2　工艺特点

SLM 成形工艺的优点如下。

1. 能直接成形结构复杂的零件

SLM 直接将三维 CAD 模型剖切成二维截面进行成形，成形过程不受零件形状影响，可直接成形具有复杂几何结构（多孔结构、内腔结构）的零件，缩短了零件加工周期。

2. 能实现个性化定制

SLM 技术可以在根据需求修改零件的 CAD 模型后，只需重新添加支撑并进行路径规划便可加工，容易实现小批量甚至单个零件的生产，满足了个性化定制的需求。

3. 适合多种材料且材料利用率高

SLM 技术可对单质金属粉末、合金粉末、复合材料粉末等材料进行成形，且成形过程中未被加工到的粉末可以重复使用，材料利用率高。

4. 成形零件力学性能好

经过工艺参数优化后，SLM 技术可以成形接近全致密的零件；同时，SLM 是利用高能量激光束对金属粉末进行成形的，激光作用时间短，金属粉末熔化后快速冷却，较快的冷却速度使得材料内部晶粒细小，起到了细晶强化的作用，使得成形零件具有较好的力学性能。

当然，SLM 技术也有不少缺点，那就是其物理特性会影响加工过程。如原材料吸收激光的效率；熔化金属粉末时，零件内容易产生较大的应力，球化现象破坏金属连续成形；热波动导致裂缝等。一般来说，复杂结构需要添加支撑以抑制变形的产生。同时，SLM 原材料价格高、研发难度大。一般金属材料制备的工件都要求强度高、耐腐蚀、耐高温、比重小、具有良好的可烧结性等。

5.2　SLM 成形工艺

5.2.1　基本原理

选择性激光熔化技术（SLM）的工作方式与选择性激光烧结（SLS）类似。该工艺利用光斑直径为 100 nm 以内的高能束激光，直接熔化金属或合金粉末，层层选区熔化与堆积，最终成形具有冶金结合、组织致密的金属零件。

SLM 的基本原理如图 5-4 所示。首先，将三维 CAD 模型进行切片及扫描路径规划，得到激光束扫描的切片轮廓信息，将 3D 数据转化成多个 2D 数据。其次，计算机逐层调入切片轮廓信息，通过扫描振镜控制激光束有选择性地熔化金属粉末。一层加工完成后，粉料缸上升几十微米，成形缸降低几十微米，铺粉装置将粉末从粉料缸刮到成形平台上，激光扫描该层粉末，并与上一层熔于一体。

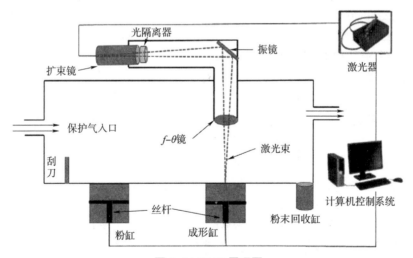

图 5-4　SLM 原理图

重复上述过程，直至成形过程完成。整个过程均在一个密闭容器中进行，为避免氧化，容器内充入氩气或者氮气等惰性气体，使得空间内含氧量低于 0.05%。获得的零件再经过简单的喷砂处理即可。

SLM 工艺一般需要对零件添加支撑结构，其主要作用有：

（1）承接下一层未成形粉末层，防止激光扫描到过厚的金属粉末层，发生塌陷；

（2）成形过程中粉末受热熔化冷却后，内部存在收缩应力，这导致零件发生翘曲等。支撑结构连接已成形部分与未成形部分，可有效抑制这种收缩，能使成形件保持应力平衡。

5.2.2 后处理

由于SLM是在基板上成形出的实体零件，且在前期数据处理时添加了支撑，因此零件成形后需要将其从基板上取下来，并采用小刀、钳子等工具将支撑去除。较为复杂的支撑可以采用线切割进行去除。工件从基板剥离后会留下许多支撑痕，可用打磨头来打磨支撑痕。操作时打磨头需来回运动，不能在某个位置停留太久，打磨工件时将工件突出的支撑点去除即可。

采用SLM加工出的零件精度、表面粗糙度、机械性能等可能达不到使用要求，这时则需要对零件进行后序机械精加工、打磨、抛光、表面涂覆、热处理等，以提高零件的使用性能。

5.3 SLM成形系统

5.3.1 光学系统

光学系统主要由激光器、扩束镜、振镜扫描系统和聚焦系统等构成，如图5-5所示。

SLM设备主要采用光纤激光器，激光器产生的光，可在柔性光纤中传输，在光纤内传输时，光损耗小。在出光口处有光隔离器，光隔离器的作用是防止激光作用在材料上时，反射光对激光器造成损害。而激光在成形缸基准平面的运动主要是扫描振镜的驱动。为了减小激光入射发射角，以获得更小的聚焦光斑，一般情况下需要将激光扩束准直。激光扩束后，激光作用在扫描振镜上的面积更大，从而使能量密度减少，减轻对镜片的损伤。激光扩束后，经扫描振镜的驱动，光束可能发生枕形畸变，此时需要经过f-θ镜校准聚焦。

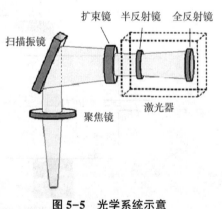

图5-5 光学系统示意

1. 激光器

激光器是SLM设备提供能量的核心功能部件，直接决定SLM零件的成形质量。光束直径内的能量呈高斯分布。光纤激光器指用掺稀土元素玻璃光纤作为增益介质的激光器。图5-6所示为光纤激光器结构示意图，掺有稀土离子的光纤芯作为增益介质，掺杂光纤固定在两个反射镜间构成谐振腔，泵浦光从反射镜 M_1 入射到光纤中，从反射镜 M_2 输出激光。光纤激光器具有工作效率高、使用寿命长和维护成本低等特点。其主要工作参数有激光功率、激光波长、激光光斑、光束质量等。

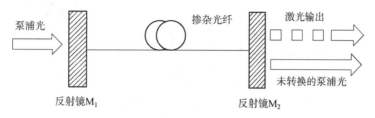

图 5-6　光纤激光器结构示意

2. 扩束镜

SLM 的成形原理要求粉末材料要完全熔化后再成形，因此这就需要较小的光斑尺寸和极大的激光能量密度。为此，需要先通过扩束镜将发散的激光全部矫正为准直平行光，然后通过聚焦透镜来调整获得高能量密度的光斑。

扩束镜可以使激光束的直径扩大，使激光束的发散角减小。扩束镜的结构原理如图 5-7 所示，它由一个输入负透镜和一个输出正透镜组成，远处一虚焦点的光束经过输入负透镜，输送给和它共焦的输出透镜，这种结构的扩束镜可获得约 20 倍的放大倍率。

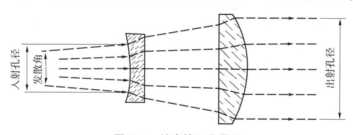

图 5-7　扩束镜工作原理

3. 振镜扫描系统

SLM 成形致密金属零件要求成形过程中固液界面连续，这就要求扫描间距更为精细。因此，所采用的扫描策略数据较多，数据处理量大，要求振镜系统的驱动卡对数据处理能力强、反应速度快。振镜扫描系统示意如图 5-8 所示。入射激光束经过两片镜片（扫描镜 1 和扫描镜 2）反射，实现激光束 X、Y 平面内的运动。扫描镜 1 和扫描镜 2 分别由相应检流计 1 和检流计 2 控制并偏转。检流计 1 驱动扫描镜 1，使激光束沿 Y 轴方向移动；检流计 2 驱动扫描镜 2，使激光束被反射且沿 X 轴方向移动。两片扫描镜的联动，可实现激光束在 XY 平面内的复杂曲线运动轨迹。

4. 聚焦系统

常用的聚焦系统包括动态聚焦系统和静态聚焦系统。动态聚焦是通过电动机驱动负透镜沿光轴移动实时补偿聚焦误差的。所采用的动态聚焦系统由聚焦物镜、负透镜、水冷孔径光阑及空冷模块等组成，其结构如图 5-9（a）所示。静态聚焦镜为 f-θ 镜，如图 5-9（b）所

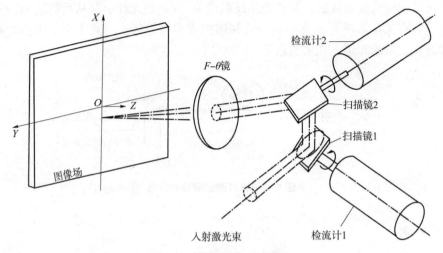

图 5-8 振镜扫描系统示意

示,而非一般光学透镜。对于一般光学透镜,当准直激光束经过反射镜和透射镜后聚焦于像场,其理想像高 y 与入射角的正切成正比,因此,以等角速度偏转的入射光在像场内的扫描速度不是常数。为实现等速扫描,使用 f-θ 镜可以获得 y=f·θ 关系式,即扫描速度与等角速度偏转的入射光呈线性变化。

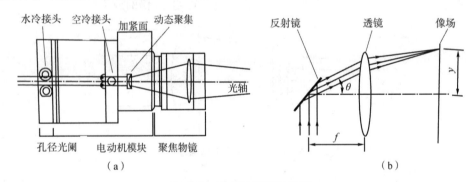

图 5-9 聚焦系统结构示意
(a) 三维动态聚焦;(b) 二维 f-θ 镜静态聚焦

5. 保护镜

保护镜起到隔离成形腔与激光器、振镜等光学器件的作用,防止粉尘对光学器件的影响。选择保护镜时要考虑减少特定波长激光能量通过保护镜时的损耗。目前大部分光纤激光器生产商将光隔离器内置激光器,一般选择透射波长为 1 000 nm 左右的保护镜片,同时还应考虑耐温性能。激光穿透镜片会有部分能量被吸收产生热量,如果 SLM 成形时间较长,其热积累有可能会损坏镜片。

在光学系统中,聚焦光斑大小的理论值为

$$d_{\min}=\frac{4\lambda M^2 f}{\pi n D_0} \tag{5-1}$$

式中,$d_{\min}$ 为理论光斑最小值,f 为透镜焦距,D_0 为激光束经过扩束前的束腰直径,λ 为光纤激光波长，M 为光束质量因子，n 为扩束倍数。

在实际加工过程中，激光束的光斑直径往往要大于理论值，主要原因包括：

（1）在光路调试时，聚焦焦点不在基准平面上，此时具有一定离焦量，无论激光光斑是正离焦，还是负离焦，激光光斑都会变大。

（2）激光周围存在能量热影响区，使得测量值偏大。

（3）光路系统中扩束镜或光隔离器等位置有偏差。

5.3.2 铺粉系统

铺粉系统是 SLM 设备的最基本部件，主要由成形腔、成形缸/粉料缸、铺粉装置、传动机构等组成。

1. 成形腔

它是 SLM 成形的空间，在里面需要完成激光逐层熔化和送铺粉等关键步骤。成形腔一般需要设计成密封状态，有些情况下（如成形纯钛等易氧化材料）还需要设计成可抽真空的容器。

2. 成形缸/粉料缸

它主要储存粉末和零件，通常设计成方形或圆形缸体。内部有可上下运动的水平平台，其可实现 SLM 成形过程中的送粉和零件上下运动功能。

3. 铺粉装置

利用铺粉装置可实现 SLM 成形加工过程中粉末的铺放。其通常采用刮刀或铺粉辊的形式，与 SLS 铺粉机构相似。

1）刮刀

刮刀铺粉是商业化设备中应用较多的一种铺粉方式。但是也存在几个问题：刮刀推动较多的粉末运动，增加了新铺粉层与上一粉层的摩擦；刮刀磨损严重或者粉末黏结在刮刀表面时，会在铺粉中会留下一条条轨迹线，进而影响铺粉效果。

2）铺粉辊

利用辊子铺粉能解决刮刀铺粉中的一些问题。如铺粉辊自转可减少粉层之间的摩擦；铺粉辊在垂直方向上的振动可使黏结在辊子表面的粉末掉落，提高铺粉的平整度；同时辊子对粉层有拍打压实的作用，能够提高粉末的致密性。

4. 传动机构

实现送粉、铺粉和零件的上下运动，通常采用电动机驱动丝杠的传动方式，有时也采用皮带传动。

目前常用的铺粉方式有两种，一种是料斗式，从上而下的漏粉；一种是双缸式，从下而上的升粉，如图 5-10 所示。

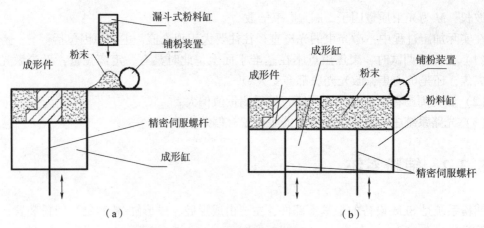

图 5-10 铺粉机构示意
(a) 料斗式；(b) 双缸式

两种铺粉方式都是在扫描前，粉末经过铺粉装置的运动，将粉末平推到成形缸中的，且为了保证成形缸内粉末铺满，供粉量一般是成形缸下降体积的 1.2~2.0 倍。两者的不同点是，第一种方式是采用漏粉式粉料缸，以此来控制供粉量，第二种方式是采用精密伺服螺杆控制粉料缸的上升高度，以此来控制供粉量。

5.3.3 气体循环系统

SLM 成形过程中金属粉末容易与空气中的氧气发生反应，被氧化后的金属溶液润湿性降低，容易产生球化现象，影响 SLM 成形质量。因此，整个 SLM 成形过程需要在惰性气体的保护下进行，惰性气体一般是氮气或者氩气。此外，激光束与金属粉末相互作用时，会发生剧烈反应而产生"黑烟"，黑烟污染金属粉末和聚焦镜片。气体循环系统可以有效解决上述问题，图 5-11 所示为某 SLM 设备的气体循环系统。在 SLM 设备开始加工前，首先通过真

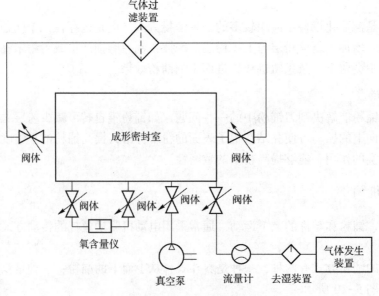

图 5-11 气体循环系统

空泵将成形室内抽成真空,然后通过气体发生装置将惰性气体通入成形室中,然后再抽真空,再通保护气,直至氧含量检测仪检查到成形室内氧含量降到 0.2% 以下时便可开始加工。在加工过程中,为了减少惰性气体的使用量,降低成本,同时为了去除加工过程中产生的"黑烟",从成形室的一侧将气体引入气体过滤装置,待气体净化后再从另一侧将气体通入成形室,如此循环,直至零件加工完成。

5.4　SLM 成形材料

SLM 成形工艺对原材料的堆积特性、粒径分布、颗粒形状、流动性、氧含量等均有较严格的要求。

5.4.1　材料特性

1. 粉末堆积特性

粉末装入容器时,颗粒群的孔隙率因为粉末的装法不同而不同。未摇实的粉末密度为松装密度,经振动摇实后的粉末密度为振实密度。对于 SLM 而言,由于铺粉辊垂直方向上有振动和轻压作用,因此采用振实密度较为合理。粉末铺粉密度越高,成形件的致密度也会越高。

孔隙率的大小与颗粒形状、表面粗糙度、粒径及粒径分布、颗粒直径与床层直径的比值、床层的填充方式等因素有关。一般来说孔隙率随着颗粒球形度的增加而降低,颗粒表面越光滑,床层的孔隙率也越小,如图 5-12 所示。

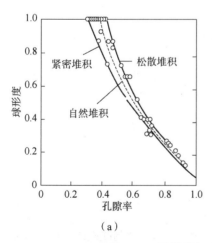
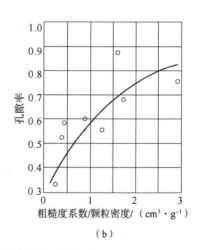

图 5-12　孔隙率与球形度和表面粗糙度的关系

(a) 孔隙率与球形度的关系;(b) 孔隙率与表面粗糙度的关系

2. 粒径分布

粒径是用来表示粉末颗粒尺寸大小的几何参数。不同粒径的颗粒所占的分量就是粒度分布，如图 5-13 所示。理论上可用多种级别的粉末，使颗粒群的孔隙率接近零，然而实际上是不可能的。由大小不一（多分散）的颗粒所填充成的床层，小颗粒可以嵌入大颗粒之间的空隙中，因此床层孔隙率比单分散颗粒填充的要小。可以通过筛分的方法分出不同粒级，然后再将不同粒级粉末按照优化比例配合来达到高致密度粉床的目的。

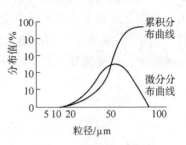

图 5-13 粒径分布曲线

3. 粉末的流动性

粉末的流动性是粉末的重要特性之一。粉末流动时的阻力是由于粉末颗粒相互直接或间接接触而妨碍其他颗粒自由运动所引起的，这主要是由颗粒间的摩擦系数决定的。颗粒间由于暂时黏着或聚合在一起，从而妨碍相互间运动。这种流动时的阻力与粉末种类、粒度、粒度分布、形状、松装密度、所吸收的水分、气体及颗粒的流动方法等有很大关系。

4. 粉末的氧含量

粉末的氧含量也是粉末的重要特性，特别需要注意粉末表面的氧化物或氧化膜。因为粉末表面的氧化膜降低了 SLM 成形过程中液态金属与基板或已凝固部分的润湿性，导致制件出现球化现象，甚至分层和裂纹，降低其致密度。球化效应如图 5-14 所示。此外，氧化物的存在还直接影响到零件的力学性能和微观组织。因此，对用于 SLM 成形的金属粉末，其氧含量一般要求在 1 000 ppm① 以下。

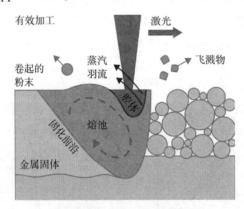

图 5-14 球化效应示意

5. 粉末对激光的吸收率

SLM 技术是激光与金属粉末相互作用，从而产生金属粉末熔化与凝固的过程，因此，金属粉

---

① 1 ppm = 10^{-6}。

末对激光的吸收率非常重要。表 5-1 为几种常见金属材料对三种不同波长激光的吸收率,可以看出激光波长越短,金属对其吸收率越高。对于目前配有波长为 1 060 nm 激光器的 SLM 设备而言,Ag、Cu 和 Al 等对激光的吸收率非常低,因此,SLM 成形上述金属时存在一定的困难。

表 5-1　几种常见金属对三种不同波长激光的吸收率

项目	CO_2 (10 600 nm)	Nd：YAG (1 060 nm)	准分子 (193~351 nm)
Al	2	10	18
Fe	4	35	60
Cu	1	8	70
Mo	4	42	60
Ni	5	25	58
Ag	1	3	77

5.4.2　常用的粉末材料

1. 钛合金

钛合金具有高强度、抗断裂性、优异的耐侵蚀性、抗疲劳性及生物相容性,被广泛应用于航空航天和生物医学等领域。Ti6Al4V（TC4）是最早使用于 SLM 工业生产的一种钛合金。

开发新型钛基合金是钛合金 SLM 应用研究的主要方向。由于钛以及钛合金的应变硬化指数低（近似为 0.15）,抗塑性剪切变形能力和耐磨性差,因而限制了其制件在高温和腐蚀磨损条件下的使用。铼（Re）的熔点很高,一般用于超高温和强热震工作环境,如美国 Ultramet 公司采用金属有机化学气相沉积法（MOCVD）制备的 Re 基复合喷管已成功应用于航空发动机燃烧室,工作温度可达 2 200 ℃。因此 Re-Ti 合金的制备在航空航天、核能源和电子领域具有重大意义。

2. 铝合金

铝合金虽然使用量很大,在硬度、导电性及热导率等方面也具有良好的性能,但是由于其较差的激光吸收率和低的可焊性,适于 SLM 成形的铝合金仍然有限。不过,其在 SLM 成形方面仍具有很高的研究价值与潜力。目前,用于 SLM 工艺的常见铝合金是共晶 Al-Si 和 Al-Si-Mg 合金（如 AlSi12 和 AlSi10Mg）。这些合金中都包含 Si,而 Si 在合金制造过程中可以增加合金对激光的吸收率。

空客公司开发了 3D 打印专用高强铝合金粉末材料,室温拉伸强度达到 520 MPa 以上,已经应用于 A320 飞机结构零件。湖南航天长沙新材料产业研究院研制出高强铝合金材料,3D 打印成形件室温抗拉强度达 535 MPa 以上,与空客公司的高强铝合金粉末材料性能相当。

3. 不锈钢

不锈钢因其优良的抗化学腐蚀、耐高温和力学性能,是最早应用于 SLM 工艺的材料。

奥氏体、马氏体等都已通过 SLM 技术进行了加工。与常规生产的钢相比，SLM 成形的钢表现出不同的微观结构和析出相，这也可能是导致其机械性能变化的原因。

用于 SLM 成形的奥氏体不锈钢主要有 304L 不锈钢和 316L 不锈钢。马氏体不锈钢以 2Cr13 和 17-4PH 两种材料为主，德国 EOS 公司还特别研制了 MS1 和 PH1 等牌号合金供增材制造技术专用。

4. 高温合金

高温合金指可以持续承受一定应力并能在 600 ℃ 以上的环境下长时间稳定工作的一类金属材料，一般按照合金基体种类可以分为铁基、镍基、钴基三类。高温合金在航天发动机等重要领域应用广泛，合金用量比例非常高，最高可达 60%。由于航空发动机等领域对材料的要求越来越高，传统的铸锭冶金工艺已不能满足，而 SLM 工艺因其技术优势，在高温合金成形中成为解决技术瓶颈的新方法。

镍基合金由于具有优良的抗高温氧化性能被广泛应用于航空航天、舰船、发电机组等工业领域。随着航空事业的发展，镍基合金因优良的性能，被用于制备航空发动机中的涡轮盘、涡轮叶片等热端部件，提高了航空发动机的稳定性，也提高了发动机的容量和热效率，使得航空发动机具有更大的推力。镍钛合金具有优异的形状记忆效应（SME）、超弹性（SE）、耐腐蚀性、生物相容性等性能，其已被广泛应用于传感器、驱动器、医疗器械等领域。

钴铬合金是一种以钴和铬为主要成分的高温合金，其抗腐蚀性能和机械性能都非常优异，用其制作的零部件强度高、耐高温。钴铬合金最早用于制作人工关节，具有杰出的生物相容性，已被广泛应用到口腔领域。

5. 镁合金

镁合金作为最轻的结构合金，因其特殊的高强度和阻尼性能，非常有潜力在诸多应用领域替代钢和铝合金，如在航空领域，部件轻量化可降低燃料使用量。其优秀的生物相容性较传统合金更有应用前景。

6. 高熵合金

高熵合金是指其混合熵（ΔS_{mix}）>1.5R（R 为气体常数）的合金，价格以五元至十三元为主。高熵合金独特的合金设计理念使其具有新颖的结构，有望成为多种优异性能的综合体，其有着很高的研究价值与广阔的应用前景，已经受到航空航天、船舶、核能、汽车及电子等领域的广泛关注。

SLM 技术已经成功地用于制备 CoCrFeNi 基高熵合金。CoCrFeNi 基高熵合金拥有优异的断裂性能和低温拉伸性能，这些性能都给高熵合金替代传统金属带来了可能，使得高熵合金拥有很广阔的应用前景。

SLM 工艺能够与合金设计进行有机结合，对于新型高熵合金的研发具有一定的优势。犹他大学通过对 400 多种不同高熵合金进行综合评估，提出过渡金属和耐火材料基高熵合金材料在高温下的力学性能和使用强度的提高是重要的研究方向，设计并利用 SLM 制造了 4 种新型高熵合金，包括 AlCoFeNiV0.9Sm0.1、AlCoFeNiSm0.1TiV0.9、Al-CoFeNiSm0.05TiV0.95Zr 和 AlCoFeNiTiVZr。

7. 陶瓷

常用的 SLM 打印材料有 Li_2O-Al_2O_3-SiO_2（LAS）玻璃、氧化铝（Al_2O_3）、氧化硅（SiO_2）、钇稳定的二氧化锆（YSZ）、磷酸三钙（TCP）、氧化铝-氧化锆混合物、牙科瓷、氧化铝氧化硅混合物、金刚砂和一氧化硅。

对用 SLM 打印 TCP 材料制造的牙齿替代物，通过光学显微镜观察，发现其具有较高的密度但是会出现一些裂纹。TCP 骨骼替代物使用碱硼硅酸盐玻璃作为黏合剂，这样可以降低打印温度，使其更具有优势。然而打印出的骨骼替代物具有较高的多孔性，压缩强度也低到 8 MPa。

5.5 SLM 成形制造设备

目前，最具代表性的 SLM 品牌有 EOS 公司的 EOS M 系列、Concept Laser 公司的 X 系列、3D Systems 公司的 DMP 系列、广州雷佳的 DiMetal 系列、苏州中瑞科技的 iSLM 系列以及北京易加三维的 EP 系列等。图 5-15、图 5-16 和图 5-17 分别为 EOS 公司的 M 100、M 290 和 M 400-4 三种机型。EOS M 400-4 专为工业应用设计，将 400 mm×400 mm×400 mm 的大型成形空间与四台激光器集于一身，生产效率大幅度提高；满足了现代生产环境在效率、可扩展性、可用性和过程监控方面最苛刻的要求，打破了制造的界限。模块化平台设计可以轻松地集成到现有的生产环境中，并可以与未来的创新产品灵活地整合在一起。

图 5-15　EOS 的 M 100 3D 打印机

图 5-16　EOS 的 M 290 3D 打印机

图 5-17　EOS 的 M 400-4 3D 打印机

德国 Concept Laser 公司是 Hofmann 集团的成员之一，是世界上主要的金属激光熔铸设备生产厂家之一。公司 50 年来丰富的工业领域经验，为生产高精度金属熔铸设备夯实了基础。

Concept Laser 公司目前已经开发了四代金属零件激光直接成形设备：M1、M2、M3 和 Mlab。其成形设备比较独特的一点是，它并没有采用振镜扫描技术，而是使用 X/Y 轴数控系统带动激光头行走，所以其成形零件范围不受振镜扫描范围的限制，成形尺寸大，但成形精度同样达到 50 μm 以内。

其中，M2 是世界上第一套可以激光加工钛合金、铝合金等反射性金属材料的增材制造设备，如图 5-18 所示。成形制件的致密度可以达到 99.95%，成形尺寸精度低于 100 μm，可以成形的最小壁厚、最小孔径分别为 0.15 mm、0.3 mm。成形件力学性能优良。M2 是医疗行业制件打印的理想选择，同时也适用于航空航天领域的制件生产。

图 5-18 Concept Laser 的 M2 3D 打印机

铂力特公司成立于 2011 年 7 月，是中国领先的金属增材制造技术全套解决方案提供商，其中 BLT-A 系列主要应用于齿科领域、模具行业，BLT-C、BLT-S 系列金属 3D 打印机主要应用于航空航天、发动机、医疗、汽车、电子、模具及科研领域。图 5-19 所示为 BLT-S600 型金属 3D 打印机，其采用四光束扫描使效率提升 60%，采用双向铺粉使效率提升 50%，同时还具有刮刀卡停自动修复功能、铺粉质量检测功能。

广州雷佳增材科技有限公司与华南理工大学合作研发的 DiMetal-300 打印机，是一款材料-结构-性能一体化高效金属 3D 打印机，如图 5-20 所示。其实现了一机多用，多材料直接成形；能实现 2~4 种材料梯度成形及 1~4 种材料不同位置成形；采用完全弹出式活塞，新风系统、双重滤芯保护更稳定。

图 5-19 西安铂力特的 BLT-S600 3D 打印机

图 5-20 广州雷佳与华南理工大学合作研发的 DiMetal-300 3D 打印机

苏州中瑞科技有限公司的 iSLM280 3D 打印机如图 5-21 所示，成形件在未经抛光时即有较佳的表面质量；成形件精度高，用于制作精密样件；具有冶金结构组织，致密度高（>99%），具有优异的力学性能，可省去后处理；根据零件的规模和复杂性，可在几分钟到几小时内完成对零件的制作；材料适用面广，其金属粉末可为各类单一材料，也可为多组元材料；特别适合于单件或小批量的功能件定制制造。

图 5-22 所示为北京易加三维公司的 EP-M450 尼龙 3D 打印机，其成形的金属打印件的致密度>99.9%，力学性能波动性<5%。有单激光和双激光两种配置可选，可打印钛合金、铝合金、镍基高温合金、模具钢、不锈钢、钴铬钼等材料，适用于航空航天、军工、模具等领域大尺寸、高精度、高性能零部件的直接制造。

图 5-21 苏州中瑞的 iSLM280 3D 打印机　　图 5-22 北京易加三维的 EP-M450 3D 打印机

国内外部分 SLM 制造设备的特性参数见表 5-2。

5.6　SLM 成形影响因素

根据 SLM 工艺成形特点可以将其影响因素分为三大类：原理性误差、工艺性误差及后处理误差。

5.6.1　原理性误差

SLM 工艺原理性误差主要包括：STL 文件格式转换产生的误差、支撑添加不当产生的误差及分型处理产生的误差。其中 STL 文件格式转换产生的误差和分型处理产生的误差与 SLA 等工艺类似，在此不再赘述。本节主要讨论支撑添加不当产生的误差。

在 SLM 加工前，需要对 STL 格式的模型进行支撑的添加。添加支撑的目的，一方面是将零件固定在成形基板上，对零件起固定支撑的作用，保证加工过程的稳定性和零件的精确定位，其功能可等同于传统机械加工中的装夹工具；另一方面是防止零件产生翘曲变形，提高零件成形精度。在 Magics 软件中，有以下支撑类型：块支撑、点支撑、网格支撑、轮廓支撑、线支撑等，如图 5-23 所示。不同类型的支撑对成形精度有不同的影响，一般情况下，不同的几何结构应选用不同的支撑类型。块支撑适用于面积很大的悬垂下表面；点支撑适用于面积很小的悬垂结构；网格支撑适用于圆形悬垂面；轮廓支撑适用于为不规则悬垂下表面沿轮廓线添加支撑；线支撑适用于细长的悬垂下表面。

表 5-2 国内外部分 SLM 制造设备的特性参数

型号	生产商	成形尺寸 /(mm×mm×mm)	光斑直径 /μm	分层厚度 /μm	激光光源	扫描速度 /(m·s⁻¹)	外形尺寸 /(mm×mm×mm)
EP-M150T	北京易加三维	φ150×80	40~60	20~50	200 W 光纤	8	1 750×800×1 830
EP-M150pro		φ150×240	60	20~50/20~100	200 W/500 W 光纤	8	2 120×800×2 000
EP-M150		φ150×120	40~60	20~50/20~100	200 W/500 W 光纤	8	1 750×800×1 800
EP-M250		262×262×350	70	20~100	500 W 光纤	8	2 500×1 000×2 100
EP-M250pro		262×262×350	70	20~100	2×500 W 光纤	8	3 500×1 300×2 300
EP-M450		455×455×500	80~120	20~100	500 W 光纤	8	5 500×3 300×3 100
EP-M650		655×655×800	80~120	20~100	4×500 W 光纤	8	5 700×3 000×4 500
iDEN160	苏州中瑞	160×160×100	50~150	20~50	200 W 光纤	2	1 100×1 300×1 850
iSLM100		110×110×100	25~100	20~100	200 W 光纤	1~2	900×1 000×1 850
iSLM150		150×150×200	40~150	20~100	200 W/500 W 光纤	1~2	1 550×1 100×1 900
iSLM280		280×280×350	60~200	20~150	500W 光纤	1~4	1 700×1 400×2 200
iSLM420		420×420×450	60~200	20~150	500 W 光纤	1~4	2 650×1 400×2 450
iSLM420D		420×420×450	60~200	20~150	2×500 W 光纤	1~4	2 650×1 400×2 450
iSLM500D		500×400×800	60~200	20~100	2×500 W 光纤	4	3 050×1 900×3 800
DiMetal-50	广州雷佳	50×50×50	20	20~100	70 W Yb 光纤	7	616×810×1 750
DiMetal-100		100×100×100	30~50	20~100	200 W Yb 光纤	7	1 200×800×1 700
DiMetal-100E		100×100×100	30~50	20~100	200 W Yb 光纤	7	730×920×1 770
DiMetal-100H		100×100×100	30~50	20~100	200 W Yb 光纤	7	730×920×1 770
DiMetal-280		250×250×300	50~200	20~100	500 W Yb 光纤	7	1 600×1 100×2 100
DiMetal-300		250×250×300	50~200	20~100	500 W Yb 光纤	7	1 600×1 100×2 600
DiMetal-500		500×250×300	50~200	20~100	2×500 W Yb 光纤	7	1 600×1 100×2 600

续表

型号	生产商	成形尺寸 /(mm×mm×mm)	光斑直径 /μm	分层厚度 /μm	激光光源	扫描速度 /(m·s^{-1})	外形尺寸 /(mm×mm×mm)
BLT-A160	西安铂力特	160×160×100		10~40	200 W	7	1 100×974×1 864
BLT-A320		250×250×300		20~100	2×500 W	7	1 978×1 043×2 068
BLT-C600		600×600×1 000		100~500	1 000 W/2 000 W/4 000 W		2 520×2 250×3 060
BLT-C1000		1 500×1 000×1 000		100~1 000	2 000 W/4 000 W/6 000 W		3 500×2 970×3 010
BLT-S210		105×105×200		20~100	500 W/200 W	7	1 260×950×1 840
BLT-S310		250×250×400		15~100	500 W	7	2 750×1 160×2 185
BLT-S400		400×250×400		20~100	2×500 W/1 000 W	7	2 750×1 160×2 185
BLT-S450		400×400×500		20~100	500 W/1 000 W	7	5 253×1 940×2 445
BLT-S510		500×500×1 000		20~100	4×500 W	7	5 200×4 200×3 600
BLT-S600		600×600×600		20~100	4×500 W	7	4 500×4 500×3 500
EOS M100	EOS	φ100×95	40		200 W Yb 光纤	7	800×1 080×2 280
EOS M290		250×250×325	100		400 W Yb 光纤	7	2 500×1 300×2 190
EOS M300-4		300×300×400	100		4×400 W Yb 光纤	7	5 221×2 680×2 340
EOS M400		400×400×400	90		400 W Yb 光纤	7	4 181×1 613×2 355
EOS M400-4		400×400×400	100		4×400 W Yb 光纤	7	4 181×1 613×2 355

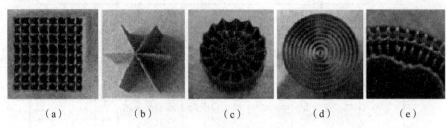

图 5-23 典型支撑结构示意

(a) 块支撑；(b) 点支撑；(c) 网格支撑；(d) 轮廓支撑；(e) 线支撑

支撑结构一般由两部分构成：一是主体部分，二是齿形部分，如图 5-24 所示。齿形部分与成形件下表面接触，它包括以下参数：齿高、齿顶宽、齿根宽、齿间距。参数设置不当，会带来成形误差。而将与零件接触部分的支撑设计成齿形，是为了降低其与零件黏结的强度，避免去除支撑时对零件下表面的破坏，保证成形件精度。在能保证顺利加工出零件的前提下，对于比较密集的支撑结构，可以将主体部分设计成镂空结构。这样能降低支撑整体强度，方便后处理去除支撑，同时还能节省材料。

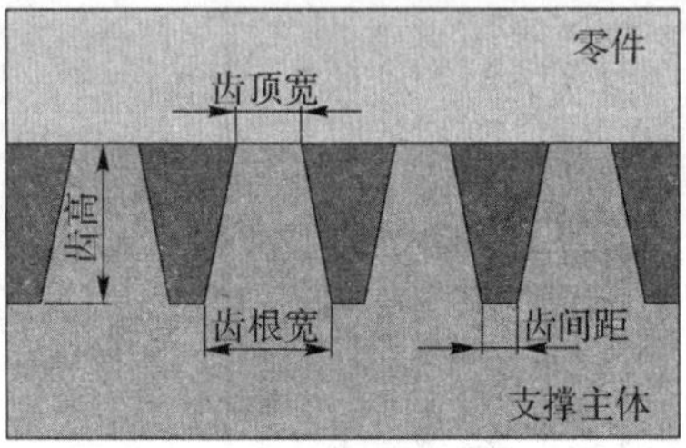

图 5-24 支撑结构组成及参数

在进行支撑添加时，要注意支撑添加的密度。支撑添加得太稀，支撑之间的间距超过了 SLM 所能成形的最大悬垂跨距，会引起零件翘曲；而且支撑过于稀疏，导致支撑强度不够，可能在加工过程中被拉断，支撑起不到定位支撑的作用，就会影响到成形件的精度。支撑添加得太密，支撑强度过高，会加大后序去除支撑的难度，可能会破坏零件下表面质量，给成形件带来误差。所以，添加支撑时，要控制好密度，保证成形精度。

5.6.2 工艺性误差

1. 机器误差

机器误差是 SLM 成形设备自身所带来的误差，它是 SLM 成形过程中的一种原始性误差。一旦成形设备被设计和制造出来，该误差就会一直存在。所以在设计和制造 SLM 成形设备的过程中，要尽量避免此种误差。

1）成形缸升降误差

成形缸升降误差直接影响 SLM 成形过程中的层厚精度，因而会引起零件在 Z 方向上的尺寸误差。成形缸由下面的活塞支撑，活塞与伺服螺杆机构相连，伺服螺杆机构由伺服电动机控制其转动，从而控制成形缸的升降。在 SLM 成形过程中，零件的层厚都很小，所以成形缸每次下降的行程很小，而且会频繁地快速起停，难免会产生响应迟滞和振动的现象，从而产生成形缸升降误差，进而带来成形件在 Z 方向上的误差。

2）铺粉系统产生的误差

铺粉系统对 SLM 的成形过程有很大影响。在成形过程中，要求铺粉能够平整均匀，从而粉末能够平稳地吸收激光能量，成形出的零件表面也较平整，零件精度高；如果铺粉平面不够平整均匀，甚至凹凸不平，则会出现激光离焦量变化的情况，从而使得粉末不能平稳地吸收激光能量，成形出的零件表面也会凹凸不平，影响零件的最终尺寸。此外，如果成形表面凹凸不平，就会影响下一层的铺粉效果，使得下一层的铺粉更加不平，如此反复，只会恶性循环，导致成形件误差越来越大，精度越来越差。除了平整均匀外，还要求铺粉系统铺出的粉末层能够紧实，因为粉末的松装密度为45%左右，完全熔化凝固成致密度为99%左右的实体后，材料收缩比较严重，从而带来成形误差。如果铺粉紧实，能在一定程度上减小因材料收缩而带来的成形误差。步进电动机通过螺杆丝杠带动铺粉装置沿导轨做来回水平移动，完成一次铺粉行程，在SLM成形过程中，难免会有金属粉末或飞溅物等进入导轨中，从而影响铺粉装置的移动，甚至产生振动，使得铺粉凹凸不平，影响成形精度。定期地对铺粉系统的导轨进行清理，能有效地减小铺粉装置振动带来的成形误差。

3) 激光扫描系统产生的误差

激光扫描系统产生的误差，是由扫描迟滞带来的。当激光开始扫描的时候，激光的扫描速度不可能一下子就能达到设置的速度，而是从零逐渐变到设置的速度的。同理，当激光停止扫描的时候，也不是马上就能停止，而是从扫描的速度逐渐变为零的。因此，由于此种迟滞现象的存在，当加工零件时，零件的起始端和终端往往比零件的其他地方接触激光的时间要长，吸收的能量就比其他地方大，形成的熔道就会比较宽和高，表现为零件最边缘的轮廓线凸起严重（图5-25）。随着加工层数的累积，轮廓线凸起现象也会逐渐累积，从而对成形零件的最终尺寸精度产生影响。当轮廓线凸起累积到一定程度时，会影响铺粉效果，严重时，会导致零件翘曲变形。为了减小此种误差，可以采取将零件起始端的激光功率逐渐上升至设定值的方法，同时将零件末端的激光功率逐渐减小至零，或者采用高扫描速度来减少迟滞的时间，或者避免采取勾边扫描。

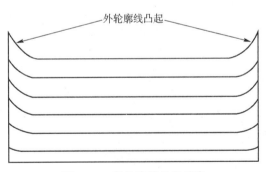

图5-25 外轮廓线凸起示意

此外，振镜系统也会带来激光扫描误差，主要是由扫描振镜在X/Y轴上的偏转误差造成的。另外，当进行大范围扫描时，激光束与成形平面的边端会变得不垂直，使得原本为圆形的激光光斑变成椭圆，给零件的成形边界带来误差。而且扫描范围越大，透镜与成形面边端的工作距离越大，离焦量越大，光斑聚焦直径也越大，这会给SLM的精密成形带来不利影响。

2. 激光深穿透产生的误差

SLM加工零件是通过激光束穿透当前粉末成形层，并部分熔化上一实体成形层，使粉末成形层和实体成形层之间形成致密冶金结合，来实现零件层与层之间黏合的。当存在悬垂结构时，由于当前成形层并没有实体作为支撑，粉末熔化后形成的熔池由于重力和毛细管力的原因会凹陷，从而使得悬垂结构的下表面产生"挂渣"，如图5-26所示。"挂渣"会影响零件下表面的粗糙度和Z方向尺寸精度，大的悬垂结构会引起零件翘曲甚至坍塌。为了减小激光深穿透产生的误差，避免零件翘曲和坍塌，可以为零件的悬垂结构添加支撑；或者可以采取高功率高扫描速度来减小"挂渣"的出现；也可以在零件设计时，避免悬垂结构的出现。

图5-26 "挂渣"示意

3. 激光光斑直径产生的误差

激光束通过聚焦镜聚焦后形成具有一定直径的光斑圆，光斑直径的大小直接影响SLM的成形能力和成形精度。因为SLM的成形原理是通过激光束聚焦后的光斑圆在成形件表面选择性的扫描熔化每一层的轮廓区域来加工零件的，而且由于热传递效应，光斑周围的部分粉末也往往会被熔化，所以实际形成的熔池一般要比光斑直径大。如果单单从几何角度来考虑，SLM的成形精度取决于光斑直径的大小。当成形零件的厚度小于光斑直径的大小时，零件的理论截面轮廓要比光斑熔化的实际区域面积小，所加工出的零件的实际厚度自然要比设计的时候尺寸大。当考虑热传递效应时，此种误差会更大。因此，在设计零件结构时，要避免厚度小于光斑直径的结构特征出现，或者可以通过减小光斑直径来降低此种误差。但如果光斑直径太小，往往会影响激光束能量，从而影响零件的成形精度。所以，在实际成形过程中，要合理地调节光斑直径。

此外，由于激光束是带有一定直径的光斑圆，在SLM成形过程中，是以光斑圆的中心点为参照进行扫描而形成的一系列包络线，理论上线宽宽度是光斑圆的直径，如果考虑熔池的实际大小，线宽会更大，因此，对于零件的边界而言，当光斑圆的中心点与零件边界线重合时，至少会带来半个光斑直径的误差。如图5-27所示，图中的虚线代表零件的设计尺寸，实线代表零件的实际成

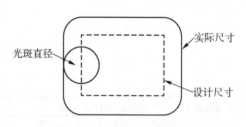

图5-27 光斑对尺寸的影响

形尺寸，在扫描过程中，光斑圆的中心点沿图中虚线运动，不仅带来X和Y方向的尺寸误差，而且成形出的尖角也呈圆弧状，从而带来形状误差。可以采用光斑补偿的方式来减小此种误差，即在扫描过程中使光斑向零件边界内部偏移半个光斑直径；或者也可以适当地减小光斑直径。

4. 材料收缩变形产生的误差

由于SLM成形材料是松装密度为45%左右的金属粉末，加工成形后变成致密度为99%左右的实体零件，密度的增大，势必引起体积收缩，从而带来尺寸误差。

在SLM加工过程中，金属粉末熔化成液相再凝固成固相是在短时间内完成的，往往正

在被激光扫描的部位还是液态，刚才被激光扫描过的部位就已经冷却凝固成固态了。这就会在成形件内部形成大的温度梯度，产生大的热应力。而且，材料从液态凝固成固态，体积会收缩，由于体积收缩，会在零件成形过程中产生内应力。

另外，在 SLM 成形过程中，激光束为高斯光束（图 5-28），光束中心能量最大，由此向四周能量逐渐递减，而且在激光束与粉末作用的过程中，随着激光束穿过粉末层的深度的增加，激光能量呈指数函数递减，由于能量不均，粉末受热不平衡，粉末层上端吸收的能量大，熔化的粉末就多，收缩也大，粉末层下端吸收的能量少，熔化的粉末就少，收缩也小，由于收缩不均匀，会在零件内部层内和层间产生内应力。

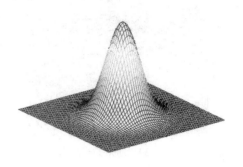

图 5-28　高斯分布

随着 SLM 成形过程的进行，受热不均或者体积收缩产生的应力累积到一定程度时，就会在成形零件表面产生裂缝，严重时会导致零件坍塌或翘曲，如图 5-29（a）所示。当零件有支撑时，还有可能导致支撑被拉断，如图 5-29（b）所示。如果在加工过程中出现这些现象，就会严重影响零件的尺寸精度、形状精度、位置精度等，甚至导致加工不能正常进行而使得成形件成为废品。

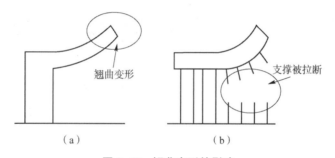

图 5-29　翘曲变形的影响
(a) 无支撑时的翘曲变形；(b) 有支撑时的翘曲变形

可以通过采用合适的激光功率、扫描速度、扫描策略、扫描间距、分层层厚等来优化工艺参数以减小材料收缩变形产生的误差。

5. 粉末黏附产生的误差

在 SLM 成形过程中，粉末黏附是一种常见现象。激光束为高斯光束，光束中心能量最大，由中心向四周逐渐减小。处于光斑范围内的金属粉末能够完全被熔化而凝固形成实体，这一范围被称为熔化区。由于热传导作用，能量会向光斑范围以外的四周传导，处于光斑范围外的金属粉末由于受热传导的影响会部分熔化，或者由于吸收能量不够而熔化不充分，这一范围被称为热影响区。热影响区内熔化不充分的金属粉末呈烧结态或颗粒状而黏附在实体周围，如图 5-30 所示。

加工过程中产生的"飞溅物"是造成粉末黏附现象的另一个重要原因。激光束与金属粉末的相互作用是一个极其复杂的过程，既有物理反应，也有化学反应。有些金属粉末由于吸收了过多的能量而直接汽化，因此 SLM 成形过程中会伴随气体的释放，气体释放会产生冲击力，使熔化区的液态金属和热影响区的半熔化金属颗粒以"飞溅物"的形式飞溅到周围，导致一些类似球状的小颗粒黏附在实体零件的表面，如图5-31所示。

图5-30 粉末黏附现象

图5-31 飞溅导致的粉末黏附

粉末黏附直接影响SLM成形件的精度。如316L不锈钢粉末的平均粒径为20 μm，因此任意一个随机的粉末黏附就有可能带来20 μm的尺寸误差。而当多颗粉末黏附在一起时，有可能会带来更大的尺寸误差。为了减小由于粉末黏附而带来的尺寸误差，可以采用优化的工艺参数减少加工过程中的粉末黏附现象；也可以通过电化学等后处理来去除黏附的粉末。

6. 加工参数调节不当产生的误差

SLM加工的实质是激光束扫描金属粉末形成熔道，然后激光束偏移一定距离扫描邻近的金属粉末形成另一条熔道，并与前面的金属熔道搭接。如此循环形成一个成形面。接着，成形缸下降一个层厚，供粉缸上升一个层厚，完成铺粉后，激光束在新的粉末层上以相同的方式开始扫描形成另一个成形面，新形成的成形面与上一成形面保持搭接。如此循环，随着成形面的逐层搭接而最终加工出实体零件。如图5-32所示，H代表熔道深度，D代表熔道宽度，Δs代表同一成形面内两相邻熔道之间的搭接长度，Δh代表熔道与上一成形面的搭接深度。从图5-32可以看出，要想保证同一成形面内两熔道搭接，以及保证熔道与上一成形面搭接，则必须使激光扫描间距小于熔道的宽度D，且使分层厚度小于熔道深度H。这是加工顺利进行的前提，也是保证加工精度的前提。如果激光功率太大，扫描速度太慢，激光输入能量就会过高，熔道的宽度和深度就会变大，在扫描间距和分层厚度比较小的情况下，相邻两熔道之间以及相邻两成形层之间的搭接度就会增大，这会使得能量过度集中而增大零件热应力，从而引起成形误差。如果激光功率太小，扫描速度太快，激光输入能量就会过低，有可能使得金属粉末熔化不充分而形成不连续的熔道，在扫描间距和分层厚度比较大的情况下，熔道和熔道之间，以及层与层之间可能不能顺利搭接，从而产生成形误差。

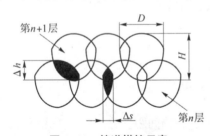

图5-32 熔道搭接示意

由此可见，优化工艺参数，合理地控制激光功率、扫描速度、扫描间距、分层层厚，可以很好地减小成形误差。

影响成形件尺寸精度的另一个重要因素是扫描策略。扫描策略有如图5-33所示的几种典型方式。在SLM成形过程中，S形正交层错扫描策略采用的比较普遍，它是S形正交扫描与层间错开扫描这两种策略的优势结合。如图5-33（c）所示，S形正交扫描策略即在第 n 层采用S形往返扫描策略沿 X 方向扫描，在第 $n+1$ 层则采用S形往返扫描策略沿 Y 方向扫描，使第 n 层与第 $n+1$ 层的扫描方向相互正交，从而能够有效地减小上一成形层表面的波纹效应。层间错开扫描策略即第 i 层与第 $i+1$ 层的扫描线相互错开半个扫描间距宽度，使第 $n+1$ 层的每条熔道都落在第 i 层相邻两熔道之间，从而能够很好地修补第 n 层的成形缺陷，使相邻两成形层之间能够搭接得更紧实。S形正交层间错开扫描是先在 X 方向上进行两层层间错开扫描，然后在 Y 方向上进行两层层间错开扫描。从理论上来讲，S形正交层间错开扫描策略结合了S形正交扫描和层间错开扫描两种策略的优势，相对而言是一种比较优化的扫描策略。单方向扫描和S形往返扫描策略由于是始终沿一个方向扫描，容易在成形件内部产生大的应力累积，而且每相邻两熔道之间的沟壑有可能因填充不到而导致成形件产生裂纹，影响成形件精度。轮廓偏移扫描策略能够提高成形件的轮廓精度，对形状精度要求比较高的零件可以选取此种扫描策略，但是轮廓偏移扫描策略容易引起应力集中，且有可能因为外围轮廓扫描线过长而引起零件翘曲，从而带来成形误差。分区扫描策略能够很好地减少零件内部的应力集中现象，因此对于横截面积比较大的零件可以采取此种扫描方式。但是，分区扫描往往会使区域与区域之间搭接不紧实，而在相邻区域之间产生缺陷，影响成形精度。

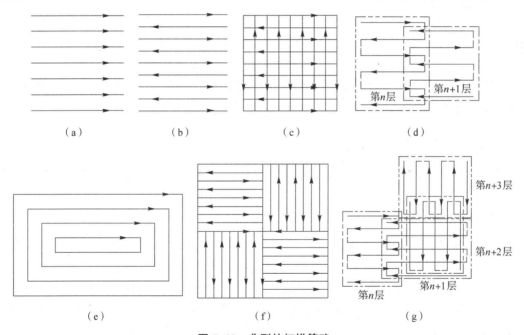

图5-33 典型的扫描策略

(a) 单向扫描；(b) 往返扫描；(c) 正交扫描；(d) 层间错开扫描；
(e) 轮廓偏移扫描；(f) 分区扫描；(g) 正交层间错开扫描

扫描策略与成形件的精度息息相关。选择合适的扫描策略是提高成形件精度的有效途径之一。

7. 材料性能不佳产生的误差

SLM成形采用的加工材料是金属粉末，金属粉末的性能包括粉末粒径、松装密度、含氧量、球形度、流动性等。SLM 成形件的精度与金属粉末的这些性能有很密切的关系。粉末粒径过大，松装密度低，颗粒之间的空隙就会大，材料熔化凝固形成实体后收缩就大，成形件的误差就大。而且空隙中的空气是热的不良导体，会阻碍粉末层上端的能量往下传，上端吸收能量大，熔池大，收缩也大；下端吸收能量小，熔池小，收缩也小。熔池上下收缩不均匀，会产生内应力，当应力累积到一定程度时，可能导致零件翘曲，影响成形件精度。此外，由 SLM 成形过程中的粉末黏附现象可知，粉末粒径越大，黏附在零件表面的颗粒也越大，产生的尺寸误差也越大。由此可见，选用粉末粒径小、松装密度高的金属粉末更有利于成形件的精度，而且粒径小的金属粉末之间接触表面积的总和会更大，粉末之间的机械咬合作用也大，这能在一定程度上抑制零件的翘曲。但是如果选用的金属粉末粒径过小且球形度不够好的话，就会降低粉末的流动性，影响铺粉的平整性和均匀性，反而对成形件精度不利。另外，粒径小的金属粉末表面能也大，如果粉末的化学性质比较活泼的话，在加工过程中发生轻微爆炸引起"飞溅"也是有可能的，而"飞溅"是造成粉末黏附现象的主要原因之一，它会影响成形件的尺寸精度。粒径小的金属粉末在铺粉过程中容易被扬起，有可能污染光学部件，影响激光能量；扬起的粉末还有可能进入铺粉轨道中，使铺粉装置在移动过程中产生振动，影响铺粉效果，从而带来成形误差。可见，粉末粒径对 SLM 成形件精度的影响是一系列的。最后，金属粉末的含氧量不宜过高，因为含氧量高的金属粉末容易在成形中生成氧化物，氧化物会降低金属溶液的润湿性，导致球化现象发生，从而影响成形件精度。

由以上分析可知，材料性能对成形件的精度有很大的影响。选取性能优良的金属粉末能够提高成形件的精度。

8. 其他因素产生的误差

除了上述因素影响 SLM 成形精度外，还有以下一些细节因素对成形件的影响也是不可忽略的。

1) 黑烟问题

激光束与粉末相互作用过程中会产生黑烟，因为金属粉末中含有 C 元素以及其他杂质元素，这些元素与激光作用过程中会燃烧、汽化而产生黑烟。黑烟会对金属粉末产生污染，受污染的粉末被长期反复使用就会导致黑烟问题加剧，产生恶性循环；黑烟也会污染聚焦透镜，黑烟黏附在聚焦透镜表面，会降低激光的透过率，造成激光能量的衰减，使得金属粉末不能被完全熔化，加重粉末黏附现象，影响成形件精度。目前，黑烟问题还未能得到根本解决，在 SLM 成形设备中增加气体循环装置，能够在一定程度上减少黑烟现象。

2) 成形室气密性

SLM 成形前，需要先对成形室抽真空，然后通入氮气或者氩气等惰性气体，以确保整个 SLM 成形过程在含氧量低于 0.2% 的气氛下顺利进行。如果成形室气密性不好，使得成形室中含氧量上升，氧易与金属粉末中的 C、Mn、S、Si、P 等元素反应而生成氧化物，氧化物溶解在液态金属中会降低其对已凝固层的润湿性，导致球化现象产生，降低成形件精度。

3) 基板安装

SLM 成形件是在基板上一层一层黏叠起来的,如果安装在成形缸内的基板与铺粉刷不平行,会造成铺粉的不均匀,从而带来成形误差。基板的安装是由人员手工操作来完成的,基板本身是否平坦、各螺钉的松紧程度、安装螺钉的先后顺序和对称与否,对基板是否与铺粉刷平行带来影响。

4) 离焦量

如果不能调整聚焦透镜焦点位置使其在成形面上,就会导致正离焦或者负离焦。正离焦和负离焦都会使激光光斑变大,不利于 SLM 的精密成形。此外激光能量与光斑直径的平方成反比,光斑直径稍微变大,就会大大降低激光能量,影响 SLM 成形件的质量。

5) 零件摆放方式

由 SLM 成形的原理性约束可知,零件摆放方式对零件的成形精度有很重要的影响。比如一个长度较大而宽度较小的长方体零件,如果将其沿 X 或者 Y 方向水平摆放,并采用 S 形正交层间错开扫描策略进行加工的话,有可能因其 X 方向或者 Y 方向的扫描线过长而引起零件翘曲现象,影响成形精度。如果将其与 X 轴成 45°摆放,可大大减小其在 X 和 Y 方向的扫描线长度,有效避免因扫描线过长而引起的零件翘曲现象。此外,零件水平摆放、垂直摆放、与水平面成 45°摆放等,也会对成形件精度有影响。通过零件摆放位置的调整,尽量减小悬垂面或零件台阶误差。

6) 零件几何特征

零件几何特征与 SLM 成形件精度有紧密联系。平面零件的成形精度与曲面零件的成形精度会不同,方形、尖角、圆形零件等的成形精度会不同,同一特征不同尺寸成形精度会不同。

7) 粉末杂质

长期使用的金属粉末如果不进行过筛,会发现里面有杂质。这些杂质主要由 SLM 加工过程中的"飞溅"产物、球化产物、加工悬垂结构时产生的"挂渣"等组成。这些杂质颗粒一般都比较大,影响铺粉的均匀性、平整性,不利于 SLM 成形件的精度。

8) 实际激光功率

激光束每经过一个光路元器件都会有一定程度的能量损耗,使得照射到粉末层上的实际激光功率小于理论设定值。当损耗过大时,会影响成形件精度。所以需要定期校正光路单元的元器件,以确保实际激光功率超过理论值的 90%。

5.6.3 后处理误差

零件加工好之后,需要对零件进行一些后处理,比如去除支撑、打磨、抛光、修补、表面处理等;如果处理不当,会造成后处理误差。

(1) 支撑的去除是保证最终能够加工出成品零件的一个很重要的步骤,如果支撑去除不当,就会影响零件的表面质量,甚至带来缺陷,从而影响零件的精度。所以在去支撑的时候,要选用合适的工具和方式。

(2) 零件加工好后，从 SLM 成形设备中取出来，随着环境状况的改变（比如湿度、温度等），零件可能会发生变形而带来尺寸误差。从前文我们已经知道，SLM 加工零件的过程中，材料受热不均或材料收缩不均，在零件内部会产生应力累积。当零件加工成形后，由于零件结构工艺性等原因，这些应力会多多少少地残留在零件内部。随着时间的推移，零件内部的残余应力由于时效作用而减小甚至消失，从而产生误差。减小加工过程中零件的应力累积是减小此种误差的有效途径。

(3) 直接由 SLM 加工成形的零件往往还不能满足使用要求。比如由于分层处理引起的台阶效应，成形零件表面不光滑，这就需要对其进行打磨、抛光等后处理；或者由于材料收缩变形，零件表面产生裂纹等缺陷，这就需要对其进行后序修补；或者由于加工参数使用不当，成形零件致密度不高，于是零件强度硬度不能满足要求，这就需要对其进行表面涂覆、渗碳、渗氮等后处理。在这些后处理过程中，如果处理不当，都会给成形件带来尺寸误差。

5.7 SLM 的应用

SLM 工艺适合加工形状复杂的零件，尤其是具有复杂内腔结构和具有个性化需求的零件。目前，SLM 工艺已经应用于航空航天、汽车、家电、模具、工业设计、珠宝首饰及医学生物等领域。

5.7.1 航空航天

空客公司在 A300/A310 飞机上的厨房、盥洗室和走廊等连接铰链上应用了增材制造结构件，并在其最新的 A350XWB 型飞机上应用了 Ti6Al4V 增材制造结构件，如图 5-34 所示，且已通过 EASA 及 FAA 的适航认证。

GE 公司采用增材制造技术制造了 LEAP 喷气发动机的金属燃料喷嘴，通过这一技术，将喷嘴原本 20 个不同的零部件变成了 1 个，如图 5-35 所示。

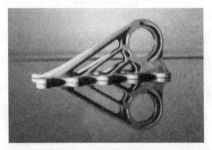
图 5-34 空客公司采用 SLM 技术制造的结构件

图 5-35 GE 公司的 LEAP 喷气发动机

NASA 马歇尔航天飞行中心（NASA's Marshall Space Flight Center）的研究人员于 2012 年将选择性激光熔化成形技术应用于多个型号航天发动机复杂金属零件样件的制造，如图 5-36 所示。

图 5-36 NASA 采用 SLM 技术制备发动机零部件

(a) 多通构件；(b) J-2X 燃气发生器导管；(c) RS-25 缓冲器

5.7.2 医学植入体

坎皮纳斯大学附属医院采用 SLM 技术，将钛金属材料用于颅骨重建手术并为一位头部有缺陷的患者实施了颅骨移植手术。

在牙科领域，3TRPD 公司采用 3T frameworks（3TRPD, Berkshire）生产商业化的牙冠牙桥。系统采用 3M Lava Scan ST 设计系统（3MEPSE，UK）和 EOS M270（EOS GmbH）来提供服务，周期仅为三天。Bibb 等人实现 SLM 工艺成形可摘除局部义齿（RPD），这表明从病人处获取扫描数据后自动制造 RPD 局部义齿是可行的，但是尚未商业化。国内如进达义齿等相关企业已经购置德国设备用于商业化牙冠牙桥直接制造，1 台设备即可替代月产万颗义齿的人工生产线。国内在前期研究中也针对患者每一个牙齿反求模型，然后通过 SLM 技术直接制造个性化牙冠、牙桥和舌侧正畸托槽，如图 5-37 所示。

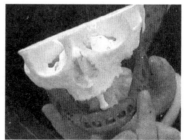

图 5-37 采用 SLM 技术制备的颅骨、下颌骨

5.7.3 模具制造

SLM 技术特殊的成形工艺能够优化成形件微观组织结构，提高致密度，其机械和物理

性能甚至比由锻造或铸造获得的模具更好。图 5-38 所示为 SLM 成形的模具。

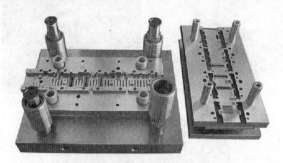

图 5-38　SLM 成形的模具

此外，SLM 技术在改善模具冷却效率、缩短成形周期以及提高制品品质方面，具有显著的优势。而利用其层层堆叠式的技术可生产兼具外型及内部复杂结构的模具，这不仅使得开模更加快速，而且对模具加工产生了革命性的变革，使其走向一体化，品质得到提升。Armillotta 等采用 SLM 技术成形了带有随形冷却通道的压铸模具，如图 5-39 所示。这种模具减少了喷雾冷却次数，提高了冷却速率，冷却效果更均匀，缩短了周期时间，并且避免了缩孔现象的发生。

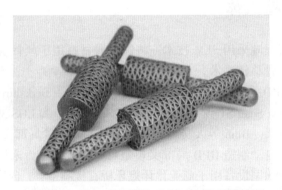

图 5-39　SLM 成形的随形冷却通道压铸模具

5.7.4　汽车零部件制造

一家名为 Czinger 的年轻汽车制造商则通过 SLM 为超级跑车 21C 制造了 3D 打印结构部件，如图 5-40 所示。21C 车型的很多部件都是用专利铝合金打印的，排气系统的一些部件是使用铬镍铁合金（一种能够很好地承受极端温度的金属）3D 打印出来的，A 柱的一部分（挡风玻璃两侧的结构）则是用钛金属 3D 打印而成的。

图 5-40　Czinger 公司利用 SLM 成形的超级跑车 21C 结构件

康明斯与 3rd Dimension 公司合作，快速而经济地为一辆老式赛车生产了一个新的发动机水泵外壳，该外壳在"Goodwood Festival of Speed"英国古德伍德速度节上亮相，如图 5-41 所示。SLM 成形的外壳与其他泵组件完美匹配，并在六次古德伍德爬坡赛中提供了全新的性能。

图 5-41　带叶轮组件的新型 3D 打印水泵及特别版赛车

● 思考与练习

1. 简述 SLM 工艺的基本原理。
2. SLM 和 SLS 工艺有什么区别？
3. SLM 常用的材料有哪些？
4. 举一个 SLM 在航空航天领域的应用。

第6章 熔融沉积成形工艺及应用

熔融沉积成形（Fused Deposition Modeling，FDM），又称熔融挤出成形（Melted Extrusion Modeling，MEM）、熔丝制造成形（Fused Filament Fabrication，FFF），是将熔化后半流动的低熔点材料（如石蜡、尼龙、ABS、PLA）通过喷头按CAD分层截面数据控制的路径挤压、沉积在指定的位置冷却凝固成形，逐层叠加成三维实体。FDM技术是光固化成形和叠层实体制造工艺后的另一种广泛应用的3D打印工艺方法。

6.1 概 述

6.1.1 工艺发展

Scott Crump于1988年首先提出了熔融沉积成形思想，并在同年成立了Stratasys公司。Stratasys公司于1992年推出了世界上第一台基于FDM技术的3D打印机"3D造型者（3D Modeler）"，标志着FDM技术进入商业阶段。从1993年开始，Stratasys公司先后推出了FDM1650、FDM2000、FDM3000和FDM8000等机型，图6-1为Stratasys公司的FDM1650机型。1998年，Stratasys公司推出的FDM-Quantum机型采用挤出头磁浮定位系统，可同时独立控制两个喷头，造型速度为过去的5倍，如图6-2所示。

Stratasys公司在1998年与MedModeler公司合作开发了专用于医学领域的MedModeler机型，该机型成形材料采用ABS材料，并于1999年推出可使用聚酯热塑性塑料的Genisys改进机型Genisys Xs。同年，Stratasys公司开发出水溶性支撑材料，有效解决了精细、复杂成形件支撑材料难以去除的问题，在FDM3000中得到应用。此后，Stratasys公司在其研发的FDM系列产品中均采用了双喷头技术，分别用于填充成形材料和水溶性支撑材料。

图 6-1　Stratasys 公司 FDM1650 机型　　图 6-2　Stratasys 公司 FDM-Quantum 机型

随着 FDM 技术专利到期及 FDM 技术的开源，该技术在我国得到迅速发展。国内从事 FDM 设备生产的厂家有近百家，大多厂家都是小型企业，主要生产桌面级 3D 打印机。北京太尔时代科技有限公司是我国首家从事研发、生产、销售桌面级和工业级 FDM 工艺 3D 打印机的企业，其 UP 系列机型是全球三大品牌之一。杭州先临三维科技股份有限公司的 Einstart 系列桌面级 3D 打印机可以满足快速打印和精细打印的不同需求。

6.1.2　工艺特点

与其他工艺相比，FDM 成形工艺具有以下优势。

1. 运行成本低，操作和维护简单

FDM 成形设备采用的是热熔型喷头挤出成形，不需要价格昂贵的激光器，其操作简单，不用定期调整，维护成本低。

2. 成形材料广泛

FDM 成形材料一般为低熔点热塑性材料，如 ABS、PLA、PC、石蜡、尼龙等。食品原料，如巧克力、面糊、奶酪、砂糖等也可利用 FDM 技术成形。

3. 环境友好，安全环保

FDM 所使用的热塑性材料在成形过程中无化学变化，不产生毒气，也不产生颗粒状粉尘，不会在设备中或附近形成粉末或液体污染。此外，FDM 成形材料可回收利用，实现循环使用。

4. 后处理简单

FDM 成形支撑一般采用水溶式和剥离式。水溶式支撑可以大大减少后处理时间，保证成形件的精度。剥离式支撑也仅需几分钟就可与原型剥离。

5. 易于搬运，适用于办公环境

目前桌面级 FDM 成形设备体积小巧，对环境几乎没有任何限制，可在办公环境中安装使用。

同样，FDM 成形工艺缺点也显而易见，主要有以下几点。

①FDM 成形件成形精度较低，成形件表面有较明显的条纹，不能成形对精度要求较高的零件。

②成形件在沿叠层方向的强度比较低，易发生层间断裂现象。

③需要设计和制作支撑结构，对于内部具有很复杂的内腔、孔等零件，去除支撑比较麻烦。

④由于采用喷头运动，且需对整个截面进行扫描填充，成形时间较长，不适合成形大型件。

6.2　FDM 成形工艺

6.2.1　基本原理

在计算机控制下，电动机驱动送料机构使丝材不断地向喷头送进，丝材在喷头中通过加热器加热成熔融态，计算机根据分层截面信息控制喷头沿一定路径和速度移动，熔融态材料从喷头中不断被挤出，随即与前一层黏结在一起。每成形一层，喷头上升一截面层的高度或工作台下降一个层的厚度，继续填充下一层，如此反复，直至完成整个实体造型，如图 6-3 所示。

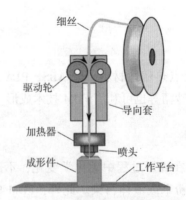

图 6-3　FDM 工艺成形原理示意

为了节省材料成本和提高成形效率，目前很多 FDM 设备采用双喷头设计，两个喷头分别成形模型实体材料和支撑材料，如图 6-4 所示。采用双喷头工艺可以灵活地选择具有特殊性能的支撑材料（如水溶材料、低于模型材料熔点的热熔材料等），以便成形后去除支撑。

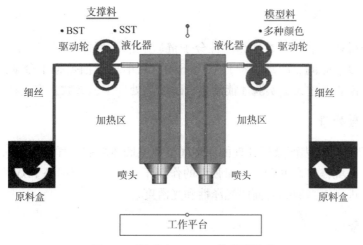

图 6-4 双喷头 FDM 工艺成形原理

6.2.2 后处理

FDM 后处理主要是对原型进行表面处理，除了去除支撑，还包括对模型的抛光打磨。去除支撑常使用的工具是锉刀和砂纸，不过在去除支撑的时候很容易伤到打印对象和操作人员。打磨的目的是去除零件毛坯上的各种毛刺、加工纹路，并且在必要时对机加工过程遗漏或无法加工的细节做修补。抛光的目的是在打磨工序后进一步加工，使零件表面更加光亮平整，产生近似于镜面的效果。主要抛光方法包括：机械处理、热处理、表面涂层处理和化学处理。

1. 机械处理

处理大型零件时，需要使用打磨机、砂轮机、喷砂机等设备，这样可节省大量时间。普通塑料件外观面最低需用 800 目水砂纸打磨 2 次以上。使用砂纸目数越高，表面打磨越细腻。

珠光处理（Bead Blasting）是另外一种常用的后处理工艺，可用于大多数 FDM 材料。它可用于产品开发到制造的各个阶段，从原型设计到生产都能用。珠光处理喷射的介质通常是很小的塑料颗粒，一般是经过精细研磨的热塑性颗粒。操作人员手持喷嘴朝着抛光对象高速喷射介质小珠从而达到抛光的效果。珠光处理一般比较快，5~10 分钟即可处理完成，处理过后产品表面光滑，有均匀的亚光效果，如图 6-5 所示。珠光处理一般是在一个密闭的腔室里进行的，对处理的对象有尺寸限制，而且整个过程需要用手拿着喷嘴，一次只能处理一个，因此不能用于规模应用。珠光处理还可以为对象零部件后续进行上漆、涂层和镀层做准备，这些涂层通常用于强度更高的高性能材料。

图 6-5 珠光处理

2. 热处理

每种高分子材料的结构（柔性和刚性分子链）和热学性能不尽相同，因而需要采用的热处理工艺（温度、时间、冷却过程）有所不同，目前这方面数据十分缺乏。即使是高分子专业人士，也需要经过大量实验才能给出合适的热处理工艺参数，实验耗时耗力。

3. 表面涂层处理

对 FDM 打印件进行表面涂层处理的原理同美甲或墙体粉刷一样。液态涂层填充 3D 打印件表面的间隙、凹坑，并在重力和表面张力的作用下流延，从而提高 FDM 打印件表面的均匀性和平滑性，进而提高制品表面的光泽性和光滑度。

4. 化学处理

化学处理是基于高分子物理中的溶解度参数理论。有机溶剂经高温加热或配置水溶液后，其对塑料件表面层有较好的相容性，蒸汽或水溶液溶解在塑料件表层，产生溶胀作用，使其达到均匀打磨效果。换而言之，溶剂处理可以在短时间内使 3D 打印品变成高质量的成品。

6.3　FDM 成形系统

FDM 成形系统如图 6-6 所示，其主要由机械系统和控制系统两部分组成。机械系统主要包括框架支撑系统、三轴运动系统、喷头打印系统等；控制系统主要由硬件系统和软件系统组成。

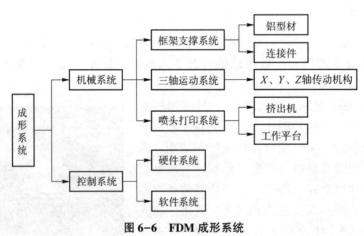

图 6-6　FDM 成形系统

6.3.1　运动机构

运动机构只完成扫描和喷头的升降动作，其精度决定了设备的运动精度。主流 FDM 成形设备主要采用两种结构：一是笛卡尔型，又称 XYZ 型或 Cartesian 型；二是并联臂型，又称 Delta 型或三角洲型，如图 6-7 所示。

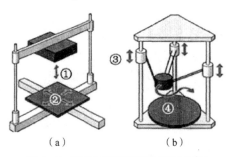

图 6-7 FDM 成形系统的运动机构

(a) 笛卡尔型；(b) 并联臂型

笛卡尔型 3D 打印机的机械结构与机加工中的数控铣床相似。图 6-7 中①表示喷头沿 Z 轴上下垂直运动，一般采用步进电动机带动两个丝杠。图 6-7 中②表示平台沿 X、Y 轴移动，一般采用步进电动机带动皮带轮和皮带，完成 Y 方向平台的前后往复运动和 X 轴喷头的左右往复运动。X、Y、Z 三轴运动都加入两根光杆作为导轨，减少了其在移动时产生的位移偏差。

并联臂型 3D 打印机，与上述笛卡尔型 3D 打印机的结构迥然不同。图 6-7 中③表示连杆将滑块与④打印机的喷头相连接，将滑块的运动转化为喷头的运动，通过连杆本身的刚度来完成对打印喷头的牵引，进而实现整个运动的控制。

6.3.2 挤出机构

根据塑化方式的不同，可以将 FDM 的挤出机构分为气压式、螺杆式和柱塞式。

1. 气压式

对于高熔点的热塑性复合材料，或对于一些不易加工成丝材的材料，如 EVA 材料等，采用传统 FDM 成形模型相当困难。气压式 FDM 无须专门的挤压成丝设备来制造丝材，工作时只需将热塑性材料直接倒入喷头的腔体内，依靠加热装置将其加热到熔融挤压状态，通过控制压缩气体控制喷头的喷射速度以及喷射量与原型零件整体制造速度的匹配，如图 6-8 所示。

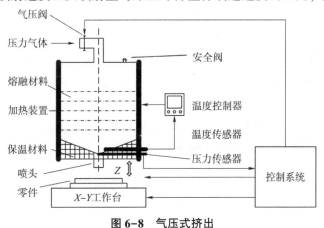

图 6-8 气压式挤出

气压式挤出方式对材料的黏度非常敏感。黏度低时，挤出阻力小，材料的挤出速度变快；黏度增高时，挤出速度变慢，甚至发生喷嘴堵塞。随着材料被挤出，剩余材料逐渐减少，气体空腔逐渐增大，气体的可压缩性和滞后性会导致材料在喷嘴的挤出环节出积滞后现象，响应速度变慢。

2. 螺杆式

螺杆式挤出则是指由滚轮作用将熔融或半熔融的物料送入料筒，在螺杆和外加热器的作用下实现物料的塑化和混合作用，并由螺杆旋转产生的驱动力将熔融物料从喷头挤出，如图6-9所示。螺杆式挤出不但可以提高成形效率和工艺的稳定性，而且拓宽了成形材料的选择范围，大大降低了材料的制备成本和储藏成本。

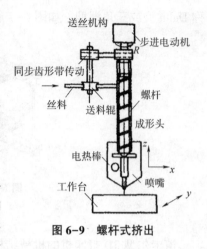

图6-9　螺杆式挤出

螺杆式挤出方式对材料的黏度变化比较敏感，螺杆长时间旋转会使料筒内部温度升高，导致材料黏度降低。在有材料换型需求的作业中，更换喷头非常麻烦，螺杆清洗十分困难，维护成本较高。

3. 柱塞式

柱塞式是由两个或多个电动机驱动的驱动轮（摩擦轮或皮带轮）提供驱动力，将丝料送入塑化装置熔化。其中后进的未熔融丝料充当柱塞的作用，驱动熔融物料经微型喷嘴挤出，如图6-10所示。相较于气压式挤出和螺杆式挤出，柱塞式挤出结构简单，方便日后维护与更换，且仅需一台步进电动机就可完成挤出功能，成本低廉。

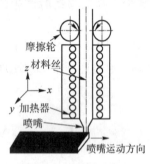

图6-10　柱塞式挤出

6.3.3　喷头

喷头是FDM系统的核心部件之一，是熔料通过的最后通道，其质量的优劣直接影响着成形件的质量。理想的喷头应该满足以下要求。

1. 材料能够在恒温下连续稳定地挤出

这是FDM对材料挤出过程的最基本的要求。恒温是为了保证黏结质量，连续是指材料的输入和输出在路径扫描期间是不间断的，这样可以简化控制过程和降低装置的复杂程度。稳定包括挤出量稳定和挤出材料的几何尺寸稳定两方面，目的都是保证成形精度和质量。本项要求最终体现在熔融的材料能无堵塞地挤出。

2. 材料挤出具有良好的开关响应特性以保证成形精度

FDM是由X、Y轴的扫描运动、Z工作平台的升降运动以及材料挤出相配合而完成的。

由于扫描运动不可避免地有启停过程，因此需要材料挤出也应该具有良好的启停特性，换言之就是开关响应特性。启停特性越好，材料输出精度越高，成形精度也就越高。

3. 材料挤出速度具有良好的实时调节响应特性

FDM 对材料挤出系统的基本要求之一就是要求材料挤出运动能够同喷头 XY 扫描运动实时匹配。在扫描运动起始与停止的加减速段，直线扫描、曲线扫描对材料的挤出速度要求各不相同，扫描运动的多变性要求喷头能够根据扫描运动的变化情况适时、精确地调节材料的挤出速度。另外，在采用自适应分层以及曲面分层技术的成形过程中，对材料输出的实时控制要求则更为苛刻。

4. 挤出系统的体积和质量需限制在一定的范围内

目前大多数 FDM 均采用 XY 扫描系统带动喷头进行扫描运动的方式来实现材料 XY 方向的堆积。喷头系统是 XY 扫描系统的主要载荷。喷头系统体积小，可以增大成形空间；质量轻，可以减小运动惯性，并降低对运动系统的要求，这也是实现高速（高速度和高加速度）扫描的前提。

5. 足够的挤出能力

提高成形效率是人们不断改进快速成形系统的原动力之一。实现材料的高速、连续挤出是提高成形效率的基本前提。目前，大多数 FDM 设备的扫描速度为 200~300 mm/s，因此要求喷头必须有足够的挤出能力来满足高速扫描的需要。实际上高精度直线运动系列的运动速度可以轻松达到 500 mm/s，甚至更高，但材料挤出速度是制约 FDM 速度不断提高的瓶颈之一。

6.4 FDM 成形材料

6.4.1 成形材料

FDM 材料属于热塑性材料，在材料熔点左右的温度下产生离散体之间的链接，通过一定的组分搭配，获得一定的流动性，以保证在成形过程中产生较小的内应力，从而减小零件的畸变。同时，它还必须具有一定的弯曲量和弯曲强度，从而易于制成丝、卷成卷，并在挤出时提供一定的强度，保证挤出熔融的材料。另外，FDM 材料还必须具有较低的黏性，这样才能产生较精确的路径宽度。

1. 材料的流动性

熔融沉积成形工艺要求材料具有低黏度，较好的流动性，这是为了降低熔融态材料在喷头中的流动阻力，使喷头顺利出丝；但是流动性太好，会使材料在喷头处出现堆积，产生

"火柴头"形貌,影响表面精度;流动性太差,喷头的送丝压力不足,会出现供丝不及时,导致相邻路径有空隙出现,也会影响制件精度。

2. 材料的熔融温度

具有较低熔融温度的材料在较低温度时即可从喷头挤出,这样有利于维护喷头与成形系统的寿命,并且可以节约能源,同时减少材料在挤出前后的温差,使材料成形前后热应力减小,避免热应力造成的翘曲变形与开裂现象。

3. 材料的机械性能

材料的机械性能主要要求材料具有较高的强度,尤其是单丝的抗拉强度、抗压强度和抗弯强度,避免在成形过程中由于供料辊之间的摩擦与拉力作用而发生断丝与弯折,造成成形过程终止。

4. 材料的收缩率

成形材料需要喷头内部保持一定的压力才能被顺利挤出,挤出前后材料会发生热胀冷缩。如果压力对材料的收缩率影响较大,会使喷嘴挤出的材料丝径与喷嘴的实际直径不一致,从而影响材料的尺寸精度与形状精度。FDM 成形材料的收缩率对温度也不能太敏感,否则会导致成形零件出现翘曲、开裂。

5. 材料的黏结性

FDM 制件的构建实质上是基于分层制造的工艺,因此,零件成形以后的强度取决于材料之间的黏结性。黏结性过低的材料,会导致成形件的层连接处出现开裂等缺陷。

6. 材料的制丝要求

丝状材料要求表面光滑、直径均匀、内部密实,无中空、表面疙瘩等缺陷,在性能上要求柔韧性好,所以应对常温下呈脆性的原材料进行改性处理,提高其柔韧性。

7. 材料的吸湿性

材料吸湿性高,会导致材料在高温熔融时因水分挥发而影响成形质量。所以,用于成形的材料丝应干燥保存。

目前,FDM 工艺成形材料基本上是聚合物,包括 ABS、聚乳酸(PLA)、石蜡、尼龙、聚碳酸酯(PC)、聚亚苯基砜(PPSF/PPSU)、聚醚酰亚胺(ULTEM)等。表 6-1 为 Stratasys 公司使用的成形材料及关键特征。部分 FDM 材料的性能指标见表 6-2。

表 6-1 Stratasys 公司使用的成形材料及其关键特征

材料	关键特征
ABS-M30	通用、耐用
ABSplus	通用、耐用
ABS-ESD7	抗静电耗散

续表

材料	关键特征
ABS-M30i	生物相容
ABSi	半透明
ASA	抗紫外线
PC	强韧（拉伸）
PC-ABS	强韧（冲击）
PC-ISO	生物相容
PLA	用于快速打印的生物塑料
ST-130	针对牺牲工具而设计
ULTEM 9085	机械性能出众
ULTEM 1010	食品安全与生物相容性认证，极高的耐热性
PPSF	高抗性（热/化学品）
FDM Nylon 12	强（高抗疲劳性）
FDM Nylon 12CF	最高的抗弯强度，最大的刚度-质量比
FDM Nylon 6	高强度（冲击），韧性（高抗疲劳性）
Antero 800NA	耐化学性、耐磨性、低除气
FDM TPU 92A	高弹性和伸长率

表 6-2 部分 FDM 成形材料的性能指标

材料	抗拉强度/MPa	抗弯强度/MPa	延伸率/%	玻璃化温度/℃
ABS	22	41	6	104
ABSi	37	62	4.4	116
ABSplus	36	58	4	108
ABS-ESD	36	61	3	108
ABS-M30i	36	61	4	108
PC	68	104	5	161
PC/ABS	34.8	59	4.3	125
PC-ISO	57	90	4	161
PPSF	55	110	3	230
ULTEM9085	71.6	115.1	6	186

6.4.2 支撑材料

支撑材料在制丝、收缩率和吸湿性方面的要求与成形材料一样，另外，它还需具备以下方面的性能。

1. 能承受一定高温

由于支撑材料要与成形材料在支撑面上接触，因此要求 FDM 成形的支撑材料在成形材料的高温下不发生分解与融化，否则会使成形件发生塌陷、变形等缺陷等。FDM 喷头挤出的丝径较细，冷却也较快，要求支撑材料能承受 100 ℃ 以下的温度即可。

2. 与成形材料不黏结，便于剥离

添加支撑结构是 FDM 成形方式的辅助手段，在构建完成后方便地从成形材料上将其去除，而不会破坏成形表面的精度，所以支撑材料黏结性可以低一些。

3. 具有水溶性或者酸溶性

对于具有很复杂的内腔、孔等细微结构的原型，为了便于后处理，可使用水溶性支撑材料，解决人手不能或者难以拆除的支撑，有效避免制件结构太脆弱而被拆坏的隐患，这种支撑还可以提高制件表面光洁度。

4. 流动性要好

由于支撑对成形精度要求不高，为了提高机器的扫描速度，要求支撑材料具有很好的流动性，相对而言，黏度可以低一些。

支撑材料有两种类型，一种是剥离性支撑，需要手动剥离零件表面支撑；另一种是水溶性支撑，可分解于碱性水溶液中。表 6-3 所示为 Stratasys 公司 FDM 系统使用的支撑材料。

表 6-3　Stratasys 公司 FDM 系统使用的支撑材料

FDM 系统	成形材料	支撑材料
Prodigy Plus™	ABS	水溶性
FDM Vantage™ i	ABS	水溶性
	PC	剥离性
FDM Vantage™ S	ABS	水溶性
	PC	剥离性
FDM Vantage™ SE	ABS	水溶性
	PC	剥离性
FDM Titan™	ABS	水溶性
	PC、PPSF	剥离性
FDM Maxum™	ABS	水溶性

6.5 FDM 成形制造设备

目前，最具代表性的 FDM 品牌有 Stratasys 公司的 FORTUS 系列、MakerBot 公司的 MakerBot Replicator 系列、北京太尔时代公司的 UP 系列以及杭州先临公司的 Einstart 系列等。其中，Stratasys 公司的 FDM 技术在国际市场上的占比最大。FORTUS 系列被称为"3D 生产系统"，覆盖从桌面级打印机到大型工业级打印机在内的多款设备。图 6-11、图 6-12 和图 6-13 分别为 Stratasys 公司的 UPRINT SE Plus、F370 和 FORTUS 450mc 三种机型。

MakerBot 公司作为个人级 3D 打印设备的领头羊企业，其推出的桌面级 3D 打印机 Replicator+可以打印高于 MakerBot Replicator 25%的模型，其采用更坚固的材料和更坚实的结构，重新设计了 Z 轴平台和龙门架，采用带附着面的折弯成形板，实现了较好的打印贴合，能更轻松取下模型，而不需要蓝色美纹纸胶带。图 6-14 所示为 MakerBot 的 Replicator+ 3D 打印机。

图 6-11 Stratasys 的 UPRINT SE Plus 3D 打印机

图 6-12 Stratasys 的 F370 3D 打印机

图 6-13 Stratasys 的 FORTUS 450mc 3D 打印机

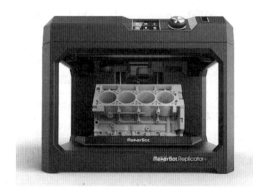

图 6-14 MakerBot 的 Replicator+ 3D 打印机

图 6-15 所示为北京太尔时代科技有限公司的 UP300 3D 打印机，它采用了新的双面构造板设计，可以更轻松地满足不同打印作业的要求。可移动的废料收集托盘位于构建平台下方，可以轻松清洁打印过程产生的废料。它允许网络上的多个用户成为队列的管理员，控制和重新排列打印队列。

图 6-16 所示为杭州先临公司的 Einstart-C 桌面级 3D 打印机。它可免 PC 操作,云端打印;可全自动对高调平,无须手动调整而直接打印;有声音提示,能反馈设备状态;采用全彩触摸显示屏,可直观便捷地操作。

图 6-15 北京太尔公司的 UP300 3D 打印机　　图 6-16 杭州先临公司的 Einstart-C 3D 打印机

国内外部分 FDM 制造设备的特性参数见表 6-4。

表 6-4　国内外部分 FDM 制造设备的特性参数

型号	生产商	材料	成形尺寸/(mm×mm×mm)	层厚/mm	外形尺寸/(mm×mm×mm)
Einstart-C	杭州先临	PLA	153×153×153	0.1、0.15、0.2、0.25、0.4	364×386×380
Einstart-P		PLA	153×153×153	0.1、0.15、0.2、0.25、0.4	364×386×380
Einstart-S		PLA	160×160×160	0.15~0.25	300×320×390
Einstart-D200		PLA、ABS	200×200×200	0.1~0.3	400×400×470
Einstart-D300		PLA、ABS	300×250×300	0.1~0.3	500×450×570
Einstart-D400		PLA、ABS	400×400×600	0.1~0.3	750×750×850
X5	北京太尔时代	PLA、ABS、TPU、ABS+	180×230×200	0.05~0.4	850×625×520
UP 300		PLA、ABS、TPU、ABS+	205×255×225	0.05~0.4	610×565×460
UP mini 2 ES		PLA、ABS、TPU、ABS+	120×120×120	0.15~0.35	255×365×385
UP BOX+		PLA、ABS、TPU、ABS+、尼龙、PET、ASA	255×205×205	0.1	493×517×493
UP Plus 2		PLA、ABS、TPU、ABS+、尼龙、PET、ASA	140×140×135	0.15	245×350×260

续表

型号	生产商	材料	成形尺寸/(mm×mm×mm)	层厚/mm	外形尺寸/(mm×mm×mm)
F120	Stratasys	PLA、ASA	254×254×254	0.178、0.254、0.33	
F170		PLA、ASA、ABS	254×254×254	0.127、0.178、0.254、0.33	1 626×864×711
F270		PLA、ASA、ABS	305×254×305	0.127、0.178、0.254、0.33	1 626×864×711
F370		PLA、ASA、ABS、PC-ABS	355×254×355	0.127、0.178、0.254、0.33	1 626×864×711
F900		PLA、ASA、ABS、PPSF、PC-ABS、PC、尼龙、ULTEM	914×610×914	0.127、0.178、0.254、0.33、0.508	2 772×1683×2 027
UPRINT SE Plus		ABSplus	203×203×152	0.127、0.178、0.254、0.33、0.508	635×660×787（单材料仓）635×660×940（双材料仓）
FORTUS 380mc		PLA、ASA、ABS、PC-ABS、PC、尼龙	355×305×305	0.127、0.178、0.254、0.33、0.508	1 270×901.7×1 984
FORTUS 450mc		PLA、ASA、ABS、PC-ABS、PC、尼龙、ULTEM	406×355×406	0.127、0.178、0.254、0.33、0.508	1 270×901.7×1 984
REPLICATOR+	MakerBot	PLA	295×195×165	0.1	528×441×410
Replicator Mini+		PLA	101×126×126	0.1	295×349×381
Replicator Z18		PLA	300×305×457	0.1	493×565×861
METHOD		PLA、PVA、Tough、PETG	190×190×196（单喷头）152×190×196（双喷头）	0.02~0.4	437×413×649

6.6 FDM 成形影响因素

FDM 工艺是一个包含 CAD/CAM、数控、材料、工艺参数设置及后处理的集成制造过程，每一环节都可以产生误差，从而影响成形件的精度及机械性能。误差按照产生的来源可分为原理性误差、工艺性误差和后处理误差，如图6-17所示。原理性误差是指成形原理及成形系统所产生的误差，它是无法避免和降低或者是消除成本较高的误差。工艺性误差是指成形工艺过程产生的误差，是可以改善且成本较低的误差。后处理误差是指成形件后处理过程中产生的误差。本节主要介绍工艺性误差。

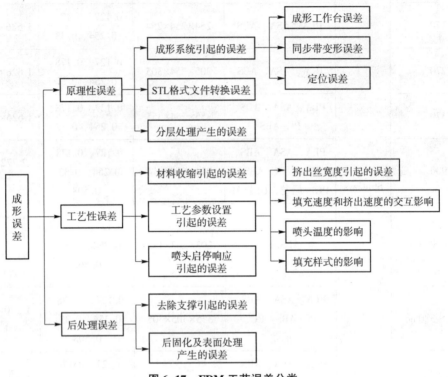

图6-17 FDM工艺误差分类

1. 材料收缩引起的误差

FDM成形工艺一般采用ABS、PLA及石蜡等工程材料，材料在成形过程中会经历固体—熔融体—固体的两次相变过程：一次是由固态丝状受热熔化成熔融态；另一次是由熔融态经过喷嘴挤出后冷却为固态。成形材料从熔融体到固体的相变过程中会出现收缩，其收缩形式主要表现为热收缩和分子取向收缩。这一过程不仅会影响尺寸精度，而且会产生内应力，以致出现层间剥离等现象。

1) 热收缩

热收缩是材料因其固有的热膨胀率而产生的体积变化，是收缩产生的最主要原因，由热收缩引起的收缩量为

$$\Delta L = \alpha \times L \times \Delta T \tag{6-1}$$

式中，α为材料的线膨胀系数，L为零件尺寸，ΔT为温差。

热收缩是产生零件尺寸误差和翘曲变形的主要原因，如图6-18所示，热收缩会使零件的外轮廓向内偏移、内轮廓向外偏移，从而引起很大的误差。

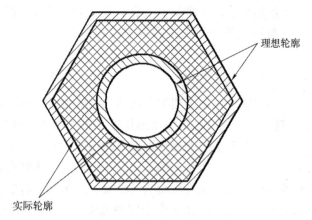

图 6-18 材料热收缩引起的误差

2) 分子取向收缩

分子取向收缩是由高分子材料取向引起的固有的收缩。在成形过程中，熔融态的成形材料分子沿着填充方向被拉长，随后冷却时又会收缩。由于高分子材料的取向作用，成形材料在沿填充方向上的收缩率大于与该方向垂直方向上的收缩率，从而导致材料产生尺寸误差。

沿填充方向和成形方向上成形材料的收缩率分别为

$$\Delta L_1 = \beta_1 \times \delta_1 \times \left(L + \frac{\Delta}{2}\right) \times \Delta t \tag{6-2}$$

$$\Delta L_2 = \beta_2 \times \delta_2 \times \left(L + \frac{\Delta}{2}\right) \times \Delta t \tag{6-3}$$

式中，β_1、β_2 为实际零件尺寸的收缩受成形形状、分层厚度、成形时间等因素的影响，按照经验估算，约为 0.3；δ_1、δ_2 分别为成形材料在填充方向、成形方向上的线膨胀系数；L 为零件在水平方向的尺寸；Δt 为温差；Δ 为零件的尺寸公差。

减小或补偿材料收缩引起的误差的措施主要有：选择收缩率较小的成形材料或对已有的成形材料进行改性处理，减小收缩率；成形前对其 CAD 模型进行预先尺寸补偿，在填充方向上，补偿 ΔL_1，在成形方向上，补偿 ΔL_2。

2. 成形工艺参数引起的误差

1) 挤丝宽度引起的误差

FDM 成形过程中，熔融态丝材从喷嘴挤出时具有一定的宽度，导致填充零件轮廓路径时的实际轮廓线部分超出理想轮廓线，如图 6-19 所示。所以在生成轮廓路径时，有必要对理想轮廓线进行补偿。

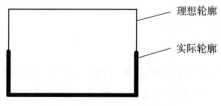

图 6-19 丝宽引起的误差

在实际加工时，挤出丝的形状、大小受喷嘴孔直径、切片厚度、挤出速度、填充速度、喷嘴温度、成形室温度及材料收缩率等很多因素的影响，所以，挤出丝的宽度为一个变化的量。

2) 挤出速度与填充速度的交互影响

挤出速度是指丝料挤出的速度，填充速度是指喷头系统的坐标系运动速度，挤出和填充是 FDM 成形过程中的一对协同运动，是影响成形精度的重要因素。FDM 成形过程中，如果填充速度远慢于挤出速度，由于喷头温度远高于挤出丝熔融温度，喷嘴周围的温度场会使已成形层再度熔融形成节瘤，影响成形质量。如果填充速度远快于挤出速度，会使喷头甚至成形设备产生振动，同时使材料填充不足，出现断丝现象，影响正常加工。

因此，挤出速度和填充速度之间应在一个合理的范围内匹配，当分层厚度、喷嘴直径、材料黏附系数及其他因素一定时，挤出速度与填充速度的比值处于不同范围，挤出丝会出现以下三种情况。

(1) $v_j/v_i < \alpha_1$：丝材在挤出后随喷头运动时被拉成细丝线，甚至出现断丝现象，不能形成完整的丝，在成形件表面出现空缺。

(2) $v_j/v_i \in [\alpha_1, \alpha_2]$：能正常出丝，为适用的成形速度范围。

(3) $v_j/v_i > \alpha_2$：丝宽逐渐增加，出现丝材堆积，成形件边缘出现严重变形，多余的材料黏附在喷嘴上，由于喷嘴的高温引起"碳化"，影响进一步加工。

其中，α_1 为成形时出现断丝现象的临界值；α_2 为出现黏附现象的临界值；v_j 为挤出速度；v_i 为填充速度。

3) 成形温度的影响

成形过程中温度的控制主要有两个方面：喷头温度和成形室温度。对于工作台采用热床的成形系统而言还包括热床温度。

(1) 喷头温度。

喷头温度会影响材料的黏结性能、沉积性能、流动性能和挤出丝宽等。喷头温度过高，成形材料处于熔融状态，熔融丝黏性系数变小，流动性增强，挤出量过快，难以控制其成形精度，且在沉积过程中前一层成形材料还未冷却凝固，后一层成形材料就沉积在前一层上，从而使前一层材料坍塌破坏。当喷头温度过低时，丝材挤出速度变慢，挤出材料的黏度增大，不仅加重挤出系统的负担，严重时会造成喷头堵塞，同时会使材料层间黏结强度降低，可能会引起层间剥离。

(2) 成形室温度。

成形室温度或热床温度对成形过程中材料的内应力有很大的影响，温度过高，有助于减小成形件的内应力，但成形件的表面容易起皱；温度过低，从喷头挤出的丝料在成形过程中冷却速度过快，热应力增大，成形件在成形过程中上一层完全冷却后下一层开始沉积，出现黏结不牢固，造成翘曲、开裂等现象。

4) 填充形式和填充率的影响

FDM 成形过程中，除了需要对其成形轮廓进行填充，还需对轮廓内部实体部分以一定的方式进行密集扫描填充，以生成实体形状。填充方式不仅影响成形件的表面质量和成形效率，且与成形件的内部应力也有很大的关系，根据要求选择合适的填充方式，可以有效减少成形过程中的翘曲等现象。FDM工艺填充方式主要有单向填充、多向填充、螺旋填充、偏置填充及复合填充等。

3. 延迟时间误差

延迟时间是指由于送丝机构的机械滞后及材料的黏性滞后等原因导致的时间延迟，包括出丝延迟时间和断丝延迟时间。当送丝机构开始送丝时，喷头同时开始填充，但由于信号处理时间、丝材的弹性滞后效应及丝材与喷嘴间的摩擦阻尼，喷嘴滞后一段时间出丝，把这段滞后时间称为出丝延迟时间。当送丝机构停止送丝时，喷头同时停止填充，但由于喷头内仍有丝材，在背压的作用下，丝材仍会被挤出，把从送丝机构停止送丝到喷头断丝的这段时间称为断丝延迟时间。

出丝延迟时间会造成制件的底层轮廓残缺，填充不足，导致制件底边翘曲和整体变形。断丝延迟时间会在制件表面产生瘤状物，降低制件的表面质量。

6.7　FDM的应用

FDM技术已被广泛应用于汽车、机械、航空航天、家电、通信、电子、建筑、医学、玩具等产品的设计开发过程，如产品外观评估、方案选择、装配检查、功能测试、用户看样订货、塑料件开模前校验设计以及少量产品制造等，也应用于政府、大学及研究所等机构。用传统方法需几个星期、几个月才能制造的复杂产品原型，用FDM成形无须使用任何刀具和模具，短时间内便可完成。

6.7.1　概念模型可视化

FDM技术能让学生在创新能力和动手实践能力上得到训练，将学生的创意、想象变为现实，培养学生的动手能力，从而实现学校培养方式的改革。老师们也可以通过3D打印机打印教具，比如分子模型、数字模型、生物样本、物理模型等。图6-20为FDM打印的分子模型。

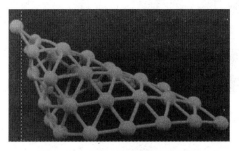

图6-20　FDM打印的分子模型

建筑可视化的传统做法是使用木材或泡沫板制作建筑的等比例模型。这使得建筑师可以看到建筑在实际空间中如何矗立，以及是否存在可以改正的问题。而3D打印结合了计算机模拟的精确性和等比例模型的真实性，能够有效降低设计成本和开发时间，同时通过等比例的模型可以对建筑进行改良，增加安全性和合理性。图 6-21 所示为利用 FDM 技术打印的建筑模型。

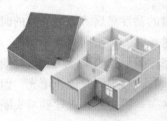

图 6-21　FDM 打印的建筑模型

3D 打印的模型允许在开发流程期间就对人体工程学性能进行精确的测试。通过 3D 打印技术，设计人员可以创作出逼真的模型，再现产品每个单独部件的物理特性。在多次测试周期期间可以对材料进行修改，从而实现在将产品全面投入生产前对其人体工程学方面进行优化。图 6-22 所示为 FDM 打印的符合人体工程学的键盘和医疗康复辅具。

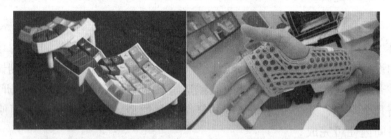

图 6-22　FDM 打印的符合人体工程学的键盘和医疗康复辅具

FDM 技术可以将二维 CT 图形转换为三维实体模型，可以直观地呈现出病变部位，有助于进行手术分析、术前规划及医患交流，例如骨骼骨折手术中对受损骨骼的校正，利用三维模型可以模拟手术过程，确定最佳治疗方案。图 6-23 所示为 FDM 打印的手术导板和下颌骨。

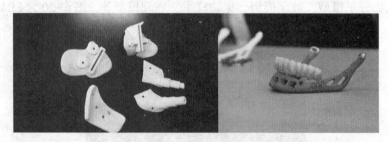

图 6-23　FDM 打印的手术导板和下颌骨

6.7.2　性能和功能测试

利用 FDM 技术获得的原型本身具有耐高温、耐化学腐蚀等性能，在产品设计初期就能够用于性能和功能参数试验与研究，如机构运动分析、流动分析、应力分析、流体和空气动力学分析等，以改进最终的产品设计参数。图 6-24、图 6-25 所示分别为 FDM 打印的功能性原型零件、游戏手柄外壳和眼镜架。

图 6-24　FDM 打印的功能性原型零件

图 6-25　FDM 打印的游戏手柄外壳和眼镜架

6.7.3　装配校验

利用 FDM 技术能够在新产品投产之前制造出零件原型，然后进行试安装，以便验证设计的合理性，及时发现安装工艺与装配中出现的问题，以便快速、方便地纠正设计中出现的问题。图 6-26 所示为利用 FDM 技术对耳机、水壶、洒水器进行装配验证。

图 6-26　利用 FDM 打印的耳机、水壶、洒水器构建进行装配验证

6.7.4 制造原型零件

ABS 原型强度可以达到注塑零件的三分之一，PC、PC/ABS、PPSF 等材料的强度已经接近或超过普通注塑零件，可在某些特定场合下直接使用。

目前大部分 ABSi 的用户为汽车行业设计者，ABSi 主要应用在制作汽车尾灯原型及其他需要让光线穿透的部件。图 6-27 所示为汽车尾灯原型和利用 FDM 技术打印的用于空客直升机的部件。

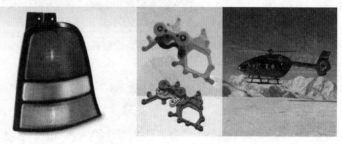

图 6-27　汽车尾灯原型和空客直升机的部件

美国弗吉尼亚大学工程师大卫·舍弗尔和工程系学生史蒂芬·伊丝特、乔纳森·图曼共同研制出了一架利用 FDM 技术打印而成的无人飞机。这个飞机使用的原料是 ABSplus 塑料，它的机翼宽约 1.98 m，由打印零件装配构成，该架 3D 打印的飞机模型可用于教学和测试。舍弗尔声称，五年前为了设计建造一个塑料涡轮风扇发动机需要两年时间，而且成本很高。但是使用 3D 技术，设计和建造这架 3D 飞机仅用了 4 个月时间，成本大大降低。图 6-28 所示为 FDM 打印的无人机。

哈雷·戴维森旗下的 Softail 摩托车车架是利用 FDM 技术打印的。该摩托车重约 113.4 kg，经测试可承受约 181.4 kg 的质量，配备了 750W1HP 的电动机，能够以 15 mile① 的时速轻松承载普通体重的成人骑行 20 多分钟，其制造成本为 25 000 美元。图 6-29 所示为 Softail 摩托车。

图 6-28　FDM 打印的无人机

图 6-29　Softail 摩托车

艺术品是根据设计者的灵感，构思设计加工出来的。随着计算机技术的发展，新一代的

---

① 1 mile≈1.61 km。

艺术家及设计师,不需要整天埋头于工作间去亲手制造艺术作品。他们现在可以安坐于家中,用 CAD 软件创造出心目中的艺术品,然后再以 3D 打印技术把艺术品一次性打印出来,这样,可以极大地简化艺术创作和制造过程,降低成本,更快地推出新作品。图 6-30 所示的模型是用 FDM 工艺制作的艺术品。

图 6-30　透明灯饰

6.7.5　快速模具的母模

丰田公司采用 FDM 工艺制作右侧镜支架和四个门把手的母模,使得 2 000 Avalon 车型的制造成本显著降低,右侧镜支架模具成本降低 20 万美元,四个门把手模具成本降低 30 万美元。

Mizuno 是世界上最大的综合性体育用品制造公司,公司计划开发一套新的高尔夫球杆,这通常需要 13 个月的时间。FDM 的应用大大缩短了这个过程,设计出的新高尔夫球头用 FDM 制作后,可以迅速地得到反馈意见并进行修改,大大加快了造型阶段的设计验证,一旦设计定型,FDM 最后制造出的 ABS 原型就可以作为加工基准在 CNC 机床上进行钢制母模的加工。新的高尔夫球杆整个开发周期在 7 个月内就全部完成,减少了 40%的时间。

福特公司常年需要部件的衬板,在部件从一个厂到另一个厂的运输过程中,衬板用于支撑、缓冲和防护。衬板的前表面根据部件的几何形状而改变。福特公司一年间要采用一系列的衬板,一般地,每种衬板改型要花费上千万美元和 12 周的时间。采用 FDM 工艺后,仅需要花 5 周时间和一半的成本,而且制作的模具至少可生产 3 万套衬板,如图 6-31 所示。

图 6-31　福特车门衬板

● 思考与练习

1. 简述 FDM 工艺的工作原理。
2. 简述 FDM 成形系统的组成。
3. FDM 对成形材料和支撑材料的性能有哪些要求?
4. FDM 工艺影响因素有哪些?
5. FDM 工艺常用的后处理方法有哪些?
6. 简述 FDM 工艺的优缺点。

第7章 三维印刷成形工艺及应用

20世纪90年代初,液滴喷射技术受到从事快速成形工作的国内外人员的广泛关注,逐渐发展出了三维印刷成形(Three Dimensional Printing,3DP)工艺。3DP工艺是以某种喷头作为成形源的,其运动方式与喷墨打印机的打印头类似,相对于工作台台面做XY平面运动,所不同的是喷头喷出的不是传统喷墨打印机的墨水,而是黏合剂、熔融材料或光敏树脂等,基于离散/堆积原理的建造模式,实现三维实体的快速成形。

7.1 概 述

7.1.1 工艺发展

1989年,麻省理工学院(MIT)的Emanual Sachs申请了3DP专利,该专利是成形材料微滴喷射成形范畴的核心专利之一。1992年,Emanual Sachs等人利用平面打印机喷墨的原理成功喷射出具有黏性的溶液,再根据三维打印的思想以粉末为打印材料,最终获得三维实体模型。1995年,即将离校的学生Jim Bredt和Tim Anderson在喷墨打印机的原理上进行了改进,他们没有把墨水挤压在纸上,而是把溶剂喷射到粉末所在的加工床上,基于以上的工作和研究成果,麻省理工学院创造了"三维印刷"一词。从1997年至今,美国Z Corporation公司推出了一系列三维印刷成形设备。

3DP技术自出现以来,得到了国内外的广泛关注。在三维印刷成形零件的性能、打印材料、黏合剂和设备方面均有大量研究。Crau等人研究打印出粉浆浇注的氧化铝陶瓷模具,与传统烧制而成的陶瓷模具相比,三维印刷成形工艺打印出来的强度更高,耗时更短,而且还可以控制粉浆的浇注速度。Yoo等人将松散的氧化铝陶瓷粉末打印成一个模型,得到模型后通过一些其他的加工工艺提高了模型的致密度，采用三维打印快速成形法最后得到的陶瓷制品的性能和传统加工方法制得的相当，此模型的致密度为 50%~60%。Lam 等人以淀粉基聚合物为原料，用水作为黏合剂，打印出一个支架。Lee 等人打印出三维石膏模具，其孔隙均匀，连通性好。Moon 等人发现黏合剂的相对分子质量需小于 15 000——黏合剂对最后成形的模型参数的影响，使得三维打印模型的应用领域有了很大扩展。2000 年，美国加州大学 OrmeM 等人所开发的设备样机可应用于电路板印刷、电子封装等半导体产业。同年，美国 3D Systems 公司研制出多个热喷头三维打印设备，该打印机的热塑性材料价格低廉，易于使用。以色列 Objet Geometries 公司推出了能够喷射第二种材料的 Objet Quadra 三维打印设备。

国内学者也很关注基于喷射技术的三维印刷成形工艺，并在一些研究方向上形成了自己的特色。中国科学技术大学自行研制的八喷头组合液滴喷射装置，有望在光电器件、材料科学以及微制造中得到应用。西安交通大学卢秉恒等人研制出一种基于压电喷射机理的三维印刷成形机的喷头。清华大学颜永年等人提出了一种以水作为成形材料、以冰点较低的盐水作为支撑材料的低温冰型 3D 打印技术。颜永年等人还以纳米磷灰石胶原复合材料和复合骨生长因子作为成形原料，采用液滴喷射成形的方式制造出了多孔结构、非均质的细胞载体支架结构。华中理工大学的马如震等人阐述了基于微小熔滴快速成形技术的加工工艺和成形方法。谢永林等人研发了的一款具有自主知识产权的热发泡喷头，打印宽度 102 mm，分辨率 1 200 dpi（dpi，每英寸所打印的点数），最小墨滴 4 PL（1 PL=10^{-15} m^3），号称"中国第一款工业级热发泡喷头"。除此之外，南京师范大学杨继全等人、淮海工学院杨建明等人在 3DP 成形工艺方面均有深入研究。

7.1.2　工艺特点

3DP 成形制造技术将固态粉末黏结成三维实体零件的过程与传统制造技术比较具有如下优点：

（1）无须复杂昂贵的激光系统，成本低。

（2）可使用多种粉末材料，如高分子材料、陶瓷、金属、石膏、淀粉以及各种复合材料，还可以使用梯度功能材料。

（3）成形速度快。成形喷头一般具有多个喷嘴，成形速度比采用单个激光头逐点扫描快得多。

（4）不需支撑，成形过程中不需要单独设计和制作支撑结构，多余的粉末起支撑作用，因此尤其适合于制作内腔复杂的原型制件。

（5）成形过程无污染，成形过程中无大量热产生，无毒无污染，环境友好。

（6）可采用各种色彩的黏合剂，可以制作彩色原型，这是三维印刷成形工艺最具竞争力的特点之一。

但是，3DP 成形制造技术在制造模型时也存在如下缺点：

（1）精度和表面质量较差。受到粉末材料特性的约束，原型件精度和表面质量有待提高。

（2）原型件强度低。由于黏合剂从喷嘴中喷出，黏合剂的黏结能力有限，原型的强度较低，只能做概念模型。

（3）原材料成本高。只能使用粉末材料，由于制造相关粉末材料的技术比较复杂，原材料（粉末、黏合剂）价格昂贵。

7.2 3DP 成形工艺

7.2.1 基本原理

3DP 工艺基于喷射技术，从喷嘴喷射出液态微滴或连续的熔融材料束，按一定路径逐层堆积成形。3DP 与 SLS 工艺类似，采用粉末材料，区别是 3DP 不是将材料熔融，而是通过喷射黏合剂将材料黏结起来，其工艺原理如图 7-1 所示。3DP 技术采用的喷头工作原理类似于平面打印机的打印头，不同点在于除了喷头在做 XY 平面运动外，工作台还沿 Z 轴方向进行垂直运动。喷头在计算机控制下，按照截面轮廓的信息，在铺好的一层粉末材料上，有选择性地喷射黏合剂，使部分粉末黏结，形成截面层。一层完成后，工作台再下降一个层厚，铺粉，喷射黏合剂，进行下一层的黏结，如此循环形成产品原型。未被喷射黏合剂的材料还是呈干粉状态，在成形过程中起支撑作用，成形结束后比较容易去除，而且还能回收再利用。

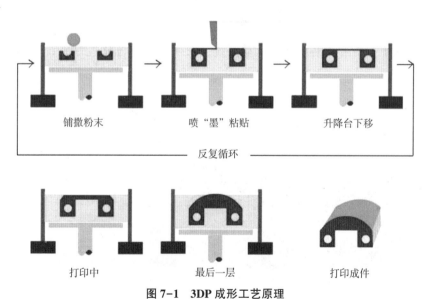

图 7-1 3DP 成形工艺原理

7.2.2 后处理

在 3DP 成形工艺中，打印完成后的模型（原型件）是完全埋在成形槽的粉末材料中的。

一般需待模型在成形槽的粉末中保温一段时间后方可将其取出，如图7-2所示。在进行后处理操作时，操作人员要小心地把模型从成形槽中挖出来，用毛刷或气枪等工具将其表面的粉末清理干净。

图7-2 3DP后处理

用黏合剂黏结的原型件强度较低，在压力作用下会粉碎，所以可以进行渗蜡、涂乳胶或环氧树脂等固化渗透剂以提高其强度。也可以进行高温烧结，首先烧掉黏合剂，然后在高温下渗入金属，使模型或零件表面致密化，以提高强度。还可以根据制件的使用要求对渗蜡、固化、烧结后的制件进行打磨、抛光等处理，以消除制件表面颗粒感，增强光洁度，提高制件的表面质量。

7.3 3DP成形系统

3DP成形系统主要由喷墨系统、运动系统、粉末供给系统和控制系统等结构组成，如图7-3所示。

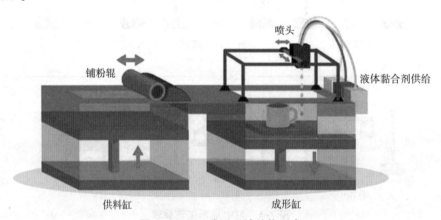

图7-3 3DP成形系统结构示意

喷墨系统主要包括墨盒、墨路以及打印喷头三大部分。运动系统主要包括成形缸运动、供料缸运动、Y向运动及其与X向运动的匹配、铺粉辊运动等运动控制。粉末供给系统主要完成粉末材料的储存、铺粉、回收、刮粉和粉末材料的真空压实等功能。

7.3.1 喷墨系统

3DP 工艺的喷射技术可分为连续式喷射（Continuous Ink Jet，CIJ）和按需滴落式（Drop-on-demand，DOD）两大类。连续式喷射根据偏转形式的不同可分为等距离偏转式和不等距离偏转式；按需滴落式按其驱动方式的不同可分为压电式、热发泡式、超声聚焦式、气动式、机械式、电磁式等，如图 7-4 所示。

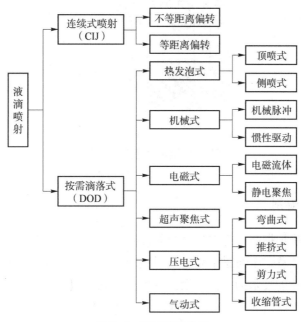

图 7-4 液滴喷射分类

1. 连续式喷射技术

连续式喷射原理如图 7-5 所示。在连续式喷射模式中，液滴发生器中振荡器发出振动信号，产生的扰动使射流断裂并生成均匀的液滴；液滴在极化电场中获得定量的电荷，当通过外加偏转电场时，液滴落下的轨迹被精确控制，液滴沉积在预定位置。而不带电的墨滴将积于集液槽内回收。图 7-6 所示为连续式喷墨头典型结构。

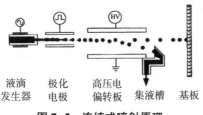

图 7-5 连续式喷射原理

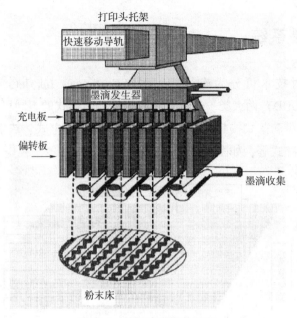

图 7-6 连续式喷墨头结构

2. 按需滴落式喷射技术

按需滴落式喷射是根据需要有选择地喷射微滴,即根据系统控制信号,在需要产生喷射液滴时,系统给驱动装置一个激励信号,喷射装置产生相应的压力或位移变化,从而产生所需要的微滴。按需式喷射技术的优点是微液滴产生时间精确可控,不需要液滴回收装置,液滴的利用率高。按需滴落式喷射原理如图 7-7 所示。按需滴落式喷射模式既节约了成本又有较高的可靠性,现在的 3DP 设备都使用这种模式。

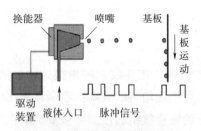

图 7-7 按需滴落式喷射原理

常用的按需滴落式喷射技术主要有热发泡式和压电式两种。图 7-8(a)为热发泡式喷射的原理图,图 7-8(b)为压电式喷射原理图。热发泡式喷射技术和压电式喷射技术都需要克服溶液的表面张力,压电式是利用压电陶瓷在电压作用下变形的特征,使溶液腔内的溶液受到压力;热发泡式是使在短时间内受热温度快速上升至 300 ℃ 的胶水溶液汽化产生气泡。压电式对产生的液滴有很强的控制效果,适合于高精度打印。喷射模式选择更多的是压电式,其参数如表 7-1 所示。

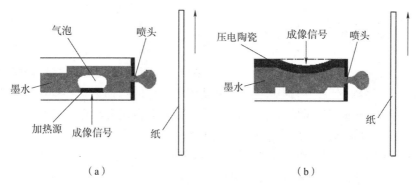

图 7-8 热发泡式与压电式喷射原理比较
(a) 热发泡式；(b) 压电式

表 7-1 常用喷射技术性能比较

喷射类型 喷射性能	连续式喷射技术	按需滴落式喷射技术	
		热发泡式	压电式
黏度/cps	1~10	1~3	5~30
最大液滴直径/mm	≈0.1	≈0.035	≈0.03
表面张力/(dyn·cm^{-1})	>40	>35	>32
Re 数	80~200	58~350	2.5~120
We 数	87.6~1 000	12~100	2.7~373
速度/(m·s^{-1})	8~20	5~10	2.5~20

根据压电元件和液体腔的形状结构不同，压电式按需滴落喷头有四种结构形式，即挤压式、弯曲式、剪力式和推挤式，其中，弯曲式压电喷头较为常用，如图 7-9 所示。

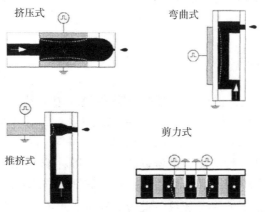

图 7-9 压电式喷射的四种结构形式

7.3.2 运动系统

XYZ 运动是 3DP 工艺进行三维制件的基本条件。图 7-10 所示的 3DP 系统结构中，X、Y 轴组成平面扫描运动框架，由伺服电动机驱动控制喷头的扫描运动；伺服电动机驱动控制工作台做垂直于 XY 平面的运动。扫描机构几乎不受载荷，但运动速度较快，具有运动的惯性，因此具有良好的随动性。Z 轴应具备一定的承载能力和运动平稳性。在成形过程中，Z 轴运动包括成形槽下降和供粉槽上升两个部分。每完成一层截面的加工，成形槽下降一层高度，供粉槽上升一层高度，再铺设一层新的粉末。

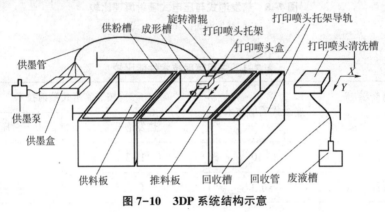

图 7-10　3DP 系统结构示意

7.4　3DP 成形材料

胶黏剂液体有单色和彩色之分，它可以像彩色喷墨打印机打印出全彩色产品一样，用于打印彩色实物、模型、立体人像、玩具等，尤其是塑料粉末打印的物品具有良好的力学性能和外观。将来成形材料应该向各个领域的材料发展，不仅可以打印粉末塑料类材料，也可以打印食物类材料。

7.4.1 粉末材料

3DP 成形材料来源广泛，包括金属粉末、陶瓷粉末、塑料粉末、干细胞溶液、石膏、砂子、各种复合材料，以及功能梯度材料等。3DP 成形工艺要制作出模型精度和表面质量都较好且不易变形的模型制件，粉末材料必须满足以下几个方面的要求。

（1）打印材料粉末的颗粒形貌尽量接近圆球形或圆柱形，且粒径大小需适中。圆球形或圆柱形颗粒的移动能力较强，便于粉末的铺展，同时圆球或圆柱形状更有利于黏合剂在粉末间隙流动，可提高黏合剂的渗透速度。此外，粉末粒度对 3D 打印效果的影响也较为明显，若粉末粒径太大，流动性虽好，但会影响产品的外观，且会降低粉末的比表面积，从而使可施胶面积下降，影响黏结强度。若粉末粒径太小，流动性就差，黏合剂渗透难度增加，渗透时间延长,打印效率下降,但所得制件的表面质量和塑性较好。一般 3DP 成形工艺所用粉末的粉末粒度在 50~125 μm。工程上粉体的等级及相应的粒度范围见表 7-2。

表 7-2 工程上粉体的等级及相应的粒度范围

粉体等级	粒度范围
粒体	大于 10 mm
粉粒	100 μm~10 mm
粉末	1~100 μm
细粉末或微粉末	10 nm~1 μm
超微粉末(纳米粉末)	小于 10nm

(2) 粉末材料尽量不含杂质,以免堵塞喷头。
(3) 具有一定的质量,以免黏合剂喷射在粉末材料表面后出现凹凸不平的小坑或飞溅等现象,从而造成模型表面质量的下降。
(4) 能迅速与喷涂的黏合剂相互黏结并快速固化。
表 7-3 是 Objet 公司生产的部分材料的物性指标。

表 7-3 Objet 公司生产的部分材料的物性指标

型号	指标			
	基本特征	抗拉强度/Mpa	延伸率/%	邵氏硬度
RGB5160-DM	类 ABS	55~60	—	85~87 D
RGD525	耐高温	70~80	10~15	87~88 D
FullCure720	透明	50~65	1~25	83~86 D
FullCure840	非透明	50~60	15~25	83~86 D
FullCure430	类 PP	20~30	40~50	74~78 D
MED610	透明	50~65	10~25	83~86 D
FullCure980 & FullCure930	类橡胶	0.8~1.5	170~220	26~28 A
FullCure970		1.8~2.4	45~55	60~62 A
FullCure950		3~5	45~55	73~77 A

7.4.2 黏合剂

3DP 成形工艺对黏合剂材料有以下基本要求。

(1) 黏合剂必须和打印材料粉末具有很好的界面相容性和渗透性。3DP 中大多使用聚合物树脂作为黏合剂,其与强极性的金属、陶瓷及无机材料等粉末的极性差别较大,因此两者界面相容性较差,黏结效果差。因此这些材料粉末在使用前常常会以偶联剂或表面活性剂来进行表面处理,以降低表面极性,同时也会尽量选择环氧等极性较强,与金属、陶瓷及无机等材料界面相容性和渗透性较好的树脂作为黏合剂。

(2) 分子结构较为稳定，易于长期保存。

(3) 黏合剂表面张力较高，而黏度较低，易于粉末材料的快速黏结。可以选择一些可以通过光照、加热或溶剂挥发实现固化反应的预聚体或分子量较小的树脂作为黏合剂，以减小黏合剂的黏度。

(4) 黏合剂对喷头没有腐蚀作用。

(5) 黏合剂中应添加少量抗固化成分，以增强流动性，实现黏合剂的快速渗透和润湿。

3DP 成形工艺所使用的黏合剂总体上大致分为液体和固体两类，而目前液体黏合剂应用较为广泛。液体黏合剂又分为以下几个类型：一是自身具有黏结作用的，如 UV 固化胶；二是本身不具备黏结作用，而是用来触发粉末之间的黏结反应的，如去离子水等；三是本身与粉末之间会发生反应而达到黏结成形作用的，如用于氧化铝粉末的酸性硫酸钙黏合剂。

目前常用的黏合剂和添加剂情况如表 7-4 所示。

表 7-4　3DP 成形工艺常用黏合剂

黏合剂		添加剂	应用粉末类型
液体黏合剂	不具备黏结作用：如去离子水	甲醇、乙醇、聚乙二醇、丙三醇、柠檬酸、硫酸铝钾、异丙醇等	淀粉、石膏粉末
	具有黏结作用：如 UV 固化胶		陶瓷粉末、金属粉末、砂粉、复合材料粉末
	与粉末反应：如酸性硫酸钙		陶瓷粉末、复合材料粉末
固体粉末黏合剂	聚乙烯醇（PVA）粉、糊精粉末、速溶泡花碱等	柠檬酸、聚丙烯酸钠、聚乙烯吡咯烷酮（PVP）	陶瓷粉末、金属粉末、复合材料粉末

7.5　3DP 成形制造设备

美国 Z Corporation 公司于 1995 年获得 MIT 的许可，自 1997 年以来陆续推出了一系列 3DP 打印机，后来该公司被 3D Systems 收购。图 7-11 为 Z Corporation 公司生产的 ZPrinter650 全彩 3D 打印机，它主要以高性能复合材料为粉末原料，将黏结溶液喷射到粉末层上，逐层黏结成形所需原型制件。

图 7-12 是 Stratasys 公司生产的 Stratasys J750 型打印机，它能够实现全彩色打印，具有较高的成形质量和精度，层薄可达 14 μm，大约是人体皮肤细胞的一半宽度。此外，新一代的打印头喷嘴数量翻倍，加快了打印速度，提高了打印质量。国外部分 3DP 制造设备的特性参数见表 7-5。

图 7-11 ZPrinter650 全彩 3D 打印机

图 7-12 Stratasys J750

表 7-5 国外部分 3DP 制造设备的特性参数

型号	生产商	成形尺寸/(mm×mm×mm)	分辨率/dpi	喷头数
ZPrinter250	Z Corporation	236×185×127	300×450	604
ZPrinter150		236×185×127	300×450	304
ZPrinter350		203×254×203	300×450	304
ZPrinter650		254×381×203	650×540	1 520
Spectrum Z510		254×356×203	600×540	4（打印头）
ZPrinter310 Plus		203×254×203	300×450	1（打印头）
ZPrinter450		1 220×790×1 400	300×450	604
Stratasys J750	Stratasys	490×390×200	X：600 Y：600 Z：1 800	
Connex260	Objet	255×252×200	X：600 Y：600 Z：1 600	8（打印头）
Connex350		342×342×200	X：600 Y：600 Z：1 600	8（打印头）
Connex500		490×390×200	X：600 Y：600 Z：1 600	8（打印头）
Eden260		260×260×200	X：600 Y：600 Z：1 600	8（打印头）
Eden350		350×350×200	X：600 Y：600 Z：1 600	8（打印头）
Eden500V		500×400×200	X：600 Y：600 Z：1 600	8（打印头）

3DP 成形同样受到国内学者的关注。西安交通大学、天津大学、清华大学、中国科学技术大学、华中理工大学等国内高校对 3DP 工艺开展了深入研究,并在一些领域形成了自己的特点,开发了自主研究平台,目前国内的 3DP 商业化设备主要是砂型打印设备,图 7-13 所示是广东峰华卓立科技股份有限公司生产的 PCM1800 砂型打印机,图 7-14 所示是北京隆源自动成形系统有限公司生产的 AFS-J1600 砂型打印机。国内部分 3DP 砂型打印机设备特征参数见表 7-6。

图 7-13　PCM1800 砂型打印机

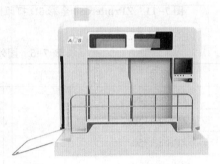

图 7-14　AFS-J1600 砂型打印机

表 7-6　国内部分 3DP 砂型打印设备的特性参数

型号	特性参数			
	生产商	成形尺寸/(mm×mm×mm)	分辨率/dpi	喷头数
PCM2200	广东峰华卓立	2 200×1 000×800	300×400 或 400×400	4×1024P
PCM1800		1 800×1 000×700	300×400 或	4×1024P
PCM1200		1 200×1 000×600	400×400	4×1024P
PCM800		800×750×500	300×400 或	2×1024P
PCM300		300×250×250	400×400	1×1024P
AFS-J1600	北京隆源	1 600×800×600	400	

7.6　3DP 成形影响因素

为了提高 3DP 成形系统的成形精度,加快成形速度,保证成形的可靠性,需要对系统的工艺参数进行整体优化。这些参数包括:喷头到粉层的距离、粉末层厚、喷射和扫描速度、辊子运动参数、每层成形时间等。

1. 喷头到粉层距离

此数值直接决定打印的成败,若距离过大则胶水液滴易飞散,无法准确到达分层相应位置,降低打印精度;若距离过小则冲击分层力度过大,使粉末飞溅,容易堵塞喷头,直接导致打印失败，而且影响喷头使用寿命。一般情况下，该距离在 1~2 mm 效果较好。

2. 粉末层厚

每层粉末的厚度等于工作平面下降一层的高度，在工作台上铺粉的厚度应等于层厚。当表面精度或产品强度要求较高时，层厚应取较小值。在三维印刷成形中，黏合剂与粉末空隙体积之比即饱和度，它对打印产品的力学性能影响很大。饱和度的增加在一定范围内可以明显提高制件的密度和强度，但是饱和度大到超过合理范围时打印过程变形量会增加，高于所能承受范围，使层面产生翘曲变形，甚至无法成形。饱和度与粉末厚度成反比，厚度越小，层与层黏结强度越高，产品强度越高，但是会导致打印效率下降，成形的总时间成倍增加。根据粉末材料特点，层厚在 0.08~0.2 mm 效果较好，一般小型模型层厚取 0.1 mm，大型层厚取 0.16 mm。此外由于是在工作平面上开始成形，在成形前几层时，层厚可取稍大一点，便于成形件的取出。

3. 喷射和扫描速度

喷头的喷射模式和扫描速度直接影响到制件成形的精度和强度，较慢的喷射速度和扫描速度可提高成形的精度，但是会增加成形时间。喷射和扫描速度应根据制件精度、制件表面质量、成形时间和层厚等因素综合考虑。

4. 辊子运动参数

铺覆均匀的粉末在辊子作用下流动。粉末在受到辊轮的推动时，粉末层受到剪切力作用而相对滑动，一部分粉末在辊子推动下继续向前运动，另一部分在辊子底部受到压力变为密度较高、平整的粉末层。粉末层的密度和平整效果除了与粉末本身的性能有关，还与辊子表面质量、辊子转动方向，以及辊子半径 R、转动角速度 ω、平动速度 v 有关。经过理论分析和实验验证可知：

(1) 辊轮表面质量。辊轮表面与粉末的摩擦因数越小，粉末流动性越好，已铺平的粉末层越平整，密度越高；辊轮表面还要求耐磨损、耐腐蚀和防锈蚀。采用铝质空心辊筒表面喷涂聚四氟乙烯的方法，可以很好地满足上述要求。

(2) 辊轮转动方向。辊轮的转动有两种方式，即顺转和逆转。逆转方式是辊轮从铺覆好的粉末层切入，从堆积粉末中切出，顺转则与之相反。辊子采用逆转的方式有利于粉末中的空气从松散粉末中排出，而顺转则使空气从已铺平的粉末层中排出，造成其平整度和致密度的破坏。

(3) 辊轮半径 R、转动角速度 ω、平动速度 v。辊轮的运动对粉末层产生两个作用力，一个是垂直于粉末层的法向力 P_n，另一个是与粉末层摩擦产生的水平方向力 P_t。辊轮半径 R、转动角速度 ω、平动速度 v 是辊轮外表面运动轨迹方程的参数，它们对粉末层密度和致密度有着重要的影响，一般情况下，辊轮半径 $R=10$ mm，转动角速度 ω、平动速度 v 可根据粉末状态进行调整。

5. 每层成形时间

系统打印一层至下一层打印开始前各步骤所需时间之和就是每层成形时间。每层任何环节需要时间的增加都会直接导致成倍增加产品整体的成形时间,所以缩短整体成形时间必须有效地控制每层成形时间,控制打印各环节。减少喷射扫描时间需要提高扫描速度,但这样会使喷头运动开始和停止瞬间产生较大惯性,引起黏合剂喷射位置误差,影响成形精度。由于提高喷射扫描速度会影响成形的精度,且喷射扫描时间只占每层成形时间的1/3左右,而铺粉时间和辊子压平粉末时间之和约占每层成形时间的一半,缩短每层成形时间可以通过提高铺粉速度实现。然而过高的辊子平动速度不利于获得平整的粉末层面,而且会使有微小翘曲的截面整体移动,甚至使已成形的截面层整体破坏,因此,通过提高辊子的移动速度来减少铺粉时间存在很大的限制。综合上述因素,要想提高每层的成形速度,需要加快辊子的运动速度,并有效提高粉末铺撒的均匀性和系统回零等辅助运动速度。

其他,如环境温度、清洁喷头间隔时间等。环境温度对液滴喷射和粉末的黏结固化都会产生影响。温度降低会延长固化时间,导致变形增加,一般环境温度控制在10 ℃~40 ℃是较为适宜的。清洁喷头间隔时间根据粉末性能有所区别,一般喷射20层后需要清洁一次,以减少喷头堵塞的可能性。

3DP制件成形精度由两方面决定:一是喷射黏结制作原型的精度——受到上述因素不同程度影响,二是原型件经过后处理的精度。后处理时模型产生的收缩和变形,甚至微裂纹均会影响最后制件的精度。同时,粉末的粒度和喷射液滴的大小也会影响制件的表面质量。

7.7 3DP的应用

三维印刷成形工艺具有设备成本相对低廉、运行费用低、成形速度快、可利用材料范围广、成形过程无污染等优点,是最具发展前景的3D打印技术之一。凭借这些优势,三维印刷成形工艺被应用到越来越多的领域之中,下面对三维印刷成形工艺的主要应用予以介绍。

7.7.1 概念模型可视化

3DP工艺具有打印彩色模型的优点,特别适合于进行概念模型可视化打印,可直观地展现产品的雏形,方便设计者直接体验产品的外形、大小、装配、功能以及人机工程学设计,发现并改正存在的错误,从而改善产品设计。利用三维打印成形技术可以制作逼真的彩色模型,非常适用于医学模型、建筑模型等。彩色模型还可以用来直观地表达有限元仿真结果,如三维应力分布、温度场等,如图7-15所示。

7.7.2 辅助铸造

3DP工艺在铸造领域中有广泛应用,可以直接生产出砂型和砂芯。与传统工艺相比,一是省略了制模环节,采用传统方式制造模具,人工制模的过程耗时占到整个模具制作

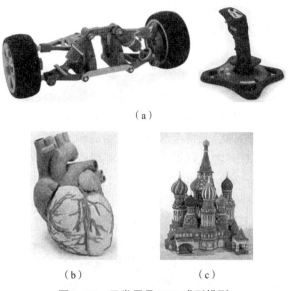

图 7-15 日常用品 3DP 成形模型

(a) 机械产品模型；(b) 医学模型；(c) 建筑模型

周期的 70%，3DP 直接制模缩短了产品的生产周期；二是可以直接制作任意复杂形状的砂型，不受模具加工工艺的限制；三是保证了砂型的精度。结合合理的浇注系统设计，可大幅度提高铸件成品率，降低生产成本，显著提高产品质量。图 7-16 展示了采用三维印刷成形工艺制造出来的砂型。美国 Pro Metal 公司通过喷射树脂黏合剂黏结型砂粉末材料，即可制作出精确而均匀的模具及型芯。Z Corpration 公司采用纤维素等材料成形后，通过渗蜡制成熔模铸造的蜡型；采用型砂、石膏等材料成形，制作出用于金属零件铸造的模具。

图 7-16 采用 3DP 工艺制作的砂型

3DP 工艺辅助铸造不需要制造模具，且成形的砂型不受形状的限制，因此应用于铸造行业具有以下优势：

(1) 首件研制周期和成本大大降低，尤其是可以大幅度缩减复杂铸件的模具成本，同时还适用于单件、小批量铸件的生产。

(2) 取消了模具制造的同时也取消了翻砂造型，因此也就不存在拔模斜度，可在一定程度上减轻铸件质量。

(3) 成形过程完全数控，因此砂型质量不受人为因素影响，铸件质量稳定性高。

7.7.3 制造原型零件

直接制造功能部件是 3DP 工艺发展的一个重要方向。通过 3DP 制造出来的功能部件,可以尽早地对产品设计进行测验、检查和评估,缩短产品设计反馈的周期,提高产品开发的成功率,大大降低产品的开发时间和开发成本。美国 Pro Metal 公司采用三维印刷成形工艺,可以直接成形金属零件。采用黏合剂将金属材料黏结成形,成形制件经过烧结后,形成具有很多微小孔隙的零件,然后对其渗入低熔点金属,就可以得到强度和尺寸精度满足要求的功能部件。图 7-17(a)是 Pro Metal 公司采用此方法直接制造出来的功能部件。三维印刷成形工艺也可以像 SLS 技术一样制作金属制件,图 7-17(b)给出的是经过该工艺制作的金属制件。另外,采用类似的工艺可制造陶瓷材料功能部件,如采用 Ti_3SiC_2。

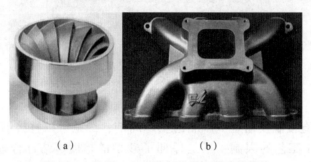

(a) (b)

图 7-17 采用 3DP 工艺制作的金属功能部件
(a) 采用此方法制造出来的工艺品;(b) 经过该工艺制作的金属制件

7.7.4 医疗领域应用

3DP 工艺的医疗领域应用主要在组织工程支架制备和缓释性药物制备两个方面。

组织工程支架为细胞的生长和组织的再生提供了一个临时平台,在整形外科中有很好的应用前景。很多学者对用于制备支架的可降解生物材料做了研究,传统的材料成形方法因其局限性,逐渐被近年发展起来的 3D 打印技术取代,3DP 工艺是目前制造组织工程支架应用最多的 3D 打印技术。在生物活性材料的成形过程中,因其他 3D 打印技术要利用激光烧结或加热,会影响材料的生物活性,因此 3DP 成形工艺是目前进行具有生物活性的人工器官快速制造的唯一可行工艺。典型的细胞载体应用示意如图 7-18 所示。另外,通过 CT 等手段获取病人器官数据,然后利用三维打印成形技术可以快速而准确地制作出病人器官模型,外科医生可以根据模型进行手术规划和模拟,也可以在体外对植入物进行匹配,减少病人痛苦。Kim 等用聚乳酸-乙二醇酸粉末、盐粒和特定有机溶剂的混合物,利用三维印刷技术和微粒滤除技术制造了多孔支架。支架为圆柱形,直径 8 mm,高 7 mm。在三维印刷技术打印成形后,用蒸馏水将盐粒滤去,制备出孔径 45~150 μm、孔隙率 60% 的多孔支架。Tay 等用三维打印技术将聚己内酯和聚乙烯醇的混合粉末制成准支架,然后再用微粒过滤法将聚乙烯醇除去得到多孔的支架,孔的尺寸取决于聚乙烯醇在材料中的比例,过滤后的支架疏松柔软,孔的结构具有很高的连通性,如图 7-19 所示。

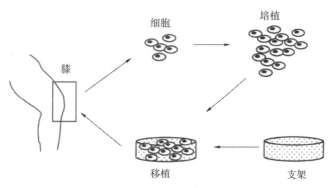

图 7-18　生物医学工程与 3DP 成形工艺结合制造支架示意

图 7-19　滤出聚乙烯醇后的聚己内酯多孔支架

传统的口服药物主要是通过粉末压片和湿法造粒制片两种方法来制造的。这些药物经口服后，要么会迅速遭到分解，难以有效进入血液；要么在血液中的浓度会在短时间内过高，且只有少量药物能到达需治疗区域，致使药物浪费和毒副作用大。制造可控释放药物，通过适当方法，控制药物释放的时间、位置和速度，改善药物在体内的释放、吸收、代谢和排泄的过程，以达到维持药物在体内所希望的治疗浓度和减少药物不良反应的目的，已成为当前药剂学研究热点之一。如图 7-20 所示，药物随着时间改变分阶段释放药效。三维印刷成形工艺可以根据需要，在不同的位置成形不同的材料，即可以用于制作功能梯度材料（Functionally Graded Material，FGM）。缓释药物具有复杂内部孔穴和薄壁，可以使药物维持在合适的治疗浓度，提高治疗效果。三维印刷成形工艺因其具有加工的高度灵活性、可打印材料的多样性和成形过程的精确可控性，可以很容易实现多种材料的精确成形和局部微细结构的精确成形。图 7-21 所示为梯度控释给药系统建模。

图 7-20　3DP 成形药物缓释过程示意

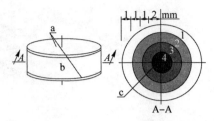

图 7-21 梯度控释给药系统建模

a—阻释层；b—载药区；c—药物梯度分布

● **思考与练习**

1. 简述 3DP 工艺的工作原理。
2. 通过网络、文献、报刊等途径，介绍 3DP 工艺的最新应用。
3. 简述 3DP 工艺的优缺点。
4. 3DP 成形工艺对黏合剂材料有哪些要求？
5. 3DP 工艺的影响因素有哪些？

第 8 章 分层实体制造工艺及应用

分层实体制造（Laminated Object Manufacturing，LOM）或叠层实体制造技术，采用薄片材料（纸、金属箔、塑料薄膜等），按照模型每层的内外轮廓线切割薄片材料，得到该层的平面形状，并逐层堆放成零件原型。在堆放时，层与层之间使用黏合剂粘牢，因此得到的成形模型无内应力，无变形，成形速度快，无须支撑，成本低，成形件精度高。LOM 技术自 1991 年问世以来，得到迅速发展。LOM 技术在出现初期广泛使用激光作为切割手段，后期又出现了使用机械刻刀切割片材的新技术。

8.1 概 述

8.1.1 工艺发展

LOM 技术是一种用材料逐层累积出制件的制造方法。分层制造三维物体的思想雏形，最早出现在 19 世纪的美国，1892 年，美国的 J. E. Blanther 首次在专利中提出用分层制造的方法构造地图。

1976 年，美国的 Paul L Dimatteo 提出利用轮廓跟踪器将三维物体转化成许多二维轮廓薄片，再利用激光切割薄片成形，最后用螺钉、销钉等将一系列薄片连接成三维物体，即现在的分层实体制造。1979 年，日本东京大学的 Nakagawa 教授开始利用 LOM 技术制作落料模、注塑模、压力机成形模等实际的模具。Michael Feygin 于 1984 年提出了分层实体制造的方法，并于 1985 年组建了 Helisys 公司，于 1990 年开发出了世界上第一台商用 LOM 设备 LOM-1015，如图 8-1 所示。Helisys 公司研制出多种 LOM 工艺用的成形材料，可制造金属成形件的金属薄板，该公司还与 Dayton 大学合作开发基于陶瓷复合材料的 LOM 工艺；苏格兰的 Dundee 大学使用 CO_2 激光器切割薄钢板，使用焊料或黏合剂制作成形件；日本 Kira 公司 PLT2A4 成形机采用超硬质刀具切割和选择性黏结的方法制作成形件；澳大利亚的 Swinburn 工业大学开发了用于 LOM 工艺的金属和塑料复合材料。

图 8-1　LOM-1015 成形设备

LOM 常用的材料是纸、金属箔、陶瓷膜、塑料膜等，除了制造模具、模型外，还可以直接用于制造结构件。这种工艺具有成形速度快、效率高、成本低等优点。但是制件的黏结强度与所选的基材和胶种密切相关，废料的分离较费时间，边角废料多。国际上除 Cubic Technologies（Helisys）公司（开发了 LPH、LPS 和 LPF 三个系列）外，日本的 Kira 公司、瑞典的 Sparx 公司以及新加坡的 Kinergy 精技私人有限公司和我国清华大学、华中科技大学以及南京紫金立德（与以色列 SD Ltd 合作）等也先后从事 LOM 工艺的研究与设备的制造。

8.1.2　工艺特点

1. LOM 成形工艺的优点

（1）原型制件精度高。薄膜材料在切割成形时，原材料中只有薄薄的一层胶发生着固态变为熔融状态的变化，而薄膜材料仍保持固态不变。因此形成的 LOM 制件翘曲变形较小，且无内应力。制件在 Z 方向的精度可达±（0.2~0.3）mm，X 和 Y 方向的精度可达 0.1~0.2 mm。

（2）原型制件耐高温，具有较高的硬度和良好的力学性能。原型制件能承受 200 ℃左右的高温，可进行各种切削加工。

（3）成形速度较快。LOM 工艺只需要使激光束沿着物体的轮廓进行线扫描，无须扫描整个断面，所以成形速度很快，常用于加工内部结构较简单的大型零件。

（4）直接用 CAD 模型进行数据驱动，无须针对不同的零件准备工装夹具就可立即开始加工。

（5）无须另外设计和制作支撑结构，加工简单，易于使用。

（6）废料和余料容易剥离，制件可以直接使用，无须进行后矫正和后固化处理。

（7）不受复杂三维形状及成形空间的影响，除形状和结构极其复杂的精细原型，其他形状都可以加工。

(8) 原材料相对比较便宜，可在短时间内制作模型，交货快，费用省。

2. LOM 成形工艺的缺点

(1) 不能直接制作塑料原型。

(2) 工件（特别是薄壁件）的弹性、抗拉强度差。

(3) 工件易吸湿膨胀（原材料选用的是纸材），因此需尽快进行防潮后处理（树脂、防潮漆涂覆等）。

(4) 工件需进行必要的后处理。工件表面有台阶纹理，难以构建形状精细、多曲面的零件，仅限于制作结构简单的零件，若要加工制作复杂曲面造型，则成形后需进行表面打磨、抛光等后处理。

(5) 材料利用率低，且成形过程中会产生烟雾。

8.2 LOM 成形工艺

8.2.1 基本原理

LOM 的分层叠加成形过程如图 8-2 所示。原料供应与回收系统将存于其中的原料逐步送至工作台的上方，将底部涂覆有热敏胶的纤维纸或 PVC 塑料薄膜（厚度一般为 0.1~0.2 mm）通过热压辊的碾压作用与前一层材料黏结在一起，然后让激光束或刻刀按照 CAD 模型切片分层处理后获得的二维截面轮廓数据对当前层的纸进行截面轮廓扫描切割，切割出截面的对应轮廓，并对当前层的非截面轮廓部分切割成网格状。然后使工作台下降，再将新的一层材料铺在前一层的上面，再通过热压辊碾压，使当前层的材料与下面已切割的层黏结在一起，再次由激光束进行扫描切割。如此反复，直到切割出所有各层的轮廓。分层实体制造中，不属于截面轮廓的纸片以网格状保留在原处，起着支撑和固化的作用。切割成小方网格是为了便于成形之后能剔除废料。

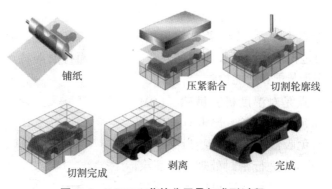

图 8-2 LOM 工艺的分层叠加成形过程

由于工作台的频繁起降，所以在制造模型时，必须将 LOM 原型的叠件与工作台牢牢地连在一起，这就需要制作基底，通常的办法是设置 3~5 层的叠层作为基底，但有时为了使基底更加牢固，可以在制作基底前对工作台进行加热。在基底完成之后，3D 打印机就可以根据事先设定的工艺参数自动完成原型的加工制作。但是工艺参数的选择与原型制作的精度、速度以及质量密切相关。这其中重要的参数有激光切割速度、加热辊温度、激光能量、破碎网格尺寸等。

8.2.2 后处理

LOM 工艺后处理包括去除废料和后置处理。去除废料即在制作的模型完成打印之后，工作人员把模型周边多余的材料去除，从而显示出模型。在废料去除以后，为了提高原型表面质量或需要进一步翻制模具，需对原型进行后置处理。后置处理包括了防水、防潮、加固并使其表面光滑等。只有经过必要的后置处理，制造出来的原型才能满足快速原型表面质量、尺寸稳定性、精度和强度等要求。另外，在后置处理中的表面涂覆则是为了提高原型的性能和便于表面打磨。

1. 去除废料

原型件加工完成后，需用人工方法将原型件从工作台上取下。去掉边框后，仔细将废料剥离就得到所需的原型。然后抛光、涂漆，以防零件吸湿变形，同时也得到了一个美观的外表。LOM 工艺多余材料的剥落是一项较为复杂而细致的工作，如图 8-3 所示。

图 8-3 LOM 制作的原型

2. 表面涂覆

LOM 原型经过余料去除后，经常需要对原型进行表面涂覆处理。表面涂覆具有提高强度，提高耐热性，改进抗湿性，延长原型的寿命，易于表面打磨等特点，经表面涂覆处理后，原型可更好地用于装配和功能检验。

纸材最显著的缺点是对湿度极其敏感，LOM 原型吸湿后叠层方向尺寸会增长，严重时叠层会相互之间脱离。为避免吸湿引起的这些后果，在原型剥离后短期内应迅速进行密封处理。表面涂覆可以实现良好的密封，而且同时可以提高原型的强度和抗热抗湿性能。原型表面涂覆的示意如图 8-4 所示。

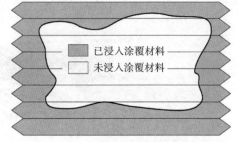

图 8-4 LOM 原型表面涂覆的示意

表面涂覆使用的材料一般为双组分环氧树脂,如 TCC630 和 TCC115N 硬化剂等。原型经过表面涂覆处理后,尺寸稳定而且寿命也得到了延长。

表面涂覆的具体工艺过程如下:

(1) 将剥离后的原型表面用砂布轻轻打磨,如图 8-5 所示。

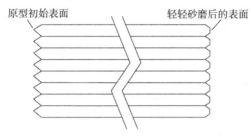

图 8-5　剥离后的原型经过砂布打磨前后表面形态示意

(2) 按规定比例配备环氧树脂(质量比:100 份 TCC-630 配 20 份 TCC-115N),并混合均匀。

(3) 在原型上涂刷一薄层混合后的材料,因材料的黏度较低,材料会很容易浸入纸基的原型中,浸入的深度可以达到 1.2~1.5 mm。

(4) 再次涂覆同样的混合后的环氧树脂材料,以填充表面的沟痕并长时间固化,如图 8-6 所示。

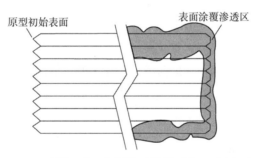

图 8-6　涂覆两遍环氧树脂后的原型表面形态示意

(5) 对表面已经涂覆了坚硬的环氧树脂材料的原型再次用砂布进行打磨,打磨之前和打磨过程中应注意测量原型的尺寸,以确保原型尺寸在要求的公差范围之内。

(6) 对原型表面进行抛光,达到无划痕的表面质量之后进行透明涂层的喷涂,以增加表面的外观效果,如图 8-7 所示。

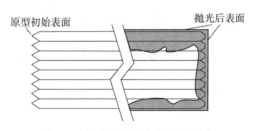

图 8-7　抛光后原理表面效果示意

经过上述表面涂覆处理后，原型的强度和耐热防湿性能得到了显著提高，将处理完毕的原型浸入水中，进行尺寸稳定性的检测，实验结果如图8-8所示。

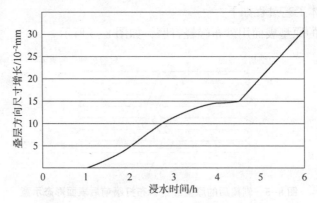

图8-8 浸水时间与叠层方向尺寸的增长关系

8.3 LOM 成形系统

LOM 系统结构组成如图8-9所示，其主要由切割系统、升降工作台和数控系统、加热系统以及原料供应与回收系统等组成。其中，切割系统采用激光器。该 LOM 系统工作时，首先在工作台上制作基底，工作台下降，送纸滚筒送进一个步距的纸材，工作台回升，热压滚筒滚压背面涂有热熔胶的纸材，将当前叠层与原来制作好的叠层或基底粘贴在一起，切片软件根据模型当前层面的轮廓控制激光器进行层面切割，逐层制作，当全部叠层制作完毕后，再将多余废料去除。

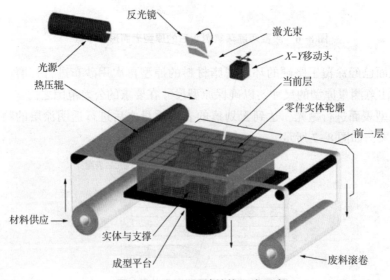

图8-9 LOM 系统结构组成示意

8.3.1 切割系统

轮廓切割可采用 CO_2 激光或刻刀。刻刀切割轮廓的特点是没有污染、安全,系统适合在办公室环境工作。激光切割的特点是能量集中,切割速度快;但有烟,有污染,光路调整要求高。

1. 激光切割

LOM 主要采用 CO_2 激光器。激光切割系统由 CO_2 激光器、激光头、电动机、外光路等组成。激光器功率一般为 20~50 W。激光头在 X-Y 平面上由两台伺服电动机驱动做高速运动。为了保证激光束能够恰好切割当前层的材料而不损伤已成形的部分,激光切割速度与功率自动匹配控制。外光路由一组聚光镜和反光镜组成,切割光斑的直径范围是 0.1~0.2 mm。

CO_2 激光切割是用聚焦镜将 CO_2 激光束进行聚焦,利用聚焦后高能激光束对工件表面进行辐照,使得辐照区的材料迅速熔化、汽化或分解,同时借助同轴高压辅助气体吹走残渣,形成切缝。在数控系统控制下,激光头按照既定轨迹进行切割,以实现材料任意成形。

LOM 的光学系统在结构上与 SL 系统相似,主要由激光发射器、一系列的反光镜,以及分别用于实现 X,Y 方向运动的伺服电动机、滚珠丝杠、导向光杠和滑块等组成。在 LOM 中,光学系统一方面使激光将纸切割出对应的模型截面;另一方面将纸上对应区域的非模型截面部分切割成网格状。

图 8-10 为激光切割原理图,利用经聚焦的高功率密度激光束照射工件,在材料表面使材料熔化,同时用与激光束同轴的压缩气体吹走被熔化的材料,并使激光束与材料沿一定轨迹做相对运动,从而形成一定形状的切缝,将工件割开。

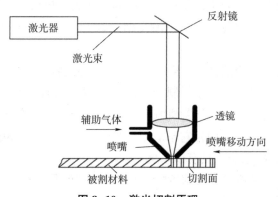

图 8-10 激光切割原理

激光切割可分为激光汽化切割、激光熔化切割、激光氧气切割和激光划片与控制断裂四类。它们均属于典型的热切割技术。

1) 激光汽化切割

在高功率密度激光束照射下,材料会在很短的时间内被加热汽化而没有明显的熔化状态，部分材料以蒸气形式和接近声速的速度逸出，另一部分材料是用与激光束同轴的辅助气体流以喷射的方式去除。若要实现汽化切割，激光束功率密度要足够高，通常要达到 10^8 W/cm² 以上，是熔化切割功率密度的 10 倍左右，这种切割机制主要采用脉冲激光，它可用作切割大部分的有机材料和陶瓷以及一些低汽化温度的材料。

2) 激光熔化切割

激光束的功率密度比较低时，焦点光斑处的材料只会发生熔化，并且辅助气体为高压氮气或者其他的惰性气体来吹除材料，熔化切割的热源只有激光束的能量，材料去除方式主要是借助高压气体流将熔融材料从切口底部排出。熔化切割所需要的激光束功率密度大致为 10^7 W/cm²，熔化切割主要用于氧化反应后会产生难熔融且黏性大的氧化物的金属，如铝及铝合金等。

3) 激光氧气切割

激光氧气切割也叫作激光火焰切割，它采用的辅助气体大部分为氧气，也可以是其他活性气体，利用激光能量使工件材料达到燃点温度，材料燃烧即与氧气发生氧化放热化学反应，成为除了激光能量以外的另一切割热源，为后续的切割提供热量。

激光氧气切割有两个切割热源，其激光切割速度比熔化切割要快，这是因为氧气流速越高，燃烧的化学反应越迅速，当激光切割速度低于氧燃速度时，切缝宽且切割面粗糙，如果切割速度等于或者高于氧燃速度，切缝窄且光滑。这种切割机制用来切割钢时，放热反应所提供的能量约为整个切割能量的 60%，切割钛金属时，甚至会达到 90%。由于切割过程中的氧化反应产生了大量热，所以激光氧气切割所需要的能量只是熔化切割的 1/2，而切割速度远远大于激光汽化切割和熔化切割。激光氧气切割主要用于碳钢、钛钢以及热处理钢等易氧化的金属材料。

4) 激光划片与控制断裂

激光划片利用高能量密度的激光在脆性材料的表面进行扫描，使材料受热蒸发出一条小槽，然后施加一定的压力，脆性材料就会沿小槽处裂开。激光划片用的激光器一般为 Q 开关激光器和 CO_2 激光器。

对易受热破坏的材料，用激光束照射加热时，光斑处会产生较大的热梯度进而发生机械变形，形成裂纹。控制断裂切割就是控制均衡的热梯度，用激光束来引导裂纹的发展方向，从而使材料高速、可控地切断。此切割机制只需要较低的激光功率，激光功率较高的话会使材料发生熔化，破坏切缝边缘，而且它不适用于脆性材料中锐角和角边的切割。

采用激光切割的 LOM 系统，具有以下优点：

(1) 激光切割是无接触加工。切割时无须对工件做夹紧、划线、去油等工序，只需要对工件进行定位即可；激光束的输出功率和激光切割头的移动速度都是可调的，从而可对工件切割精度进行调节。

(2) 激光切割的焦点能量密度很高，能达到 $10^6 \sim 10^9$ W/cm²，切缝宽度较窄，一般为 0.1~0.4 mm，切割面粗糙度良好，切割面的微观不平度十点高度 R_z 一般是 12.5~25 μm，切边热影响区小，一般为 0.1~0.15 mm。如果切割参数选择合适，挂渣很少且容易去除，工件的尺寸精度和激光切割质量将达到很高的水平。

(3) 激光切割适用范围广。激光切割几乎可以用于任何材料，金属材料、非金属材料甚至高硬度、高熔点、脆性材料都能够用激光来切割，并且有很好的切割效果。

(4) 激光切割灵活性好，易于导向。除了平面切割，它还能立体切割工件。激光束经过聚焦可以向任意方向行进，易于与数控技术相配合，通过编程控制来实现复杂零部件的加工。

(5) 激光切割效率高。激光束焦点能量密度高，切割速度快，大约是机械常规切割方法的20倍。依据激光输出功率和工件厚度与切割速度的关系，可以在保证切割质量的前提下，调节切割参数来增大切割速度。激光切割能力非常高，特别适用于中、薄板材的高精度、高速度切割。

(6) 激光切割自动化程度高，其切割过程是全封闭的；切割过程噪声低并且对材料的利用率高。

采用激光切割的 LOM 系统，存在以下不足：

(1) 激光切割子系统成本高。激光子系统包括激光器、冷却器、电源和光路系统等，其成本高，直接导致整套设备成本过高。

(2) 因激光焦点光斑直径以及切割处材料燃烧汽化产生的切缝对制件精度有影响，而切割深度合适与否又会影响边料分离。当前的激光切割系统除需要考虑光斑补偿问题外，还要根据加工工艺动态调整激光功率和切割速度的匹配关系。此外，加工质量也与镜头的聚焦性能和激光器本身有关。

(3) 系统控制复杂。为了提高加工质量，必须根据工艺动态调整激光功率，使其与切割速度匹配（主要是解决能量的控制问题，控制能量与速度的匹配）。

(4) 激光切割材料（特别是材料背面胶质）时的燃烧汽化过程产生异味气体，对环境和操作人员有影响。

2. 刻刀切割

轮廓刻刀切割方法就是采用机械刻刀，图 8-11 所示的 SD300 型 3D 打印机就采用了这种机构。采用刻刀切割的切割系统由惯性旋转刻刀、刀座、刀架及 X-Y 运动定位系统组成。刻刀的角度参数、刻刀材料的力学性能、刻刀偏心距的大小、刀座能否灵活旋转等都是决定切割性能的关键因素。而 X-Y 定位系统的定位精度则直接决定着零件的精度。

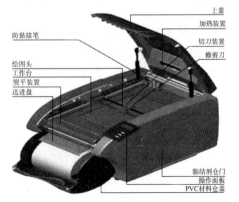

图 8-11 SD300 型 3D 打印机

激光快速成形系统进行加工时，计算机通过数模转换器控制振镜扫描系统进行切割。而刻刀切割时却没有这套控制系统。刻刀的自动导向是通过自身的结构来完成的。

切割系统采用45°惯性旋转刻刀（刀尖与轴心之间有一偏心距）。图8-12所示为刻刀与刀套装配结构。刻刀径向为轴承固定：上端是具有轴向定位功能的微型精密三珠轴承，下端是微型滚动轴承。刻刀的轴向通过三珠轴承和磁铁的引力来固定。由于刻刀上轴端采用三珠轴承固定，而下端为滚动轴承固定，这样刻刀只具有X、Y方向的平移自由度和绕Z轴的旋转自由度。在刻刀的平滑切割过程中，刻刀的速度方向为刀尖与其质心的连线。

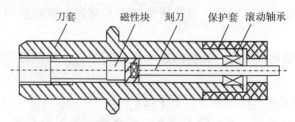

图8-12 刻刀与刀套装配结构

LOM系统采用惯性旋转刻刀代替激光切割的直接好处是：（1）降低了设备成本。如果采用皮带定位传动，价格可进一步降低。（2）无须考虑光斑补偿问题。刻刀只是将材料分离，材料并没有任何损失，切缝可以很窄。这样提高了制件的成形精度。（3）刻刀的切割控制简单。激光切割要控制能量与速度的匹配，特别是在加、减速阶段，以提高切割质量。切刀子系统由于不存在能量控制问题，因而无须这种匹配控制，简化了控制系统，提高了系统的可靠性。（4）取消了激光器，也就消除了激光切割燃烧汽化产生异味气体对环境和操作人员造成的影响。

8.3.2 升降系统

图8-13为悬臂式升降系统，其用于实现工作台的上下运动，以便调整工作台的位置以及实现模型的按层堆积。较早的设计采用了双层平台的结构，将XY扫描定位机构和热压机构分别安装在两个不同高度的平台上。这种设计避免了XY定位机构和热压装置的运动干涉，同时使设备总体尺寸不至过大。目前大多数叠层实体制造成形机都采用双层平台结构。双层平台中的上层平台称扫描平台，在上面安装XY扫描定位机构以及CO_2激光器和光束反射镜等，可使从激光光源到最后聚焦镜的整个光学系统都在一个平台上，提高了光路的稳定性和抗震性。下层平台称基准平台，在上面安装热压机构和导纸辊，同时它还连接扫描平台和升降台Z轴导轨，是整个设备的平面基准。它上面有较大的平面面积，可以作为装配时的测量基准。

图8-13 悬臂式升降系统

工作台一般以悬臂形式通过位于一侧的两个导向柱导向，这有利于装纸、卸原型以及进行各种调整等操作。

用于导向的两根导向柱由直线滚动导轨副实现。工作台与直线导轨副的滑块相连接。为实现工作台的垂直运动,由伺服电动机驱动滚珠丝杠转动,再由安装在工作台上的滚珠螺母使工作台升降。

8.3.3 加热系统

LOM 系统的叠层(层与层之间的黏结)是通过加热辊加热加压滚过背面带有黏胶的涂敷纸来完成的。LOM 叠层件的强度由辊子速度、纸张变形、加热辊的温度、环境温度及纸与加热辊的接触面积综合决定。

当增加加热辊的压力时,由于气孔被消除,黏结强度增大。增加加热辊的压力,同样可以增加接触面积,从而提高黏结强度。而压力过大,则会引起零件的翘曲变形。因此,系统必须加以调节。

加热系统的作用主要是:将当前层的涂有热熔胶的纸与前一层被切割后的纸加热,并通过热压辊的碾压作用使它们黏结在一起,即每当送纸机构送入新的一层纸后,热压辊就应往返碾压一次。

1. 加热系统分类

LOM 工艺的加热系统按照其结构来划分,通常有两种:辊筒式和平板式。

1) 辊筒式加热系统

该种系统由空心辊筒和置于其中的电阻式红外加热管组成,用非接触式远红外测温计测量辊筒表面的温度,由温控器进行闭环温度控制。这种加热系统的优点在于:辊筒在工作过程中对原材料只施加很小的侧向力,不易使原材料发生错位或滑移,不易将熔化的黏合剂挤压至网格块的切割侧面而影响剥离。其缺点在于:辊筒与原材料之间为线接触,接触面过小导致传热效率低,因此所需的加热功率较大。一般来说,辊筒的设定温度应大大高于原材料上的黏合剂的熔点。为实现加热功能,压辊采用钢质空心管,在管内部装有加热棒,使辊加热。图 8-14 所示为热压辊工作原理。

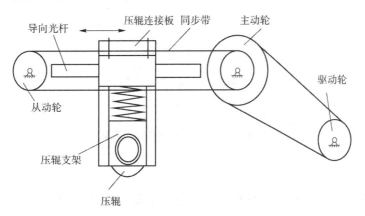

图 8-14 热压辊工作原理

热压辊实现往复行走的原理是:伺服电动机通过驱动轮驱动主动轮旋转,主动轮和从动轮又驱动同步带行走,同步带与压辊连接板固连在一起,因此会驱动压辊支架行走,从而实现热压辊的往复行走。为保证对纸的碾压平整，压辊支架采用了浮动结构。当压辊行走时，通过导向光杠进行导向。位于压辊连接板上的传感器用于测量压辊的温度。

2) 平板式加热系统

该种加热系统由加压板和电阻式加热板组成，用热电偶测量加压板的温度，由温控器进行闭环温度控制。这种加热系统的优点在于：结构简单，加压板与原材料之间为面接触，传热效率高，因此所需加热功率较小，加压板相对成形材料的移动速度可以比较快。其缺点在于：加压板在工作过程中对原材料施加的侧向力比辊筒式大，可能使原材料发生错位或滑移，并将熔化的黏合剂挤压至网格块的切割侧面而影响剥离。

2. 几种热压方式的比较

1) 浮动辊热压方式

浮动辊热压方式如图 8-15 所示，它是应用较广泛的一种热压方式，美国的 Helisys 公司、新加坡的 Kinergy 公司均采用这种热压方式。

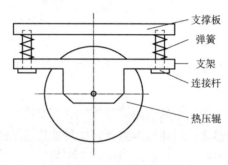

图 8-15 浮动辊热压方式

2) 热压平板整体热压方式

热压平板整体热压方式如图 8-16 所示，热压平板具有较大的加热面积，能一次性对整个工作台进行热压。

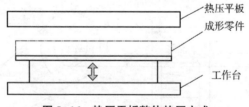

图 8-16 热压平板整体热压方式

3) 气囊式热压方式

美国的 Helisys 公司提出了一种利用 LOM 工艺制造大型曲面壳体的制造方式，它主要是针对非平面黏结面设计的。它采用一组与零件的轮廓面平行的空间曲面对零件的 CAD 模型进行离散，在一个曲面基底上层层堆积。这种制造方式只加工零件轮廓，可以提高制造效率，减小台阶效应，提高零件的表面质量，如图 8-17 所示。

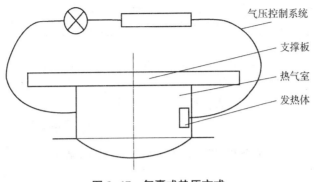

图 8-17 气囊式热压方式

4) 板式热压方式

板式热压方式，是清华大学激光快速成形中心的一项专利，如图 8-18 所示。它由内部的发热元件产生热量，并通过底部的平板结构将热量传递给成形材料，如涂覆纸，完成加热和施压黏结工艺。

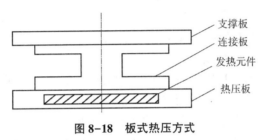

图 8-18 板式热压方式

几种典型的热压方式的比较见表 8-1。

表 8-1 热压方式的比较

热压方式	加热部件	接触形式	成形面精度	热传递方式	黏结效率	适用面积
浮动辊热压方式	热压辊	线接触	低	接触传导	低	小
热压平板整体热压方式	平板	面接触	高	接触传导	高	小
气囊式热压方式	气囊	面接触	高	接触传导	高	小
板式热压方式	热压板	面接触	高	接触传导	较高	较小

3. 热压系统的组成

热压系统是一个高度集成化的机械电子学单元，它包括以下几部分：（1）热压机械结构；（2）发热体、温度传感器及相应的温度控制系统；（3）运动机构及相应的传动、驱动、控制系统；（4）测高系统，借助于测高系统，在造型过程中自动调整工作台的位置，以保证零件加工平面、热压平面和扫描加工的聚焦平面始终在一个平面上。热压系统的组成和控制原理如图 8-19 所示。

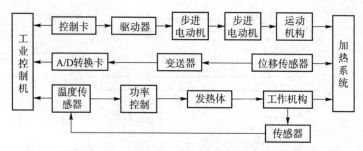

图 8-19 热压系统的组成及控制原理框图

4. 热压扫描集成机构

随着对叠层实体制造工艺理解的深入，近年来出现了将热压和 XY 扫描机构集成在一起的单层平台结构。这种结构使得成形机结构大大简化，并节省了一个驱动轴，降低了设备成本。在双层平面结构中，XY 激光扫描和热压牵引是由两套独立的机构完成的。由于这两套机构的运行平面重叠，为了避免机构干涉，因此必须采用两层平面，将两套运动机构在垂直方向上分开。但在叠层实体制造工艺中，XY 扫描与热压运动从不同时进行，而且热压运动的方向都是平行于某一个扫描轴（如 Y 轴）的。因此可以将热压牵引机构与 XY 扫描机构合并，成为一个既可以进行平面切割运动又可以完成热压运动的"一体化"装置，达到简化成形机构、降低成本的目的。热压扫描集成机构如图 8-20 所示。它由热压装置、X 轴运动机构（包括驱动电机、导轨、丝杠或同步齿形带、钢丝等）、Y 轴运动机构（包括驱动电动机、导轨、丝杠或同步齿形带、钢丝等）、聚焦镜和挂接机构组成。其中热压装置和 X 轴运动机构都通过滑块在 Y 轴导轨上运动。而 Y 轴的驱动部件（如丝杠、滑块等）只与 X 轴运动机构连接。挂接机构利用机械挂接或电磁铁吸附完成 X 轴运动机构与热压装置的连接、分离。

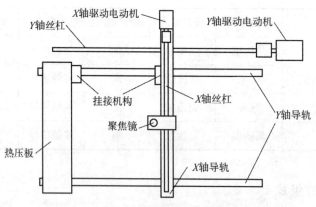

图 8-20 热压扫描集成机构示意

热压扫描集成机构有两种工作状态。一种是扫描状态，当进行零件轮廓、边框和网格切割时，XY 运动机构共同组成一个二维扫描运动机构，完成二维图形的切割。当切割完后，需要进行热压运动、黏结新层时，X 轴运动机构沿 Y 轴移动到热压装置近处，通过挂接机构，挂接上热压装置，如图 8-21（a）所示，此时为热压状态。在 Y 轴驱动的带动下，X 轴运动机构和热压装置一起运动，完成碾压运动，实现新层的黏结，如图 8-21（b）所示。热压完后，X 轴运动机构和热压装置又一起回到原始位置，挂接机构分离，回到扫描状态。X 轴运动机构又可独立运动，热压装置则停留在原位，等待下一个工作循环，再次热压。

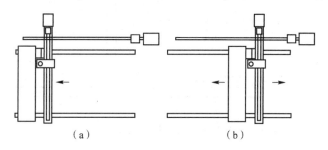

图 8-21 热压扫描集成机构的状态切换

(a) 热压状态；(b) 实现新层的黏结

8.3.4 原料供应与回收系统

送纸装置的作用是：当激光束对当前层的纸完成扫描切割，且工作台向下移动一定的距离后，将新一层的纸送入工作台，以便进行新的黏结和切割。送纸装置的工作原理如图 8-22 所示。送纸辊在电动机的驱动下顺时针转动，带动纸行走，达到送纸的目的。当热压辊对纸进行碾压或激光束对纸进行切割时，收纸辊停止旋转。当完成对当前层纸的切割，且工作台向下移动一定的距离后，收纸辊转动，实现送纸。

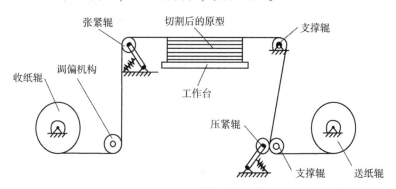

图 8-22 送纸装置的工作原理

1. 收纸辊部件

收纸辊的工作原理如图 8-23 所示。电动机通过锥齿轮副驱动收纸辊轴旋转，使收纸辊旋转而实现收纸。由于收纸辊部件要安放在成形机内，为便于取纸，操作者应能够方便地将收纸辊部分从成形机内拉出，故将收纸辊部分安装在了导轨上，而且部分导轨可以折叠，以便使整个收纸辊部件位于设备的机壳内部。在收纸辊机构的每一个支撑立板上安装有两个轴承，收纸辊轴直接放在轴承上，以便于卸纸。

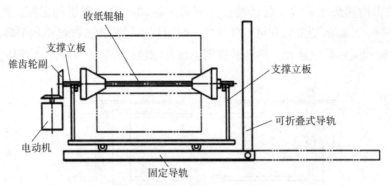

图 8-23 收纸辊的工作原理

2. 调偏机构

调偏机构的作用是通过改变作用于纸上的力来调整纸的行走方向，防止其发生偏斜。调偏机构的工作原理如图 8-24 所示。调偏辊安装在调偏辊支座上，利用两个调整螺钉可使调偏辊支座以及调偏辊绕转轴螺钉旋转，以改变纸的受力状况，实现调偏。调偏后，通过固定用螺钉和转轴螺钉将调偏辊支座固定在成形机机架上。

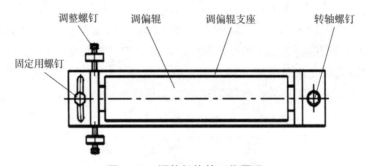

图 8-24 调偏机构的工作原理

3. 压紧辊组件

压紧辊的作用是保证将纸平整地送到工作台。因此，要保证压紧辊与支撑辊有良好的接触，其结构如图 8-22 所示。在图 8-22 所示的送纸装置的工作原理中，支撑辊用于支撑纸的行走，结构较为简单。张紧辊使纸始终保持张紧状态。

8.4　LOM 成形材料

LOM 工艺中的成形材料涉及三个方面的问题，即薄层材料、黏合剂和涂布工艺。LOM 材料一般由薄层材料和黏合剂两部分组成。LOM 中的成形材料为涂有热熔胶的薄层材料，层与层之间的黏结是靠热熔胶保证的。薄层材料可分为纸、塑料薄膜、金属箔等。目前 LOM 材料中的薄层材料多为纸材，而黏合剂一般为热熔胶。对于 LOM 纸材的性能，要求厚度均匀、具有足够的抗拉强度以及黏合剂有较好的润湿性、涂挂性和黏结性等。

8.4.1 薄片材料

根据对原型件性能要求的不同，薄片材料可分为：纸片材、金属片材、陶瓷片材、塑料薄膜材、薄木片材和复合材料片材等。对基体薄片材料有如下性能要求：

(1) 抗湿性。保证纸原料（卷轴纸）不会因时间长而吸水，从而保证热压过程中不会因水分的损失而产生变形及黏结不牢。纸的施胶程度可用来表示纸张抗水能力的大小。

(2) 浸润性。良好的浸润性保证良好的涂胶性能。

(3) 抗拉强度高。保证在加工过程中不会被拉断。

(4) 收缩率小。保证热压过程中不会因部分水分损失而导致变形，可用纸的伸缩率参数计量。

(5) 剥离性能好。因剥离时破坏发生在纸张内，要求纸的垂直方向抗拉强度不是很大。

(6) 易打磨，表面光滑。

(7) 稳定性。成形零件可长时间保存。

1. 纸质片材

LOM 工艺所用的纸一般由纸质基底和涂覆的黏合剂、改性添加剂组成，其成本较低，基底在成形过程中不发生状态改变（始终为固态），因此翘曲变形小，最适合于大、中型零件的制作。

选择 LOM 纸材应按照以下基本要求：

(1) 形状为卷筒纸，便于系统工业化的连续加工。

(2) 纤维的组织结构好，质量好的纸纤维长且均匀，纤维间保持一定间隙，因为 LOM 技术要求纸上涂上一层均匀的胶黏剂，所以要求纸的表面空隙大而密，使胶能很好地渗入纸层，在打印时能达到良好的黏结效果。这有利于涂胶，也有利于力学性能的提高。

(3) 纸的厚度要适中，根据成形制件的精度及成形时间的要求综合确定。在精度要求高时，应选择薄纸，纸越薄越均匀，精度就越高；在精度能满足要求的前提下，尽量选择厚度较大的纸，这样可以提高成形速度和生产效率。

(4) 涂胶后的纸厚薄必须均匀。厚薄均匀才便于加工和保证零件的精度。测量纸不同点的厚度时，要求相对误差不大于 5%，同时，纸的正反面，纵横向差别也应尽量小。

(5) 力学性能好，纸在受拉力的方向必须有足够的抗张强度，便于纸的自动传输和收卷；同时，纸的抗张强度还影响成形制件的力学性能。纸的伸长率、耐折度、撕裂度等也都是选择纸型时的参考指标。

国产的纸完全可以满足以上要求，纸是由纤维、辅料和胶（含有一定水分）组成的。普通的纸具有以下特点：

1) 多孔性

纸的主要成分是纤维素，纤维细胞中心具有空腔。纤维之间是交织结构，所以纸的一个明显特征就是多孔性，包括纤维内孔和纤维间孔都可以吸收空气中的水分，所以纸具有易吸湿性。

2）反应性

纤维素还带有很多羟基。它们具有醇羟基的特性，可以和其他的活性官能团如醛基、羧基、氨基等反应。

3）化学特性和机械特性

在 LOM 上的应用方面，纸的化学特性和机械特性表现为热熔胶的黏结能力、抗张能力、抗撕裂能力等。一般的卷筒纸都是纵向强度大于横向强度，稍加处理，卷筒纸就能满足加工要求。

Kinergy 公司生产的纸材采用了熔化温度较高的黏合剂和特殊的改性添加剂，用这种材料成形的制件坚硬如木（制件水平面上的硬度为 18 HRR，垂直面上的硬度为 100 HRR），表面光滑，有的材料能在 200 ℃下工作，制件的最小壁厚可达 0.3~0.5 mm，成形过程中只有很小的翘曲变形，即使间断地进行成形也不会出现不黏结的裂缝，成形后工件与废料易分离，经表面涂覆处理后不吸水，有良好的稳定性。Kinergy 公司生产的纸基卷材详细性能见表 8-2。

表 8-2　Kinergy 公司生产的纸基卷材

型号	K-01	K-02	K-03
宽度/mm	300~900	300~900	300~900
厚度/mm	0.12	0.11	0.09
黏结温度/℃	210	250	250
成形后的颜色	浅灰	浅黄	黑
成形过程翘曲变形	很小	稍大	小
成形件耐温性	好	好	很好（>200 ℃）
成形件表面硬度	高	较高	很高
成形件表面光亮度	好	很好（类似塑料）	好
成形件表面抛光性	好	好	很好
成形件弹性	一般	好（类似塑料）	一般
废料剥离性	好	好	好
价格	较低	较低	较高

纸的机械性能对应于其微观结构，就是指纤维的质量和纤维之间的交织结构。首先，纤维结构若较粗大，在各个方向上交织紧密，就具有较强的力学性能，可有效改善剥离分层。其次，表面纤维具有一定的空隙，有利于黏合剂的渗透和黏合。试验证明，涂过热熔胶的纸，其抗张强度、耐折度、抗撕裂强度都有很大的提高，制件用的纸层达 250 层时纵向抗拉强度可达 6 250 N，要产生 0.2 mm 的形变就需要 343 N 的力（一般制件尺寸精度误差要求小于 0.2 mm），制件一般不会受到这么大的力。并且纸的平整度也会得到改善。只有纸在受拉力的方向上有足够的抗张强度，才有利于自动化作业的连续性，提高生产效率。

2. 陶瓷片材

LOM 工艺是由美国的 Helisys 公司首先开发并应用于陶瓷领域的。用于叠加的陶瓷材料一般为流延薄材，也可以是轧膜薄片。切割方式可采用接触式和非接触式两种，非接触式切割方式一般为激光切割，接触式切割可采用机械切割。国内直接用于陶瓷领域的 LOM 设备非常少，目前研究的重点主要是集中在流延素坯卷材的生产、素坯的叠加和烧结性能的研究上，并在此研究的基础上开发可连续生产的成套设备。

LOM 制造中应注意的一个问题是坯体表面存在层与层之间的台阶，表面不光滑，需要进行磨光。边界处理可以采用切割成网状后，去除和表面磨光的方法。随着叠层技术和工艺的改进，四点弯曲强度可达 200~275 MPa，从目前研究来看，可制备的陶瓷器件主要为形状较为复杂的盘状和片状等。如果制造成本进一步降低，日常和工业上应用的大多数盘状、片状和管状陶瓷材料都可以通过 LOM 工艺来实现。

采用纸质片材的 LOM 工艺由于激光切割过程中会产生有毒烟雾，且具有成形精度低、原型强度较低等缺陷，目前已被采用 PVC 薄膜、陶瓷薄膜等材料的 LOM 工艺取代。表 8-3 为 Cube Technologies 公司不同薄材的性能比较。

表 8-3 Cube Technologies 公司的薄材

型号	LPH 042		LXP 050		LGF 045	
材质	纸		聚酯		玻璃纤维	
密度/(g·cm^{-3})	1.449		1.0~1.3		1.3	
纤维方向	纵向	横向	纵向	横向	纵向	横向
弹性模量/MPa	2 524		3 435			
拉伸强度/MPa	26	1.4	85		>124.1	4.8
压缩强度/MPa	15.1	115.3	17	52		
压缩模量/MPa	2 192.9	406.9	2 460	1 601		
最大变形程度/%	1.01	40.4	3.58	2.52		
弯曲强度/MPa	2.8~4.8		4.3~9.7			
玻璃转化温度/℃	30				53~127	
膨胀系数	3.7	185.4	17.2	229	X3.9/Y15.5	Z111.1

8.4.2 热熔胶

用于 LOM 纸基的热熔胶按基体树脂划分，主要有乙烯-醋酸乙烯酯共聚物型热熔胶、聚酯类热熔胶、尼龙类热熔胶或其混合物。热熔胶要求有如下性能：

（1）良好的热熔冷固性能（室温下固化）。

（2）在反复"熔融—固化"条件下其物理化学性能稳定。

（3）对纸张有很好的黏结性能，其黏结强度要大于纸张的内聚强度，即在进行黏结破坏时，纸张发生内聚破坏，而黏结层不发生破坏。

（4）黏结而成的制件的硬度要高，才能保证制件的形状和尺寸，因此一般的橡胶型胶黏剂不适合使用。

（5）胶黏剂在激光切割后能顺利地分离，胶黏剂和纸张断面之间不能发生相互粘连，即模型分离性能好。

（6）工艺性良好，在纸张表面进行涂布时其涂布性要好，而在逐层黏结时又要经受来回的辊压，不能发生起层现象。

目前，EVA 型热熔胶应用最广。EVA 型热熔胶由共聚物 EVA 树脂、增黏剂、蜡类和抗氧剂等组成。增黏剂的作用是增加对被黏物体的表面黏附性和胶接强度。随着增黏剂用量增加，流动性、扩散性变好，能提高胶接面的润湿性和初黏性。但若增黏剂用量过多，胶层会变脆，内聚强度会下降。为了防止热熔胶热分解、胶变质和胶接强度下降，延长胶的使用寿命，一般加入 0.5%～2% 的抗氧剂；为了降低成本，减少固化时的收缩率和过度渗透性，有时加入填料。

8.4.3 涂布工艺

涂布工艺包括涂布形状和涂布厚度两个方面。涂布形状指的是采用均匀式涂布还是非均匀涂布。均匀式涂布采用狭缝式刮板进行涂布，非均匀涂布有条纹式和颗粒式。一般来讲，非均匀涂布可以减少应力集中，但涂布设备比较贵。涂布厚度指的是在纸材上涂多厚的胶，选择涂布厚度的原则是在保证可靠黏结的情况下，尽可能涂得薄，以减少变形、溢胶和错移。

LOM 原型的用途不同，对薄片材料和热熔胶的要求也不同。当 LOM 原型用作功能构件或代替木模时，满足一般性能要求即可。若将 LOM 原型作为消失模进行精密熔模铸造，则要求高温灼烧时 LOM 原型的发气速度较小，发气量及残留灰分较少等。而用 LOM 原型直接作模具时，还要求片层材料和黏合剂具有一定的导热和导电性能。

8.5 LOM 成形制造设备

目前研究 LOM 设备和工艺的单位有美国的 Helisys 公司、日本的 Kira 公司、Sparx 公司、新加坡的 Kinergy 公司以及国内的华中科技大学和清华大学等。

其中 Helisys 公司的技术在国际市场上所占的比例最大。1984 年 Michael Feygin 提出了 LOM 的方法，并于 1985 年组建了 Helisys 公司，于 1992 年推出第一台商业型 LOM-1015 后，又于 1996 年推出成形尺寸为 815 mm×550 mm×508 mm 的 LOM-2030E 机型，其成形时间比原来缩短了 30%，如图 8-25 所示。

Helisys 公司除原有的 LPH、LPS 和 LPF 三个系列纸材品种，还开发了塑料和复合材料品种。Helisys 公

图 8-25　Helisys 公司的 LOM-2030E 机型

司在软件方面开发了 LOMSlice 软件包，增加了 STL 可视化、纠错、布尔操作等功能，故障报警更完善。日本 Kira 公司的 PLT-A4 机型采用了一种超硬质刀切割和选择性黏结的方法。

图 8-26　南京紫金立德公司的 SD 300 Pro 设备

南京紫金与以色列 Solidimension 公司合作成立的南京紫金立德电子有限公司推出的 SD 300 Pro 设备以 PVC 塑料薄膜为打印主材，以专用胶水、解胶水及解胶笔为打印辅材，如图 8-26 所示。

我国对 LOM 技术的研究开始于 1991 年，最早研发 LOM 设备的公司是中国武汉滨湖机电公司，该公司开发了 HRP-ⅡA 型等设备，华中科技大学在政府的支持下开始进行 RP 技术的研究，于 1997 年成功研发出 LOM 成形设备并将其应用于商业化。目前，HRP 快速成形系统已经在海南新大洲摩托车股份有限公司、山东工业大学、重庆建设集团等单位得到应用，设备制件精度高，几何尺寸稳定性好，成形时间短，设备稳定性高于国际同类产品，综合水平达到国际领先，现已为使用单位创造了显著的经济、社会效益。

国内华中科技大学研制的 HRP 系列薄材叠层快速成形系统，如图 8-27 所示，无论在硬件还是在软件方面都有自己独特的特点。

图 8-27　HRP 系列薄材叠层快速成形机

清华大学激光快速成形中心于 1992 年开始研制 M-220 多功能 RP 工艺试验机，首先实现了叠层实体制造技术；清华大学激光快速成形中心与北京殷华激光快速成形及模具技术有限公司合作开发了 SSM-1600 大型叠层实体制造系统，此系统采用双激光扫描并行的加工方式，可成形零件的最大尺寸为 1 600 mm×800 mm×700 mm，适用于制造大型快速原型。北京殷华激光快速成形及模具技术有限公司还开发了多种叠层实体制造设备，如 SSM-600 和 SSM-800。

清华大学也研究并推出了 LOM 设备 SSM-500 与 SSM-1600。其中 SSM-1600 设备是世界上最大的基于 LOM 工艺的 3D 打印设备，可成形零件的最大尺寸为 1 600 mm×800 mm×700 mm，适用于制造大规模的快速原型。该设备具有大尺寸、高精度、高效率、高可靠性的显著技术特点。该设备与精密铸造等技术结合可适用于制造大型的快速模具。

国内外部分 LOM 制造设备的特性参数见表 8-4。

表 8-4　国内外部分 LOM 设备的特性参数

型号	生产商	成形尺寸/(mm×mm×mm)	精度/mm	层厚/mm	激光光源	外形尺寸/(mm×mm×mm)
HRP-ⅡB	武汉滨湖	450×450×350		0.02	50 W CO_2	1 470×1 100×1 250
HRP-ⅢA		600×400×500		0.02	50 W CO_2	1 570×1 100×1 700
HRP-Ⅳ		800×500×500		0.02	50 W CO_2	2 000×1 400×1 500
SSM-500	北京殷华	600×400×500	0.1		40 W CO_2	
SSM-1600		1 600×800×700	0.15		50 W CO_2	
LOM1015	Helisys	380×250×350	0.254	0.431 8	25 W CO_2	
LOM2030		815×550×508	0.254	0.431 8	50 W CO_2	1 120×1 020×1 140
SD300 Pro	南京紫金立德	160×210×135	0.1	0.168		770×465×420
PLT-A4	Kira	280×190×200	0.051			840×870×1 200
PLA-A3		400×280×300	0.051			1 150×800×1 220
ZIPPYⅠ	Kinergy	380×280×340	0.1		CO_2	1 730×1 000×1 580
ZIPPYⅡ		1 180×730×550	0.1		CO_2	2 570×1 860×2 000
ZIPPYⅢ		750×500×450	0.1		CO_2	2 100×1 500×1 800

8.6　LOM 成形影响因素

8.6.1　原理性误差

1. 成形系统的影响

1) 高度传感器的测量误差

高度传感器用于测量热压后纸面的实时高度，并将此数据反馈给计算机并进行转换，一方面，它使当前要切割的纸面正好处于水平面上，另外，根据此数据调用相应高度处的分层截面数据（为了满足高度的要求，有可能忽略掉某层或某几层截面的加工），或者计算切片高度，进行实时切片，得到对应的切片轮廓。因此，高度传感器的精度会直接影响成形件的加工精度。此外，由于高度传感器安装在 X 向热压板的中间，所以只能测得成形件 X 方向中间位置附近处的高度值，而不能对整个成形件的上表面进行测量。同时，测量的准确性还受温度和机械振动等的影响，这些都会导致成形件的尺寸和形状误差。

2) 热压板表面温度分布不均匀导致的误差

由于热压板表面温度沿 X 向分布不可能很均匀，同时，升降工作台与 Z 轴的垂直度误差引起成形件上表面高度不一致，这些因素使胶的最高热压温度分布不均匀，导致胶厚分布不均匀，从而影响 Z 向尺寸精度。

2. CAD 面化模型精度的影响

由于 3D 打印技术普遍采用 STL 文件格式作为其输入数据模型的接口，因此，CAD 实体模型都要转换为用许许多多的小平面空间三角形来逼近原 CAD 实体模型的数据文件。小平面三角形的数目越多，它所表示的模型与原实际模型就越逼近，其精度就越高，但许多实体造型系统的转换等级是有限的，当在一定等级下转换为三角形面化模型时，若实体的几何尺寸增大，而平面三角形的数目不会随之增多，这势必将导致模型的逼近误差加大，从而降低 CAD 面化模型的精度，影响后续的制件原型精度，如在 AutoCAD AME 2.0 中制作实体造型，其转换为 STL 的等级为 12，当取最大等级时，其几何形状一定的实体转换为三角形面的数目是一定的，当此实体的尺寸增大时，其模型误差也将增大（多面体除外），为了得到高精度的制件原型，首先要有一个高精度的实体数据模型，因此必须提高 STL 数据转换的等级、增加面化数据模型的三角形数量或寻求新的数据模型格式。当然，三角形数量越多，后续运算量也就越大。

3. 切片方式的影响

理想的分层方法应是沿成形方向将三维 CAD 模型分解为一系列精确的层片，即每个层片不仅具有内外轮廓线，还具有三维几何特征，使该层片的侧面与三维 CAD 模型对应位置处的几何特征完全一致。然而在实际成形中，不能采用理想的分层方法，其主要原因在于：

（1）理想分层后每个层片仍具有三维几何特征，不能用二维数据进行精确描述，因而在生成数控程序时，将由简单的两坐标数控加工问题转变为比较复杂的四坐标或五坐标数控加工问题；

（2）具体的工艺难以保证层片厚度方向的轮廓形状，因为对于激光切割系统来说，需要激光加工头能绕 X 和 Y 轴摆动，以便沿轮廓曲线进行切割。

因此，每一层片只能用直壁层片近似，用二维特征截面近似代替整个层片的几何轮廓信息。LOM 成形工艺中，有以下两种分层方法：

（1）定层厚分层。根据所选定的分层厚度（一般为纸的名义厚度）一次性对三维 CAD 模型或 STL 格式化模型进行切片处理，将各层的数据存储在相应的数据文件中，计算机顺序调用各层的数据至数控卡，控制成形机完成原型的制作。这种分层方法比较简单，但纸厚的累积误差导致成形件 Z 向尺寸精度无法控制。如果安装 Z 方向高度实时检测反馈控制系统，虽然能控制成形件最终的 Z 向尺寸，但又不能保证成形件每一高度处的截面轮廓完全符合 CAD 模型或 STL 模型相应高度处的截面轮廓，因为在加工过程中，为了满足高度的要求，对于某些层片数据将不会加工。

（2）实时测厚，实时分层。对升降工作台采用闭环控制，根据成形件当前层的实测高度，对 CAD 模型或 STL 模型进行实时分层，以获取相应截面的数据。这不仅能较真实地反映模型相应高度处的截面轮廓，而且可以消除纸厚的累积误差对零件 Z 向尺寸精度的影响。

另外，对于某些 3D 打印工艺如 FDM 工艺等，还可采用变层厚分层（又称自适应切片方法），即根据 CAD 模型的表面几何信息（曲率和斜率）及给定的误差要求自动调整分层厚度。但这种自适应切片方法对 LOM 工艺不适合，因为 LOM 工艺的成形材料为固定厚度的纸。

4. 光路系统偏差的影响

图 8-28 中，5 与 6 表示聚焦凸镜上两个激光光斑，A 向表示沿 Z 轴自下而上观察所得。假定光斑 5 为激光头在原点 O 处时激光照射在凸镜上的位置，那么光斑 6 为激光头运动到成形空间与原点成对角的另一点 D 处（如 400 mm×600 mm 坐标处）时激光照射在凸镜上的位置，这表明在扫描加工范围内光路系统有偏差，因而当激光头分别位于 O、D 两点时，激光束经过传输后在聚焦镜上的位置并不重合在一起，而且它们也并没有位于聚焦镜的中心位置，这样，必将引起成形零件的尺寸误差，用图 8-29 所示的 Y 方向尺寸误差 Δ 及 X 方向平面不平行度 δ 来表示光路系统偏移所引起的误差。实际上，只要激光束在聚焦镜上不重合，就会同时引起 X、Y 两个方向的尺寸和形状误差。

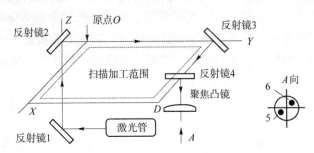

图 8-28 分层实体制造激光光路与扫描范围

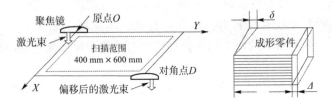

图 8-29 光斑不重合时引起的 Y 向尺寸误差及 X 向平面不平行度

激光光斑在聚焦镜上不重合还会使聚焦后的焦点不在同一个水平面内，即形成的焦平面为曲面形状，这样，在零件的扫描加工范围内会使激光切割点处的光斑直径大小发生变化，这必然会降低切口的精度，因而影响成形零件的尺寸和形状精度。

8.6.2 工艺性误差

1. 成形中黏胶厚度场的影响

LOM 成形过程中，由于成形方法本身的一些问题，或者工艺参数选择不当，在 X、Y 方向上，叠层块的厚度会不均匀。某用户采用 55 mm/s 的热压辊速度、270 ℃ 的加工温度、热黏压 510 层纸后所得叠层块，记录了叠层块上相应测量的厚度值。从厚度值看出，叠层厚度分布不均匀，其最大值 h_{max} = 59.67 mm，最小值 h_{min} = 58.7 mm，沿 X 方向的最大值与最小值的差为 3.08~3.37 mm，沿 Y 方向的最大值与最小值的差为 0.99~1.66 mm，这说明沿热压辊运动方向（X 方向）的厚度分布更不均匀。

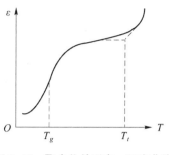

图 8-30 聚合物的形变—温度曲线

在 LOM 成形过程中，原材料的基底（纸）的厚度虽然占有很大的比例，但是几乎不发生塑性变形；黏胶的厚度所占比例小（每层胶的厚度仅有 0.02 mm 左右），但塑性变形大，当几百层或上千层累积起来后，若胶厚不均匀，将严重影响叠层厚度的均匀性。因此，胶厚场的不均匀性是导致叠层厚度不均匀的主要因素。涂覆在纸上的黏胶是带有添加剂的热熔聚合物，图 8-30 所示为这类材料的形变—温度曲线。

从图 8-30 中可以看出，在较低的温度范围内，材料的变形率很小，这种状态称为玻璃态；温度升高后，变形率明显提高，材料变得柔软而富有弹性，在外力作用下可发生较大的变形，外力除去后形变容易回复，这种状态称为高弹态；温度进一步升高后，材料的变形率再次提高，转变成黏流态（当温度升至熔融温度以上后，完全成为流体）。以上现象说明，聚合物材料因温度的不同而具有不同的力学行为，随温度的增加依次出现玻璃态、高弹态和黏流态三种力学状态，相应地出现两次转变。其中，玻璃态到高弹态的转变称为玻璃化转变，对应的转变温度 T_g 称为玻璃温度；高弹态到黏流态的转变称为黏流化转变，对应的转变温度 T_f 称为黏流温度。

黏胶可以在下面两种条件下形成良好的黏结状态：（1）将黏胶加热至熔融温度以上，用很小的压力可使黏胶与纸黏结。（2）将黏胶加热至黏流温度以上，黏胶软化，用较大的压力可使黏胶与纸黏结。可以用四元件黏弹模型来表达黏胶的力学状态，如图 8-31 所示。

在四元件黏弹模型中，第一部分为弹性元件 E_1，对应于聚合物分子的键长、键角的变化引起的弹性形变；第二部分为弹性元件 E_2 和黏性元件 η_2 的并联，对应于高分子链段运动引起的高弹形变；第三部分是黏性元件 η_3，对应于高分子的黏流运动引起的塑性形变。在黏胶状态改变的过程中，四元件的影响程度有所变化，在较低的温度下，黏性元件 η_2 和 η_3 的黏度较高，黏胶表现为弹性模量 E_1 确定的弹性体。

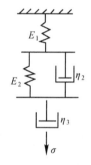

图 8-31 四元件黏弹模型

在较高的温度下，黏度 η_2 的作用明显，从而第二个弹性模量 E_2 的作用也变得明显；更高的温度下，η_2 的黏度很低，应力能很快传递到第二个黏性元件 η_3 上，导致不可逆塑性变形，几乎没有弹性。

如上所述，四元件黏弹模型中的黏性元件 η_2 将引起黏胶塑性变形，其应变满足以下方程：

$$S = \frac{d\varepsilon}{dt} \tag{8-1}$$

式中，S 为黏胶的压力，可以近似认为：

$$S = \frac{P}{lB} \tag{8-2}$$

式中，P 为热压辊对叠层块施加的总压力；l 为热压辊与叠层块的接触弧长；B 为叠层块的宽度。

图 8-32 所示为黏胶的黏度 η 与温度 θ 的关系曲线。从图 8-32 中可见，在胶温达到 115 ℃（熔融温度）之前，黏度 η 随胶温 θ 变化的关系近似为直线，即

$$\eta = K_\eta(\theta - \theta^*) + \eta^* \tag{8-3}$$

式中，K_η 为黏胶的黏度随温度变化的斜率，上式可写成：

$$K_\eta = \frac{\eta^* - \eta_1}{\theta^* - \theta_1} \tag{8-4}$$

式中，θ^*、η^* 分别为黏胶的熔融温度和该温度下的黏度；θ_1、η_1 分别为黏胶的某一温度和该温度下的黏度。

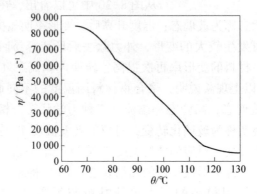

图 8-32 黏胶的黏度 η 与温度 θ 的关系曲线

由于黏胶的升温时间很短，可以视为直线升温，因此任意时刻 t 黏胶的温度为

$$\theta(t) = \theta_0 + \frac{2vt_1}{l_1}\bar{\theta} \tag{8-5}$$

式中，θ_0 为室温；v 为热压辊的移动速度；l_1 为热压辊与叠层块的接触弧长；$\bar{\theta}$ 为黏胶表面的平均温度。

假设热压辊对纸进行热压时的传热模型如图 8-33 所示，并且：

（1）热来自热压辊与纸接触的弧段，AB 弧的弧高 h 很小，可以将 AB 弧视为一个持续发热的均匀恒定平面热源。

（2）热压辊对纸进行滚压时，可以将其近似看作一个运动面热源，它是无数线热源的综合。

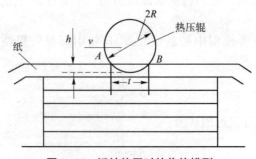

图 8-33 纸被热压时的传热模型

在上述假设下，可以利用 Jaeger 提出的二维热源模型，并作线性化处理，得到黏胶表面

平均的简化计算式：

$$\bar{\theta} = 0.754a \frac{ql}{\lambda Pe^{0.5}} \tag{8-6}$$

式中，q 为热流密度；λ 为胶纸的热导率；Pe 为贝克来数，$Pe = \frac{vl}{a}$；a 为胶纸的热扩散率。

上述黏胶表面的平均温度与最高温度的关系可近似取为

$$\theta m = 2\bar{\theta} \tag{8-7}$$

联立求解式（8-6）~式(8-12)，可得到黏胶的应变计算式：

$$e = \frac{\sigma l}{2v\theta K\eta} \ln \frac{\theta^* - \theta m - \frac{\eta^*}{K\eta}}{\theta^* - \theta_0 - \frac{\eta}{K\eta}} \tag{8-8}$$

考虑到黏胶在热压过程中会向上、下两层纸的孔隙渗透，为此必须对式（8-8）进行修正，修正后的黏胶应变计算公式为

$$e = \frac{\sigma l}{2v\theta K\eta} \ln \frac{\theta^* - \theta m - \frac{\eta^*}{K\eta}}{\theta^* - \theta_0 - \frac{\eta}{K\eta}} + 6436ABle^{-\frac{0.1635\eta}{\delta}} \tag{8-9}$$

于是，热压后黏胶的厚度为

$$d = (1-e)H \tag{8-10}$$

式中，H 为黏胶的原始厚度。

上述黏胶形变的表达式（8-9）表明，影响黏胶形变的主要因素是黏胶压应力（S）、胶温（θ）、黏胶的流变性能（η、$K\eta$）和纸的渗透性（A）。

1) 黏胶压力对黏胶形变的影响

热压辊通过4个弹簧对黏胶施加压应力，热压过程中，可能因为工作台倾斜以及叠层块上表面不平，弹簧的压缩量产生了变化，进而引起了热压辊压力波动，导致黏胶的形变不一致。

2) 胶温对黏胶形变的影响

胶温主要取决于热压辊的速度、压力和温度。热压辊的速度越大，它与纸的接触时间越短，胶温越低。热压辊的压力影响热压辊与叠层块的接触弧长，从而影响胶温，热压辊的压力越大，接触弧长越长，胶温越高。热压辊的温度越高，它与纸的温差较大，越容易使胶升温。当热压同一层胶纸时，热压辊的温度、压力变化不是很大，但是速度变化可能较大，因为热压辊的运动要经历增速、匀速和减速的过程，而它的行程有限，并且在热压辊与叠层块接触的右起始位置和左回程位置，有爬坡现象，因而，热压辊难以保持匀速，从而导致黏胶的温度和形变沿热压方向不均匀，最终使胶厚不均匀。

3) 黏胶的黏流变性能对黏胶形变的影响

不同的黏胶，其黏温直线的斜率不同，黏度活化能越大的黏胶，黏温直线的斜率越大，黏胶的黏度随温度改变的变化率越大。因此温度变化导致黏胶形变波动大。当热压同一层胶

纸时，由于辊速分布不均匀，沿热压方向胶温分布不均匀，黏度活化能力小的黏胶胶厚不均匀程度小。

4) 纸的渗透性对胶层厚度的影响

纸的纤维密实性不同，会导致不同的孔隙率。显然，纤维密实的纸具有小的孔隙率，黏胶不易渗入，热压时胶层厚度变化较小。

根据上述对影响黏胶形变的主要因素的分析，可以采用以下措施来改善黏胶厚度的均匀分布。

1) 将长热压辊分成几段

工作台倾斜及叠层块上表面不平都会引起热压辊的压力变化，从而影响黏胶压应力的稳定。当热压辊较长时，上述影响更为显著。因此，将长热压辊分成几段，有助于改善黏胶压应力沿 Y 方向的分布均匀性。

2) 调整热压辊与胶纸的接触弧长

影响胶温的三个重要参数是面热源发热强度、热压辊运动速度和热压辊与胶纸的接触弧长。其中，面热源发热强度主要由热压辊内部发热源的功率决定，所以热压辊运行过程中，面热源发热强度可视为基本稳定。当制件方向的尺寸比较大时，可以调节热压辊增速、匀速、减速的过程，使得热压辊在热压胶纸时基本为匀速运动，促成胶温均匀分布，当制件方向的尺寸比较小时，由于热压辊的行程较短，热压胶纸时辊速不可能完全匀速，在此情况下，可以在热压时使工作台做微量浮动，促使胶温尽量均匀分布。工作台微量浮动的方法是，当热压辊增速热压时，工作台向上微微移动，增加热压辊的压力，增加热压辊与胶纸的接触弧长，补偿因辊速提高引起的胶温下降。当热压辊匀速运动时，工作台不动，当热压辊减速运动时，工作台微微下降，减少热压辊的压力，从而减少热压辊与胶纸的接触弧长，缓和因辊速下降引起的胶温上升，热压辊和工作台的这种联动控制能使热压过程中胶温基本稳定。

3) 选用流动活化能较小的黏胶

热压时辊速分布不均匀，以及热压辊与胶纸接触弧长的变化会引起胶温分布不均匀，不同黏胶热压时的形变对胶温的变化造成的影响不同。流动活化能大的黏胶的黏温直线斜率大，胶温变化引起的黏胶塑性形变大，因此制件中黏胶厚度不均匀程度大。所以应该选用流动活化能较小的黏胶，它的变形随胶温的改变而变化的幅度较小，胶厚分布比较均匀。

2. 成形材料的热、湿变形的影响

加工过程中材料发生的冷却翘曲和吸湿生长，即热、湿变形，会表现为成形件的翘曲、扭曲、开裂等。热、湿变形是影响 LOM 工艺成形精度较为关键也是较难控制的因素之一。

LOM 工艺的成形材料主要为涂覆纸，存在因热压板热压和激光切割时传递给零件的热量而引起的热变形，因为纸和热熔胶的热膨胀系数相差较大，加热后胶迅速熔化膨胀，而纸的变形相对较小；在冷却过程中，纸和胶的不均匀收缩，使成形件产生热翘曲、扭曲变形。废料小方格剥离后，成形件的热内应力还会引起某些部位开裂。

LOM 成形件是由复合材料叠加而成的，其湿变形遵守复合材料的膨胀规律。实验研究表明，当水分在叠层复合材料的侧向开放表面聚集之后，将立即以较快的扩散速度通过胶层界面，由较疏松的纤维组织进入胶层，使成形件产生湿胀，损害连接层的结合强度，导致成形件变形甚至开裂。

通过改进热熔胶的涂覆方法、改进成形件的后处理方法及根据成形件的热变形规律，预先对CAD模型进行修正，可减少热、湿变形对成形精度的影响。

3. 工艺参数设置的影响

LOM在制作原型件时，整个成形过程是自动完成的，但LOM成形件的精度与操作者的知识及经验有着很大的关系，需要对系统工艺参数进行精确设置。

多功能3D打印设备LOM工艺的标称精度为±0.1 mm/100 mm，而美国Helisy公司的LOM-2030H系统的标称精度为X和Y方向0.1%，Z方向0.2%。实际上由于LOM工艺固有的特点，LOM制件在成形后的数小时内在Z方向上会有1%~2%的尺寸回弹，为了控制成形件的精度，需要在设定系统参数时对该因素进行修正。

分层实体制造中需利用激光束经聚焦后来切割薄层材料（如纸张），激光光斑具有一定的直径（$\phi 0.1 \sim 0.3$ mm），而切片软件产生的截面轮廓线是激光束的理论轨迹线，激光束可看作数控加工中的刀具，其光斑需要进行半径补偿，尤其当激光光斑半径比较大时，半径补偿就更为必要，否则，它将直接影响切片截面轮廓线的精度，从而影响整个成形件的精度。因此，在激光切割过程中，激光光斑中心的运动轨迹不能是实体截面的实际轮廓线，而应根据轮廓线边界的内外性，使光斑中心向内边界的内侧或外边界的外侧偏移一个光斑半径的距离，这个偏移就是对激光光斑的半径补偿。

在LOM工艺参数设置方面，还需要着重考虑切割速度与激光输出功率的实时匹配问题。在实际加工过程中，每层轮廓线的切割加工都是由激光束与薄层材料相互作用完成的，激光束作用在薄层材料上的能量不均匀，会导致粗细不均的轮廓线，使得截面上有些轮廓线没有被切割断，而另一些却出现"过烧"现象。前者使废料小方格与成形件实体不易分离，影响到原型的表面质量；而后者在轮廓"过烧"处的尺寸将出现较大的偏差，从而影响原型的尺寸精度，另外，"过烧"会对前一层已成形的纸进行切割，严重时会切透，产生过切割，因而也影响到原型的表面质量。

所以，只有切割速度和激光的输出功率较好地匹配，才能保证不因激光的输出功率过高而导致材料的"过烧"，或激光的输出功率过低而使材料切不透，从而保证良好的切割质量。

影响LOM原型成形质量的因素很多，除了扫描速度与激光功率外，主要还有成形材料本身的物理化学性质，成形时热压辊的温度、压力以及热压速度。因此，要在较大程度上提高LOM原型的质量，就应该对各参数对LOM原型的成形质量的影响进行比较全面的研究，由此才能建立适用性更广的控制模型，而设计的参数匹配控制系统也才能在更大范围内适用。

8.7 LOM的应用

LOM成形技术自美国Helisys公司于1986年研制开发以来，在世界范围内得到了广泛的应用。它虽然在精细产品和塑料件等方面不及SLA具有优势，但在比较厚重的结构件模型、实物外观模型、砂型铸造、快速模具母模、制鞋业等方面，具有独特的优越性，并且 LOM 技术制成的制件具有很好的切削加工性能和黏结性能。

1. 产品模型的制作

1) LOM 制作车灯模型

随着汽车制造业的迅猛发展，车型更新换代的周期不断缩短，这导致对与整车配套的各主要部件的设计也提出了更高的要求。其中，汽车车灯组件的设计，要求在内部结构满足装配和使用要求外，其外观的设计也必须达到与车体外形的完美统一——从事车灯设计与生产的专业厂家的传统开发手段受到了严重的挑战。

3D 打印技术的出现，较好地迎合了车灯结构与外观开发的需求。图 8-34 为某车灯配件公司为国内某大型汽车制造厂开发的某型号轿车车灯 LOM 原型，通过与整车的装配检验和评估，显著提高了该组车灯的开发效率和成功率。

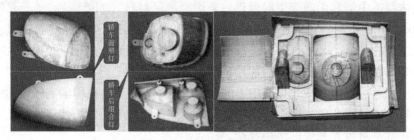

图 8-34 LOM 工艺打印的轿车车灯模型

2) LOM 制作鞋子模型

当前国际上制鞋业的竞争日益激烈，美国 Wolverine World Wide 公司无论在国际还是美国国内市场都一直保持着旺盛的销售势头，该公司鞋类产品的款式一直保持着快速的更新，时时能够为顾客提供高质量的产品，而使用 PowerSHAPE 软件和 Helysis 公司的 LOM 技术是 Wolverine World Wide 公司成功的关键。设计师们首先设计鞋底和鞋跟的模型或图形，如图 8-35 所示，从不同角度用各种材料产生三维光照模型显示，这种高质量的图像显示使得在开发过程中能及早地排除任何看起来不好的装饰和设计。即使前期的设计已经排除了许多不理想的地方，但是在投入加工之前，Wolverine 公司仍然需要有实物模型。鞋底和鞋跟的 LOM 模型非常精巧，但其外观是木质的，为使模型看起来更真实，可在 LOM 表面喷涂可产生不同效果的材质。将每一种鞋底配上适当的鞋面，然后生产若干双样品，放到主要的零售店展示，以收集顾客的意见。根据顾客反馈的意见，计算机能快速地修改模型，根据需要，可再生产相应的 LOM 模型和式样。

图 8-35 LOM 打印的鞋子模型

2. 快速模具的制作

LOM 原型用作功能构件或代替木模，能满足一般性能要求。若采用 LOM 原型作为消失模，进行精密熔模铸造，则要求 LOM 原型在高温灼烧时发气速度要慢，发气量及残留灰分较低。此外，采用 LOM 原型直接制作模具时，还要求其片层材料和黏合剂具有一定的导热和导电等性能。

在铸造行业中，传统制造木模的方法不仅周期长、精度低，而且对于一些形状复杂的铸件，例如叶片、发动机缸体、缸盖等制造木模困难。数控机床加工设备价格昂贵，模具加工周期长。用 LOM 制作的原型件硬度高，表面平整光滑、防水耐潮，完全可以满足铸造要求。与传统的制模方法相比，此方法制模速度快，成本低，可进行复杂模具的整体制造。

某机床操作手柄为铸铁件，如图 8-36 所示，人工方式制作砂型铸造用的木模十分费时，而且精度得不到保证。随着 CAD/CAM 技术的发展和普及，具有复杂曲面形状的手柄的设计可直接在 CAD/CAM 软件平台上完成，借助 3D 打印技术尤其是叠层实体制造技术，可以直接由 CAD 模型高精度地快速制作砂型铸造用的木模，克服了人工制作的局限和困难，极大地缩短了产品生产的周期并提高了产品的精度和质量。

图 8-36 手柄铸铁件的 3D 模型及 LOM 打印的木模

汽车工业中很多形状复杂的零部件均由精铸直接制得，如何高精度、高效率、低成本地制造这些精铸母模是关键。采用传统的木模手工制作，对于曲面形状复杂的母模，效率低、精度差；采用数控加工制作，则成本太高。采用 LOM 工艺制造汽车零部件精铸母模，生产效率高，尺寸精度高。图 8-37 所示为采用 LOM 工艺制造的奥迪轿车刹车钳体精铸母模的 LOM 原型，其尺寸精度高，尺寸稳定不变形，表面粗糙度低，线条流畅，完全达到并超过了精铸母模质量验收标准，并能精铸出金属制件。

图 8-37 奥迪轿车刹车钳体精铸母模的 LOM 原型

3. 工艺品的制作

太极球的 3D 打印是典型的利用 3D 打印方法快速方便地制造概念模型零件的实例。它是一种方便牢固的连接方式，其结合面完全是由锥面通过复杂的旋转构成的，X、Y、Z 三个方向中任何一个轴的加工误差将影响其无缝连接效果,故这也是检验 3D 打印和数控加工总体精度最直观、最简单的方法。如果采用铣削工艺,这种零件需要多轴数控铣床进行加工,加工费用昂贵,工时较多。

利用 LOM 工艺制造时,成形件内应力很小,不易变形。只要处理得当,不易吸温,尤其是其精度高,表面粗糙度低,可以满足两个太极半球精确扣合的设计要求,如图 8-38 所示。

图 8-38　LOM 工艺制作的太极球

● 思考与练习

1. 简述分层实体制造的工作原理。
2. LOM 成形材料有哪些,对其有哪些要求?
3. 简述表面涂覆的工艺过程。
4. 简述 LOM 成形工艺的优缺点。
5. 影响 LOM 工艺成形质量的因素有哪些?

第 9 章 其他成形工艺及应用

随着3D打印技术的不断发展，在原有的基本成形工艺方法基础上又产生了许多新的3D打印工艺，如形状沉积制造（Shape Deposition Manufacturing，SDM）、电子束熔化成形（Electron Beam Melting，EBM）、电子束直接制造（Electron Beam Direct Melting，EBDM）、激光近净成形（Laser Engineered Net Shaping，LENS）、超声波增材制造（Ultrasonic Additive Manufacturing，UAM）、丝材电弧增材制造（Wire and Arc Additive Manufacturing，WAAM）等。

9.1 形状沉积制造工艺及应用

9.1.1 概述

20世纪90年代，Carnegie Mellon大学和Stanford大学联合提出了形状沉积制造方法，其基本思路为把熔融的基体材料层层喷涂到基底上，用数控（NC）方式铣去多余的材料，每层的支撑材料喷涂到其他区域，再进行铣削，支撑材料可视零件的特征在基体材料之前或之后喷涂。SDM常用的材料是金属材料、聚合物、树脂、陶瓷、石蜡等。图9-1为Carnegie Mellon大学搭建的SDM实验平台。

从SDM技术的工艺过程可知，材料的去除或者加工步骤是SDM区别于其他3D打印成形工艺的显著特点。SDM技术的特点还有以下几个方面。

（1）SDM是一个生产工艺过程，而不是单一的3D

图9-1 Carnegie Mellon大学搭建的SDM实验平台

打印制造方法。SDM 可以根据生产用零件的实际材料直接制造真实的功能零件，用于功能测试等用途，从商业的角度看其更具有吸引力，也更具有应用的潜力。

（2）SDM 的表面质量可以从制造过程中控制。一般 3D 打印方法得到的零件表面质量直接取决于分层厚度，要得到较高的表面质量就必须增加分层的数量，从而延长制造的时间；SDM 得到的零件表面质量与加工的刀具有关，可以根据需要更换刀具、增加切削轨迹的数量或者采用 5 轴加工，表面质量可以在制造工艺过程中得到很好的控制。由于消除了对分层厚度精度的约束，在大多数情况下可以允许采用更厚的分层来大幅度提高沉积制造的速度。

（3）SDM 的几何分层方法灵活。可以根据零件的构造采用平面层或非平面层进行分割，如图 9-2 所示，它不但可以提高制造的效率，而且可以使零件的表面更符合实际情况。

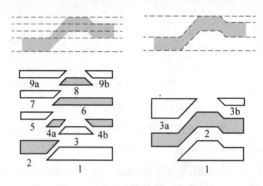

图 9-2　SDM 零件的几何分层

9.1.2　SDM 成形工艺

1. 基本原理

与自由实体制造（Solid Freeform Fabrication，SFF）相比，SDM 成形过程中需要的成形件几何信息更为详细，除了简单的曲面 CAD 模型，还需使用实体模型，同时还需要实体表面边界、曲面片边界、表面法线，并能确定顶点或边缘处于表面内部还是实体内部等信息。

根据模型表面的曲率，在成形方向上创建自适应厚度的组块。创建的组块与 CAD 模型相交，从而获得包含成形件完整三维信息的切片信息，如图 9-3（a）所示。每层切片根据自适应厚度进行制造，如图 9-3（b）所示。图 9-3（c）所示为拆除支撑结构后的成形件，由于"台阶"效应，没有产生表面纹理，同时与原始 CAD 模型的几何形状相匹配。

2. 成形工艺

SDM 的成形过程如图 9-4 所示，其中，1、2 表示零件的第一层在两侧没有底切表面，先沉积零件材料并加工成形表面；3、4 表示在成形的零件表面上沉积支撑材料并加工；5、

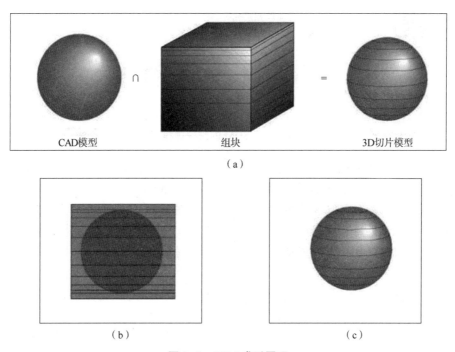

图 9-3 SDM 成形原理

(a) 成型件完整三维信息；(b) 自适应切片；(c) SDM 成型件

6 表示零件的第二层在两侧有底切表面，必须先沉积支撑材料并成形后再沉积零件材料；7、8 表示在成形的支撑材料上沉积零件材料并加工成形表面；9、10 表示零件在右侧有底切表面，必须先沉积支撑材料并成形后再沉积零件材料；11、12 表示在成形的支撑材料上沉积零件材料并加工成形表面；13、14 表示沉积零件左侧支撑材料，实际成形过程中可以省略。

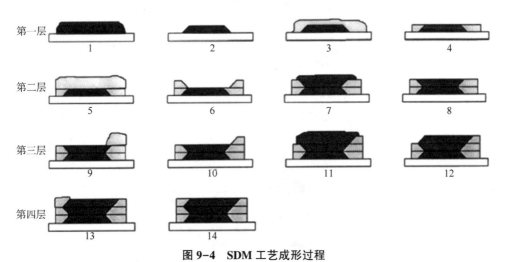

图 9-4 SDM 工艺成形过程

SDM 的铣削过程如图 9-5 所示，一般采用 3 轴或 5 轴加工中心或一个机械手完成沉积过程中多余材料的去除。在特殊情况下，还可使用电火花成形表面。

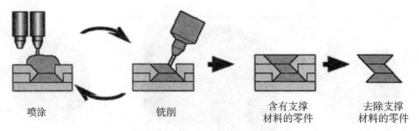

图 9-5　SDM 的铣削过程

由于 SDM 采用机械加工的方法成形，并不适合制造层间黏结性能较差的零件，因此在 SDM 的基础上又发展了模具形状沉积制造，其制造过程如图 9-6 所示。第 1~4 步先用支撑材料来沉积制造出的模具，第 5 步去除支撑材料，第 6 步铸造零件并固化，第 7~8 步去除模具材料，完成精整处理。在最后两步中可以先去除模具，然后完成精整。但对脆性或脆弱零件，可以先在模具的保护下完成精整后再去除模具材料。

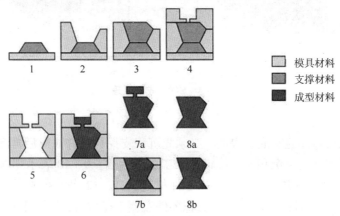

图 9-6　模具形状沉积制造成形过程

9.1.3　SDM 成形系统

当前，对 SDM 的研究尚处于实验室阶段。Carnegie Mellon 大学搭建的 SDM 实验平台主要由零件输送机械手、CNC 加工中心、沉积站、喷丸站和清洗站 5 个工作单元组成，如图 9-7 所示。

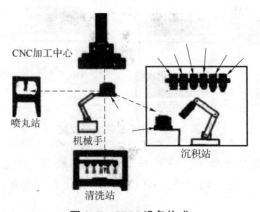

图 9-7　SDM 设备构成

零件被放置在夹具上，位于系统中央的机械手实现夹具在各个工作单元之间的移动。每个加工单元都有一个夹具接收机构，当机械手将放有零件的夹具输送到某个工作单元时，该单元的接收机构能够自动完成对零件的定位和夹紧。零件输送机械手被制造成一个具有 6 个自由度，同时能负载 120 kg 的机器人。

CNC 加工中心采用的是 FADAL VMC-6030 型 5 轴机床，它拥有装备 21 个刀位的自动换刀库。液动夹具接收器保证了零件在 CNC 机床的多次定位夹紧，精度达到 0.000 2 in①。如果在加工中用到了切削液，那么夹具机械手还将把零件输送到清洗站，清洗残留的切削液。喷丸站则用于对沉积表面进行处理，以补偿沉积过程中由于温度梯度在沉积零件材料间形成的残留应力。

作为整个实验平台的关键组成部分，沉积站由消声室、空气处理系统和沉积机械手组成。消声室用于抑制噪声和隔离灰尘，空气处理系统用于灰尘过滤及收集，沉积机械手采用具有 6 个自由度的 GMF 5700 系统，并带有沉积头更换机构，可以根据不同材料更换不同的沉积头。自动送料机构和电源放置在消声室上方的中间层内。零件输送机械手通过消声室底部的活动门将夹具送入沉积站。沉积站中可用的沉积工艺方法包括电弧和等离子喷涂、微法铸造、金属焊丝惰性气体保护焊和热蜡喷射法等。

9.1.4　SDM 成形材料

1. 成形材料

SDM 的材料沉积是整个沉积过程的关键，特别是异质材料的沉积是 SDM 成形技术中的一个难题。传统的焊接工艺通常会导致材料的穿透和合金化，或者将某些材料组合在一起的难度较大。根据功能零件要求的材料不同，需要采用不同的材料沉积工艺方法，如图 9-8 所示。

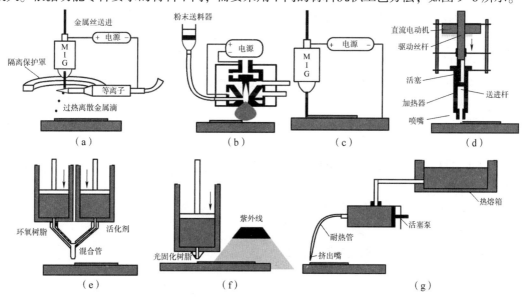

图 9-8　SDM 的材料沉积方法
(a) 微法铸造；(b) 热喷涂；(c) 惰性气体保护焊；(d) 挤出法；(e) 双组分环氧树脂系统；
(f) 光固化树脂喷射法；(g) 热蜡喷射法

---

① 1 in = 25.4 mm。

（a）图是一种非连续焊接过程，用于沉积离散的过热熔化金属滴，从而形成稠密的、冶金上连接在一起的结构，沉积的材料可为不锈钢或铜等金属材料。铜可作为零件材料，也可作为支撑材料，在沉积制造完成后用硝酸蚀刻的方法去除。

（b）图是用热喷涂的方法来沉积高性能的薄层材料（包括金属、塑料及陶瓷），具有较快的沉积速度。

（c）图用于高速沉积合金钢材料。

（d）图用于沉积热塑性材料（如生陶瓷），支撑材料采用可加工的水溶性材料。

（e）图用于沉积热固性材料（如环氧树脂/活化剂混合材料），支撑材料采用蜡，并用热熔混合系统进行沉积。

（f）图采用喷射的方法沉积水溶性光固化树脂，支撑材料采用蜡。

（g）图用于沉积蜡材料，既可用于零件的沉积，也可用于支撑材料的沉积，这取决于具体的应用领域。

其中，热喷涂法加工材料质量有限，不能加工较厚的涂层。其他沉积方法，如喷射法或电镀法，沉积速率缓慢，同时在沉积的厚度和质量上也受到限制。微铸造法可以沉积不同的材料。沉积层材料质量较高，同时不会影响界面区域的几何形态。结合中间整形操作过程，可以创建嵌入式或涂层结构，例如具有相当厚度的涂层、叠层结构或使用不同的材料来优化结构的性能。在SDM过程中，不同材料的沉积被用于创建嵌入支撑结构的成形件。对于支撑结构的应用，主要关注的是用不同的液滴重铸衬底区域。应尽量减小或避免基体的支撑材料的重熔量，以保持零件表面的光洁度及界面强度。

2. 支撑材料

对于任意几何形状的支撑材料，有以下要求：

（1）支撑材料的沉积不能穿透成形件的沉积层，不能破坏成形件的任何形状表面。穿透和表面变形的影响必须尽可能小。

（2）支撑材料与成形材料黏结性良好，为成形操作和嵌入件提供结构强度。

（3）支撑材料必须可加工，以保证成形底部的表面特征。

（4）成形材料的沉积不能穿透支撑材料，也不能破坏支撑材料的表面。形状表面的穿透和变形的影响必须尽可能小。

（5）成形材料必须附着在支撑结构上，以提供成形操作所需的结构强度，并防止由于内部应力引起的翘曲。

（6）完全成形后，支撑材料必须可移动。

9.1.5 SDM成形制造设备

用于商业用途的高性能实体自由成形设备多是专用设备，且价格昂贵，Carnegie Mellon大学探索了一种专用成形设备的替代品，即直接在现有通用的CNC铣床上增设沉积装置，而对于CNC铣床没有任何设备。除了进行成形加工，CNC铣床还保证了挤出头运动轨迹的精确控制。5轴CNC加工中心与采用挤出法的沉积系统集成的实验平台，可用来制造陶瓷零件，该平台的主体采用具有旋转式换刀库的通用商业化设备Fadal VMC-15铣床。在气压作用下,高压挤出头可沿与机床主轴箱连接的滑轨做 Z 向移动。沉积材料时,挤出头沿滑轨下移到达工作位置;在沉积完成后,进行机械加工时,挤出头则上移,以免干涉零件加工。

Stanford 大学搭建的 SDM 实验平台与 Carnegie Mellon 大学的不谋而合,也是采用通用 Haas VF-0E 型 3 轴 CNC 加工中心作为主体,附设用于沉积的相关装置,整个系统由计算机控制。其中的夹具接收器保证零件精确的定位和夹紧。在加工过程中可以停机检查,还可同时进行多工位加工。

Stanford 大学 SDM 实验平台结构如图 9-9 所示,材料可通过热蜡喷嘴或气动分配阀进行沉积,所有 3 个喷嘴均与直线滑轨相连,实现沿 Z 轴的上下移动。当进行沉积加工时,喷嘴下移到工作位置,当进行机械加工时,喷嘴上移,以免干涉刀具加工。整个沉积机构与机床主轴箱相连,能够精确控制其与零件表面的 Z 向垂直距离。而喷嘴在 X 和 Y 向的定位,则可由机床工作台的精确移动来实现。这种在机床主轴箱上附设沉积机构的方法,其唯一的缺点是主轴箱要负担沉积机构多余的质量,这会改变主轴箱的运动状态,影响其运动精度,所以沉积机构做得越轻越好。气动分配阀用来沉积成形零件所用的材料,而零件材料储存在一个加压的储槽中,它在沉积时呈微滴状,直径大约 2 mm。热蜡喷嘴用来沉积 SDM 工艺中的支撑材料。红外光源和紫外光源也是实验平台的组成部分,其中紫外光源用来加速零件材料沉积后的固化,红外光源用来在沉积材料之前预热下层材料的上表面。在实验之前必须做全方位的检查,以保证两个光源能够完全照射到零件的表面。但由于两个光源过重,不能附设在主轴箱上,其 Z 向移动由专门的线性执行机构来实现。

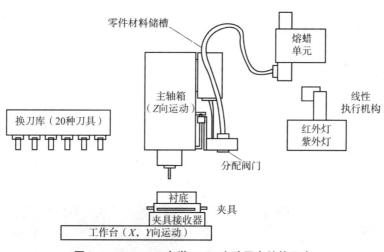

图 9-9 Stanford 大学 SDM 实验平台结构示意

9.1.6 SDM 成形影响因素

SDM 成形件要求高质量、高精度和表面光洁度以及优越的机械性能,因此需要保证沉积金属必须具有黏结性和致密性以及具有很强的层间黏结性,同时保证低氧化物含量和微观结构始终可控。在热沉积中,控制熔融材料的能量(热和动力学)以及将能量转移到底层是实现这些目标的关键。一方面，需要有足够的能量对先前沉积的材料表面进行轻微的重熔，以便通过冶金结合促进层间的黏结，并使新沉积的材料能够充分流动以达到完全致密化。另一方面，能量必须保持在最低限度，以防止以前沉积和成形层的大面积重熔，并避免渗透到支撑材料中，破坏零件的形成机制。控制热量输入、传热和受热影响的区域，进一步减少温度梯度的累积，以防止支撑结构和先前沉积的材料的变形。

1. 液滴温度

液滴温度对沉积材料的质量和层间黏结有重要影响。必须实现单个液滴与液滴之间的冶金结合，以及在液滴与基片或底层之间的结合。由于液滴温度远低于其熔点，因此需对液滴进行充分过热，以使底物或先前沉积的液滴重熔。同时，有必要将液滴的过热量保持在较低的水平，使重熔深度最小化。

2. 挤出速度

电弧功率相同时，挤出速度越慢，液滴温度越高；液滴温度相同时，挤出速度越快，液滴直径越大。

3. 电弧功率

当功率达到能完全熔融液滴时，液滴的温度急剧上升。由于金属部分汽化，温度上升到一定时上升速度下降。

9.1.7 SDM 的应用

目前，SDM 技术已在许多方面得到了较为广泛的应用。

1. 功能零件

利用 SDM 技术可以直接制造功能零件，为机械装置的真实性能测试提供方便，且节省大量时间。图 9-10 所示为 Stanford 大学快速成形实验室制造的氧化铝涡轮叶片和俯仰轴。图 9-11 所示为利用 SDM 技术制造的一种涡轮压缩机转子和入口喷嘴。

图 9-10 利用 SDM 技术制造的氧化铝涡轮叶片和俯仰轴

图 9-11　利用 SDM 技术制造的涡轮压缩机转子和入口喷嘴

2. 模具快速制造

在 SDM 技术下，可以采用多种材料的组合来制造模具，这样可以提高模具的工作性能。图 9-12 所示为 Stanford 大学快速成形实验室制造的铜材料模具冷却通道。

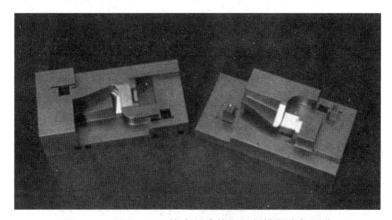

图 9-12　利用 SDM 技术制造的铜材料模具冷却通道

3. 预装配机构的制造

利用 SDM 技术可以制造出复杂的预装配机构，并且不需要任何装配步骤。图 9-13 为采用模具形状沉积制造的一种涡轮预装配机构，转子和转轴在制造结束时已经装配在一起。

图 9-13　利用 SDM 技术制造的预装配机构

4. 嵌入结构组件的制造

图9-14所示为利用SDM技术制造的蛙人嵌入式计算机模块，该电子装置外层为封闭的非导电材料壳体，内部嵌入电子元件，形成防水的电子结构，用于潜水员潜水探测。

图9-14 利用SDM技术制造的蛙人嵌入式计算机模块

9.2 电子束熔化成形工艺及应用

9.2.1 概述

电子束熔化成形（Electron Beam Melting，EBM），又称电子束选择性熔化（Electron Beam Selective Melting，EBSM），相对于激光及等离子快速成形，EBM出现较晚。EBM与SLS原理相似，采用电子束在计算机的控制下按零件截面轮廓的信息有选择性地熔化金属粉末，并通过层层堆积，直至整个零件全部完成，最后去除多余的粉末便得到最终的三维产品。该技术成形精度、效率、成本及零件性能等方面具有独特优势，广泛应用于医疗器械、航空航天、汽车制造等领域。

2001年，瑞典Arcam公司将电子束作为能量源，并申请了国际专利，后于2003年推出了全球第一台真正意义上的商业化EBM设备EBM-S12，如图9-15所示。国际上的美国北卡罗来纳州大学、英国华威大学、德国纽伦堡大学、波音公司、美国Synergeering集团、德国Fruth Innovative Technologien公司及瑞典VOLVO公司和国内的清华大学、西北有色金属研究院等先后开展了相关研究工作。

EBM是以电子束为能量源的粉床3D打印技术，电子束成形具有以下特点：

图9-15 EBM-S12打印机

1. 功率高、功率密度高、利用率高

电子束输出可以很容易达到几千瓦级，一般激光器功率在1~5 kW。电子束加工的最大

功率能达到激光的数倍,其连续热源功率密度比激光高很多,可达 1×10^7 W/mm^2。电子束能量利用率是激光的 3 倍,可达 75%。

2. 对焦方便

电子束可以通过调节聚束透镜的电流来对焦,束径可以达到 0.1 nm,可以做到极细聚焦。

3. 扫描速度快

电子束在平面做二维扫描运动是通过改变磁偏转线圈电流来实现的,扫描频率可达 20 kHz,电子束在 XY 平面的扫描运动更方便、控制精度更高、系统装置更简便,因而可以实现快速扫描,成形速度快。

4. 可加工材料广泛

电子束可以不受加工材料反射的影响,很容易加工用激光难于加工的材料,而且具有的高真空工作环境可以避免金属粉末在液相烧结或熔化过程中被氧化。

5. 成形速度快,运行成本低

电子束设备可以进行二维扫描,扫描频率可达 20 kHz,无机械惯性,可以实现快速扫描。且不像激光那样消耗 N_2、CO_2、H_2 等气体,价格较低廉,电子束设备维护非常方便,只需更换数量不大的灯丝。

9.2.2 EBM 成形工艺

1. 基本原理

EBM 工艺成形过程如图 9-16 所示。首先将所设计零件的三维模型按一定的厚度切片分层,得到三维零件的所有二维信息;在真空箱内以电子束为能量源,电子束在电磁偏转线圈的作用下由计算机控制,根据零件各层截面的 CAD 数据有选择地对预先铺好在工作台上的粉末层进行扫描熔化,未被熔化的粉末仍呈松散状,可作为支撑。一层加工完成后,工作台下降一个层厚的高度,再进行下一层铺粉和熔化,同时新熔化层与前一层熔合为一体。重复上述过程直到零件加工完后从真空箱中取出,用高压空气吹出松散粉末,得到三维零件。

2. 后处理

EBM 成形件表面相对较粗糙,且表面会沾上未熔化的粉末,通过吹砂可以改善零件的表面质量,再通过机械加工类似方法获得理想的表面质量。

热处理工艺,如热等静压工艺等可以明显消除 EBM 零件成形过程中产生的未熔合及气孔缺陷,并且大幅提高 EBM 零件高周疲劳性能。

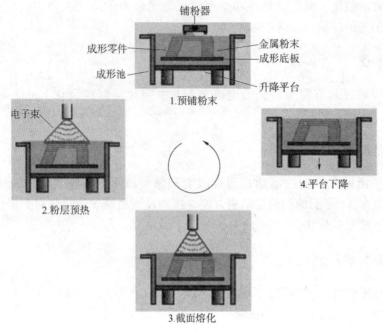

图 9-16　EBM 工艺成形过程

9.2.3　EBM 成形系统

EBM 主要有送粉、铺粉、熔化/烧结等工艺步骤，其系统结构如图 9-17 所示。EBM 系统真空室内具有铺送粉机构、粉末回收箱及成形平台。同时，还包括电子枪系统、真空系统、控制系统和软件系统。

工作时，灯丝发射的电子被阳极电压加速，依次通过校准线圈、聚焦线圈和偏转线圈，作用在工作平台上。通过控制偏转线圈的电流，可以实现电子束的偏转扫描。工作平台上设置有活塞缸和铺粉器，用于逐层铺设粉末。

1. 电子枪系统

电子枪系统是 EBM 设备提供能量的核心功能部件，直接决定 EBM 零件的成形质量。电子枪系统主要由电子枪、栅极、聚束线圈和偏转线圈组成。

1）电子枪

电子枪是加速电子的一种装置，能发射出具有一定能量、一定束流以及速度和角度的电子束。在电子枪中有钨灯丝，通过灯丝电流可以把灯丝加热到 2 000 ℃以上。在这样高的温度下，电子可以自由地从灯丝中脱离，脱离的电子在阴极与阳极之间通过高电压（约 60 000 V）形成的电磁场加速运动。电子束电流，也就是电子束中电子的数目由各种控制电极控制。

2）栅极

栅极是由金属细丝组成的筛网状或螺旋状电极。多极电子管中最靠近阴极的一个电极具

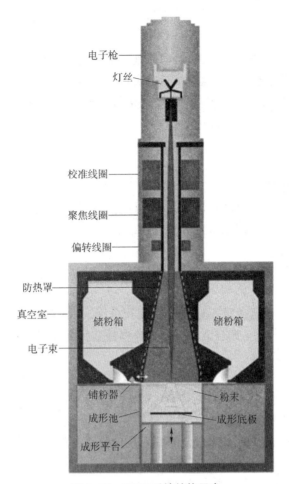

图 9-17　EBM 系统结构示意

有细丝网或螺旋线的形状，插在电子管另外两个电极之间，起控制板极电流强度、改变电子管性能的作用。

3）聚束线圈

聚束线圈由两部分以上组成，连同电位器成星形连接，恒流源供电，可以在保持电子束聚焦的条件下用电位器调整光栅的方位角。

4）偏转线圈

偏转线圈是由一对水平线圈和一对垂直线圈组成的。每一对线圈由两个圈数相同、形状完全一样的互相串联或并联的绕组组成。线圈的形状按要求设计制造而成。当分别给水平和垂直线圈通以一定的电流时，两对线圈分别产生一定的磁场。

2. 真空系统

EBM 整个加工过程是在真空环境下进行的。在加工过程中，成形舱内保持 1×10^{-5} mbar 的真空度，良好的真空环境保护了合金稳定的化学成分，并避免了合金在高温下氧化。真空系统主要由密封的箱体及真空泵组成，在 EBM 设备中，为了实时观察成形效果，在真空室上还需要留有观察窗口。

3. 控制系统

控制系统主要包括扫描控制系统、运动控制系统、电源控制系统、真空控制系统和温度检测系统等。电动机控制通常采用运动控制卡实现；电源控制主要采用控制电压和电流的大小来控制束流能量的大小；温度控制采用 A/D 信号转换单元实现，通过设定温度值和反馈温度值调节加热系统的电流或电压。

4. 软件系统

EBM 设备要有专用软件系统实现 CAD 模型处理（纠错、切片、路径生成、支撑结构等）、运动控制（电动机）、温度控制（基底预热）、反馈信号处理（如氧含量、压力等）等功能。商品化 EBM 设备一般都有自带的软件系统。

9.2.4 EBM 成形材料

目前，EBM 成形材料涵盖了不锈钢、钛及钛合金、Co-Cr-Mo 合金、TiAl 金属间化合物、镍基高温合金、铝合金、铜合金和铌合金等多种金属及合金材料。其中，钛合金应用最为广泛。

1. TC4 钛合金

瑞典 Arcam 公司对 EBM 成形 TC4 钛合金的室温力学性能进行了检测，无论是沉积态，还是热等静压态，EBM 成形 TC4 钛合金的室温拉伸强度、塑性、断裂韧性和高周疲劳强度等主要力学性能指标均能达到锻件标准，但是沉积态力学性能存在明显的各向异性，并且分散性较大。经热等静压处理后，拉伸强度有所降低，但断裂韧性和疲劳强度等动载力学性能却得到明显提高，而且各向异性基本消失，分散性大幅下降。

2. Co-Cr-Mo 合金

Co-Cr-Mo 合金主要用于生物医学领域，经过热处理之后其静态力学性能能够达到医用标准要求，并且经热等静压处理后其高周疲劳强度达到 $400 \sim 500$ MPa（循环 10^7 次）。

3. TiAl 金属间化合物

意大利 Avio 公司的研究指出，EBM 成形 TiAl 合金室温和高温疲劳强度能达到现有铸件技术水平，并且表现出比铸件优异的裂纹扩展抗力和与镍基高温合金相当的高温蠕变性能。

4. 镍基高温合金

2014 年，在瑞典 Arcam 公司用户年会上，美国橡树岭国家实验室的研究人员报道，对于航空航天领域应用最为广泛的 Inconel718 合金，EBM 成形材料的静态力学性能已经基本达到锻件技术水平。

总之，EBM 成形材料的力学性能已经达到或超过传统铸造材料的，并且部分材料的力学性能达到了锻件技术水平。

9.2.5 EBM 成形制造设备

图 9-18 为瑞典 Arcam 公司研发的 Arcam EBM A2X 系统，该系统采用多电子束技术，最大成形尺寸为 200 mm×200 mm×380 mm，适合航空航天领域加工及各类新金属材料的开发。图 9-19 为 Arcam EBM Spectra H 成形设备，该设备采用完整的 EBM 技术，同时采用 Arcam EBM xQam™ 电子束自动校准、Arcam EBM ® LayerQam™ 逐层质量验证和 Arcam EBM® MultiBeam™ 多电子束技术，适合航空航天领域加工高温材料。

图 9-18　Arcam EBM A2X 成形设备　　图 9-19　Arcam EBM Spectra H 成形设备

在很长一段时期，EBM 技术的研究与应用绝大部分均基于金属设备和平台，国产自主装备处于空白。早在 2004 年，以清华大学林峰教授为带头人的技术团队开始瞄准 EBM 技术，成功开发了国内首台实验系统 EBSM-150，并获得国家发明专利。

天津清研智束科技有限公司研发的开源电子束金属 3D 打印机 Qbeam Lab 具有核心软件自主化、关键部件自主化、模块化可定制、工艺参数开源、自诊断自恢复、长时间稳定可靠等特点，如图 9-20 所示。主要技术参数如下：最大成形尺寸 200 mm×200 mm×240 mm，精度±0.2 mm，电子束最大功率 3 kW，电子束加速电压 60 kV，电子束流 0~50 mA，阴极类型为钨灯丝直热式，最小束斑直径 200 μm，电子束最大跳转速度 10 000 m/s，极限真空 10^{-2} Pa，氦气分压 0.05~1.0 Pa，采用网格扫描法加热粉床，粉床表面温度可达 1 100 ℃，采用主动式冷却块进行零件冷却，采用光学相机进行工艺监控。

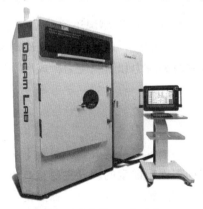

图 9-20　开源电子束金属 3D 打印机 Qbeam Lab

国内外部分 EBM 制造设备的特性参数见表 9-1。

表 9-1　国内外部分 EBM 制造设备的特性参数

型号	生产商	电子枪功率/kW	阴极类型	电子束斑直径/μm	成形尺寸/(mm×mm×mm)
Spectra L	Arcam	4.5	单晶		φ350×430
Spectra H		6	单晶	140	φ250×430
Q10plus		3	单晶	140	200×200×180
Q20plus		3	单晶	140	φ350×380
A2X		3	钨丝	250	200×200×380
Qbeam Lab200	天津智束	3	钨丝	200	200×200×240
Qbeam Med200		3	单晶	150	200×200×240
Qbeam Aero350		3	单晶	180	350×350×400

9.2.6　EBM 成形影响因素

1. "吹粉"现象

"吹粉"是 EBM 成形过程中特有的现象，指金属粉末在成形熔化前已偏离原来位置的现象，从而导致无法进行后续成形工作。严重时，成形底板上的粉末床会全面溃散，从而在成形池内出现类似"沙尘暴"的现象。"吹粉"实质上是电子束与粉末的相互作用。

2. 球化现象

球化现象是 EBM 成形过程中一种普遍存在的现象，指金属粉末熔化后未能均匀地铺展，而是形成大量隔离的金属球的现象。球化现象的出现不仅影响成形质量，导致内部空隙的产生，严重时还会阻碍铺粉过程的进行，最终导致成形零件失败。球化现象取决于三个方面：熔融小液滴表面张力、粉末是否湿润、粉末间的黏结力。

3. 变形与开裂

复杂金属零件在直接成形过程中，由于热源迅速移动，粉末温度随时间和空间急剧变化，热应力形成。另外，由于电子束加热、熔化、凝固和冷却速度快，受热不平衡严重，温度梯度高，同时存在一定的凝固收缩应力和组织应力，成形零件容易发生变形甚至开裂，成形结束后存在残余应力分布。

4. 表面粗糙度

电子束成形零件表面粗糙度一般低于精铸表面，对于不能加工的表面，很难达到精密产品的要求。影响电子束成形零件表面粗糙度的因素主要有：切片方式及铺粉厚度、电子扫描精度、表面黏粉等。其中切片方式及铺粉厚度、电子扫描精度与成形设备有关，而表面黏粉与预热、预烧结及熔化凝固工艺过程有关。

5. 气孔与熔化不良

EBM 普遍采用惰性气体雾化球形粉末作为原料，在雾化制粉过程中会不可避免形成一定含量的空心粉，由于熔化和凝固速度较快，空心粉中含有的气体来不及逃逸，从而在成形件中残留气孔。此外，成形工艺参数或成形工艺不匹配时，成形件同样会出现孔洞。

9.2.7 EBM 的应用

EBM 技术所展现的技术优势已经得到了广泛的认可，其在生物医疗、航空航天等领域均取得了一定的应用。

1. 航空航天领域

图 9-21 为 Moscow Machine-Building Enterprise 采用 EBM 技术制造的火箭汽轮机压缩机承重体，尺寸为 $\phi 267$ mm×73 mm，重量为 3.5 kg，制造时间仅为 30 h。

意大利 Avio 公司采用 EBM 技术制备的航空发动机低压涡轮采用 TiAl 叶片，如图 9-22 所示。该零件尺寸为 8 mm×12 mm×325 mm，重量为 0.5 kg，比传统镍基高温合金叶片减重达 20%。相对于传统精密铸造技术，采用 EBM 技术能够在 1 台 EBM 设备上 72 h 内完成 7 个第 8 级低压涡轮叶片，因此呈现出巨大优势。

图 9-21 火箭汽轮机压缩机承重体

图 9-22 TiAl 叶片

2. 生物医疗领域

目前 EBM 制备金属多孔材料最为典型的应用主要集中在生物植入体方面。2007 年，意大利 Adler Ortho 公司采用 EBM 设备制造出的表面具有人体骨小梁结构的髋关节产品获得欧洲 CE 认证，如图 9-23 所示。

3. 其他领域

EBM 技术在过滤分离、高效换热、减震降噪等领域同样具有广泛的应用前景。图 9-24 为美国橡树岭国家实验室采用 EBM 技术研发的水下液压控制元件。

图 9-23 表面具有骨小梁结构的髋关节产品

图 9-24 水下液压控制元件

9.3 激光近净成形工艺及应用

9.3.1 概述

激光近净成形（Laser Engineered Net Shaping，LENS），又称激光工程化净成形，是利用高能激光束将同轴输送的粉末材料快速熔化凝固，通过层层叠加，最后得到近净形的零件实体的工艺。同 LENS 工艺原理相近的技术有激光粉末成形（Laser Cladding Fabrication，LCF）、直接金属沉积（Direct Metal Deposition，DMD）、直接光制造（Direct Laser Fabrication，DLF）或激光立体成形（Laser Solid Forming，LSF）等。LENS 的成形材料主要有金属合金粉末、陶瓷粉末及复合材料粉末等。LENS 主要用于制造成形金属注射模、修复模具、大型金属零件和大尺寸薄壁形状的整体结构零件，也可用于加工活性金属，如钛、镍、钽、钨、铼及其他特殊金属。

1992 年左右，美国军方解密了以合金粉末为原料的激光直接加工成形的概念。美国 Sandia 国家实验室与美国联合技术公司（UTC）于 1996 年联合提出了 LENS 的思想，并于 2000 年获得了相关专利。在美国能源部研究计划支持下，Sandia 国家实验室及 Los Alomos 国家实验室率先发展了 LENS 技术。同年，Optomec 公司成功推出了商业化的激光近净成形系统。Sandia 国家实验室组织了 11 家美国单位组成激光近净成形联盟进行后续研发，最后由美国 Optomec 公司进行商业运作。除了 Optomec 公司以外，法国 BeAM 公司、德国通快以及专为 CNC 机床公司提供增材制造包的 HYBRID 公司也纷纷推出了各自的 LENS 系统。

国内对于激光近净成形工艺的研究起步较晚。1995 年，西北工业大学凝固技术国家重点实验室提出了金属材料的激光立体成形技术思想。1997 年，西北工业大学联合北京航空工艺研究所开始对 LENS 系统进行研究。北京航空航天大学在国际上首次全面突破了钛合金、超高强度钢等难加工的大型复杂整体关键部件的激光成形工艺和成套设备，已经给我国提供了飞机的大型零部件并完成了装机，如发动机框架、起落架等，并且其成本低、速度快、工艺处于国际领先水平。

LENS 成形工艺作为一种新型 3D 打印技术，具有以下优点：

（1）制造过程柔性化程度高。制造过程仅需改变 CAD 模型并设置参数即可获得不同形状的零件，能方便地实现多品种、多批量零件加工的快速转换。

（2）产品研制周期短，加工速度快。适合于新产品的开发，适合小批量、复杂、异形零件的快速生产。

（3）技术集成度高。零件的整个制造过程全部由计算机完成，无须或只需较少的人工干预即可制造出需要的原型或零件。

（4）有很高的力学性能和化学性能。LENS 制造的零件不但强度高，而且塑性也较高，耐腐蚀性能突出。成形的零件几乎是完全致密，纤维组织十分细小均匀，没有宏观组织缺陷。

（5）能实现多种材料以任意方式组合的零件成形。原则上可以在成形过程中根据零件的实际工况任意改变其各部分的成分和组织，实现零件各部分材质和性能的最佳搭配。

（6）应用范围广。不仅可以用于金属零件的快速制造，而且可用于再制造工程中大型金属零部件的修复，为建设循环经济和节约型社会提供了技术支撑。

LENS 技术仍面临以下难题：

（1）无粉床支撑，复杂结构零部件成形较困难。

（2）成形时热应力较大，成形精度较低。

（3）激光光斑较粗，一般加工余量为 3~6 mm。

（4）需使用高功率激光器，设备造价昂贵。

9.3.2　LENS 成形工艺

1. 基本原理

LENS 技术是将选择性激光烧结技术和同步送粉激光熔覆技术相融合而成的先进制造技术，能够实现高性能复杂结构零件的无模具、快速近净成形制造。LENS 工艺成形过程如图 9-25 所示，成形过程是：通过计算机切片软件对零件的三维 CAD 模型按照一定厚度分层切片，得到零件的二维平面轮廓数据，生成 NC 代码，并转化为工作台的运动轨迹；激光束按照预定的运动轨迹扫描，同时粉末材料以一定的送粉速率送入激光聚焦区域内，快速熔化凝

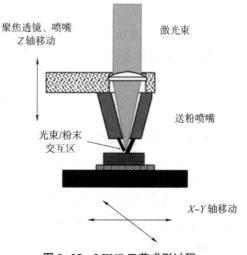

图 9-25　LENS 工艺成形过程

固，通过点、线的叠加沉积出和切片厚度一样的薄片；然后将已成形的熔覆层下降一定高度并重复上述过程，沉积下一薄层，如此逐层堆积直至成形出所需要的三维成形实体零件，所得实体成形件不需要或者只需要少量加工即可使用。

2. 后处理

LENS 所成形的零件与 SLM 相比，粗糙度较高，一般需要集合数控加工进一步得到最终的零件。

9.3.3　LENS 成形系统

LENS 成形系统如图 9-26 所示，主要由数控系统、激光系统、送粉系统和气氛控制系统等组成。

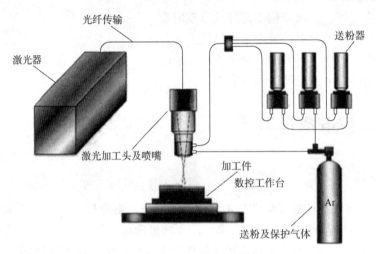

图 9-26　LENS 成形系统结构组成

1. 数控系统

数控系统控制零件成形全部过程，对系统中各部件（包括激光器光闸、校正光开关、保护器气阀、铺粉电动机、活塞电动机以及 XY 工作台电动机等）进行统一指令下的有序控制，以完成金属零件的加工过程。

2. 激光系统

激光系统由激光器及其辅助设施（如气体循环系统、冷却系统、充排气系统等）组成。高功率激光器作为 LENS 的核心部分，其性能将直接影响成形的效果。目前最为常用的主要是 CO_2 激光器、YAG 激光器和光纤激光器等，能量范围从百瓦级到万瓦级不等。

YAG 激光波长为 1 064 nm，比 CO_2 激光波长小一个数量级，因此金属及陶瓷材料对其吸收系数更高；同时 YAG 激光器能够以脉冲和连续两种方式工作，可获得超短脉冲，加工范围比 CO_2 激光器更加广泛；YAG 激光与 CO_2 激光相比，一个最大的优势是能用光纤传输，还可以通过功率分割技术和时间分割技术，将一束激光传递到多个工位或远距离工位，使得加工更加柔性化。

YAG 激光器的主要缺点是：①转换效率较低（1%～3%）；②YAG 激光器每瓦输出功率的成本费比 CO_2 激光器高；③YAG 激光器在工作过程中存在内部温度梯度，这将会引起热应力效应和热透镜效应，限制了 YAG 激光器平均功率以及光束质量的进一步提高。

光纤激光器以其优异的光束质量和更小的光斑直径在精细结构加工方面得到快速发展。其波长为 1.074 μm，因此材料对它的吸收率也较高，也可通过光纤进行传输，加工的柔性与 YAG 激光相同。

3. 送粉系统

送粉系统是 LENS 中最为关键和核心的部分，其性能的好坏直接决定了成形零件的最终质量，包括成形精度和性能。送粉系统包括送粉器、粉末传输通道和喷嘴三部分。

送粉器是送粉系统的基础，要求其能够连续均匀地输送粉末，粉末流不能出现忽大忽小和暂停的现象。送粉器的送粉原理通常有重力送粉、机械送粉、载气式送粉等几种。其中，依靠重力进行送粉时对粉末的流动性要求较高；机械送粉工具主要有刮板式送粉器、螺旋式送粉器等，粉末和送粉元件之间摩擦、挤压严重，粉末易堵塞，造成送粉不稳定；载气式送粉器由于其送粉稳定，调节方便，是目前世界上激光成形和熔覆系统的主流送粉器。

喷嘴是送粉系统中另一个核心部件，按照喷嘴与激光束之间的相对位置关系，主要分为两种：侧向喷嘴和同轴喷嘴，如图 9-27 所示。

图 9-27　LENS 送粉方式
(a) 侧向喷嘴；(b) 同轴喷嘴

侧向喷嘴的使用和控制比较简单，特别是在对粉末流约束和定向上较为容易，因而多用于激光熔覆领域，但它难以成形复杂形状零件，而且由于其无法在熔池附近区域形成一个稳定的惰性保护气氛，在成形过程的氧化防护方面不足。同轴喷嘴粉末流呈对称形状，整个粉末流分布均匀、粉末流与激光束完全同心，因此同轴喷嘴没有成形方向性问题，能够完成复杂形状零件的成形。同时，惰性气体能在熔池附近形成保护性气氛，能够较好地解决成形过程中的材料氧化问题。

4. 气氛控制系统

气氛控制系统是控制成形过程中环境气氛的装置，它能防止金属粉末在激光加工过程中发生氧化，降低沉积层的表面张力，提高层与层之间的浸润性，同时有利于提高工作的安全性能。它创造了一个通常以惰性气体为主的保护环境，降低了加工过程中的材料氧化反应，因而对性质活泼的材料是必需的。

9.3.4 LENS 成形材料

1. 基板材料

LENS 技术是在基板上进行逐层的熔覆扫描成形，前几层都是与基板相结合，所以基体材料的选择对整个零件的成形质量至关重要，一般多采用金属基板，其选择原则是：

(1) 润湿性良好。基板与成形材料之间应形成良好的润湿性，否则连接不可靠。

(2) 结合界面无剧烈反应。剧烈的反应会极大削弱两者的结合稳定性。

(3) 热膨胀系数相近，避免过多的相互作用力。

2. 成形材料

金属粉末材料特性对成形质量的影响较大，因此对粉末材料的堆积特性、粒径分布、颗粒形状、流动性、含氧量及对激光的吸收率等均有较严格的要求。

1) 自熔性合金粉末

自熔性合金粉末是指加入 Si、B 等元素的熔覆用合金粉末，具有强烈自脱氧和自造渣作用，可以防止熔覆层氧化，提高表面质量。在激光熔覆的过程中，它们优先与熔池中的氧反应生成 SiO_2 和 B_2O_3，在熔池表面形成保护层，以防止液态金属过度氧化。同时可降低合金熔点，从而改善液体对基体的润湿能力和熔覆层的工艺成形性能。常被用于激光熔覆的自熔性合金粉末有镍基、铁基、钴基等合金粉末。

2) 陶瓷粉末

陶瓷粉末具有高硬度、高熔点、低韧性的特点，所以在激光熔覆中一般作为增强项来改善涂层的硬度及耐磨性。但是陶瓷粉末与金属基体之间的线膨胀系数、弹性模量、热导率等热物理性质相差较大，并且陶瓷粉末的熔点较高，因此熔池温度梯度大，陶瓷硬质相与熔覆层基体的结合处易萌生裂纹，容易造成熔覆层开裂。所以，激光熔覆陶瓷粉末时多采用原位合成或梯度熔覆方法来解决这一问题。陶瓷粉末按化学成分不同可分为碳化物粉末、氧化物粉末、氮化物粉末、硼化物粉末等。

3) 复合材料粉末

在严重磨损的工况下，熔覆单一的粉末不能满足使用要求，因此，可选择激光熔覆复合粉末。由两种或两种以上不同性质的固相物质颗粒经过机械混合而形成的颗粒称为复合材料粉末，按照成分可分为金属与金属、金属与陶瓷、陶瓷与陶瓷等。复合材料粉末是单一颗粒的均质性与粉末整体的均质性的统一，实现了组织与性能的优化。

4) 稀土及其氧化物粉末

稀土及其氧化物粉末的添加量在质量分数 2% 以内就可以明显改善激光熔覆层的组织与性能，目前研究较多的是 Ce、La、Y 等稀土元素及其氧化物。纯稀土元素易与其他元素反应生成化合物。

9.3.5 LENS 成形制造设备

图 9-28 为 Optomec 公司开发的第三代成形机 LENS 850-R 系统。LENS 850-R 是大尺寸先进的 LENS 增材制造系统,适合于使用先进合金材料快速 3D 修复航空航天等领域具有高价值的金属零件。

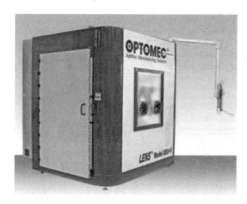

图 9-28 Optomec LENS 850-R 系统

铂力特公司 BLT-C 系列金属 3D 打印机是典型的 LENS 系统,其主要应用于航空航天、发动机、医疗、汽车、电子、模具及科研领域。图 9-29 为 BLT-C1000 型金属 3D 打印机,其成形件中的同锻件综合力学性能相当,在提高加工效率的同时增加了设备的成形尺寸,同时能够根据不同材料参数自动进行加工策略调整。

图 9-29 西安铂力特的 BLT-C1000 3D 打印机

国内外部分 LENS 制造设备的特性参数见表 9-2。

表 9-2 国内外部分 LENS 制造设备的特性参数

型号	生产商	成形尺寸 /(mm×mm×mm)	定位精度 /mm	激光器功率 /kW	送粉器数量/个
BLT-C600	西安铂力特	600×600×1 000	X, Y: 0.06 Z: 0.1	1/2/4	2
BLT-C1000		1 500×1 000×1 000	X, Y: 0.06 Z: 0.1	2/4/6	2

续表

型号	生产商	成形尺寸/(mm×mm×mm)	定位精度/mm	激光器功率/kW	送粉器数量/个
LENS 450	Optomec	100×100×100	±0.25	0.4	1
LENS 850-R		900×1 500×900	±0.25	1/2	2
LENS MR-7		300×300×300	±0.25	0.5/1	4

9.3.6 LENS 成形影响因素

1. 体积收缩率过大

由于金属粉末的密度即使在高温压实的状态下仍然比较低，而烧结后将增大，从而造成在相同质量条件下体积的收缩。这种体积收缩现象在选择性激光烧结中并不明显，因为烧结后的零件仍然是强度和密度均较低的多孔金属零件，其密度一般只能达到该金属密度的50%。但是在 LENS 系统中，体积收缩是一个十分明显且不容忽视的问题，因为在高功率激光熔覆作用下，加工后金属件的密度将与其冶金密度相近，从而造成较大的体积收缩现象。

在 LENS 中，由于体积收缩过大，要求铺粉厚度必须远大于分层厚度才能保证加工后实体高度误差在较小的范围之内。然而过大的铺粉厚度会引起金属粉末严重迸飞流失，使下一条扫描线上粉末厚度骤减，无法实现连续扫描。

2. 粉末爆炸迸飞

粉末爆炸迸飞是指在高功率脉冲激光的作用下，粉末温度由常温骤增至其熔点之上而引起其急剧热膨胀致使周围粉末飞溅流失的现象。发生粉末爆炸迸飞时常常伴有"啪啪"声，在扫描熔覆时会形成犁沟现象，使粉末上表面的宽度常常大于熔覆面宽度两倍以上，从而使相邻扫描线上没有足够厚度的粉末参与扫描熔覆，无法实现连续扫描熔覆加工。

这种粉末爆炸迸飞现象是在高功率脉冲激光熔覆加工中所特有的现象，原因有两个：其一是该激光器一般运行在 500 W 的平均功率上，但脉冲峰值功率可高达 10 kW，大于平均功率 15 倍之多；其二是脉冲激光使加工呈不连续状态，在铺粉层上形成热的周期性剧烈变化。

3. 加工表面质量

在激光扫描熔覆过程中，每一层的表面质量都至关重要，上层加工面总是下一层的基础，所以单层表面的粗糙度以及缺陷直接影响后续加工质量，而其积累结果将决定金属零件的最终生成质量。影响加工表面质量的因素很多。

4. 光斑重合率

脉冲激光光斑重合率是指相邻两个脉冲光斑或相邻两条扫描线间的重合程度。当两个相邻光斑完全重合时，重合率为 100%；相切时重合率为 0；相交时重合率则在 0~100%，如图 9-30 所示。

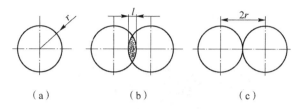

图 9-30　LENS 系统结构组成

（a）重合；（b）相交；（c）相切

光斑重合率计算公式如下：

$$\eta = \frac{l}{2r} \times 100\% = \left(1 - \frac{v}{2rf}\right) \times 100\% \tag{9-1}$$

式中，l 的长度决定于光斑半径 r、脉冲频率 f 和扫描速度 v，当激光脉冲频率 f 取 1 Hz 时：式（9-1）可整理得：

$$\eta = \left(1 - \frac{v}{2r}\right) \times 100\% \tag{9-2}$$

由式（9-2）可以看出，光斑重合率随扫描速度增加而减小、随光斑半径增加而增加。由于光斑重合率的取值范围在 0~1，所以要满足下面的关系式：

$$0 < 1 - \frac{v}{2r} < 1 \tag{9-3}$$

由上式可以得 $v<2r$，即扫描速度值必须小于激光光斑的直径。相反，若 $v>2r$，相邻光斑则完全分离，无法实现连续的熔覆烧结，显然无法生成实体零件。

理论上讲，重合率越大，加工后的表面越均匀，然而过大的重合率会严重影响加工的效率。采用 50% 的重合率，即相邻光斑以及相邻扫描线之间的距离均取光斑半径长度，既可以保证一定的表面质量，又可以提高加工效率。

5. 扫描轮廓线

在 LENS 中，每一层都要先扫描轮廓线，然后再对轮廓线内部进行扫描填充，这样可保证轮廓清晰，并获得较好的侧表面质量。铺粉后先扫描的轮廓线没有受到粉末爆炸迸飞的影响，但会导致十分明显的边缘凸起现象。解决轮廓线凸起的方法就是不对轮廓线进行扫描，或者先扫描填充线后扫描轮廓线。

9.3.7　LENS 的应用

LENS 技术在直接制造航空航天、船舶、机械、动力等领域中大型复杂整体构件方面具有突出优势。同时，LENS 技术也可用于修补和在已有物体上二次添加新部件。

1. 航空装备制造

全球知名的航空产品供应商 MTS 公司旗下的 AeroMat 采用 LENS 技术制造 F/A-18E/F 战斗机钛合金机翼件，可以使生产周期缩短 75%，成本节约 20%，生产 400 架飞机即可节约

5 000 万美元。美国 Sandia 国家实验室利用 LENS 技术已制造出了 W、Ti、Nd、Fe、B 等难加工材料的小型金属件，其中所制造的难熔金属零件已在火箭发动机上得到应用。图 9-31 为利用 LENS 技术制造的叶片。

图 9-31　利用 LENS 技术制造的叶片

2. 航空装备维修

英国 Birmingham 大学利用 LENS 技术为 Rolls-Royce 公司成功修复了 Trent500 航空发动机密封圈。图 9-32 为美国 Optomec 公司利用 LENS 技术修复的 AM355 整体叶盘。

图 9-32　利用 LENS 技术修复的 AM355 整体叶盘

3. 快速模具制造

利用 LENS 技术可以显著缩短模具制造时间，还可以加工共形冷却通道。共形冷却通道是根据模芯和模腔形状在模具内部设计的复杂冷却液通道，可以显著改善模具的导热状况，延长模具使用寿命。由于共形冷却通道完全隐匿于零件内部且形状复杂，因此用传统加工方法很难甚至根本无法制造出来。图 9-33 为利用 LENS 工艺制造的金属模具样件，其中的三角形孔洞即为共形冷却通道。

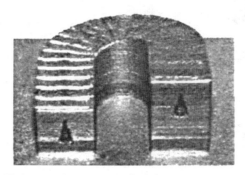

图 9-33　利用 LENS 工艺制造的金属模具样件

4. 医疗植入体

LENS 技术在专业手术器械的开发、原型制造、产品生产以及骨科植入体（如臀部、膝盖和脊柱等）制造等方面也得到了广泛应用。

● 思考与练习

1. 简述形状沉积制造工艺的原理。
2. 分别阐述 Carnegie Mellon 大学和 Stanford 大学搭建的 SDM 成形系统的组成。
3. 简述 EBM 的特点。
4. 通过网络、文献、报刊等途径，查阅 EBM 成形工艺的研究现状。
5. 简述 LENS 成形系统的组成。
6. 通过网络、文献、报刊等途径，介绍 LENS 的最新应用。

第10章 3D打印综合实例

在前面的章节中,我们已经介绍了不同3D打印工艺的成形工艺及应用,但无法直观了解3D打印的实际成形过程。本章重点介绍SLA、SLS、SLM、FDM及3DP 5种工艺的综合案例,详细介绍典型工艺的3D打印机及3D打印过程。

10.1 SLA综合实例

10.1.1 案例分析

某型号喷淋安装盖如图10-1所示,根据所换喷淋头的大小,对安装盖进行设计,使用SLA工艺3D打印,可以节省时间和成本,同时确保零件的精度和表面的光滑程度。

图10-1 喷淋安装盖

10.1.2 成形设备

本案例采用杭州先临三维科技有限公司自主研发的 iSLA-450 光固化快速成形机,如图 10-2 所示。iSLA-450 光固化快速成形机贴近客户实际需求,设备更稳定,操作更容易,效果更精细。

iSLA-450 光固化快速成形机具有以下特点:

1. 成形精度高

自适应分层,有效提高成形精度,同时减少后处理工作量;紫外激光自动检测聚焦,光斑直径一般为 0.1~0.15 mm;振镜精度自动标定,保证更好的成形质量。

图 10-2　iSLA-450 光固化快速成形机

2. 成形细节好

表面光洁度高(表面粗糙度小于 0.1 μm);可制作任意复杂结构的零件(如空心零件);负压吸附式刮板,涂层均匀可靠。

3. 高度自动化智能化

成形过程高度自动化,后处理简单;在同一局域网内,可以实现远程监控;语音控制,短信提醒;激光在线测量,工艺参数全自动设置;扫描路径自动化;液位自动控制。

4. 操作简便

配置触摸式操控面板,液晶显示;软件一键操作,可以简化设备操作流程;总体结构紧凑,占地面积小;三面开门,易于观察,可操作空间大;软件具备中断处理能力,可实现接续打印;设备集成温度和湿度的显示;具备可拆卸式工作台,操作方便。

5. 材料丰富,满足不同应用需求

透明、不透明、高强度、耐高温等不同的光敏树脂材料可供选择。
iSLA-450 光固化 3D 打印机的技术参数见表 10-1。

表 10-1　iSLA-450 光固化 3D 打印机技术参数

外观尺寸/(mm×mm×mm)	1 100×1 400×1 800
重量/kg	约 900(含树脂)
激光器/nm	355
振镜	德国进口
光斑大小/mm	<0.2
工作面光斑校正	动态聚焦

续表

外观尺寸/(mm×mm×mm)	1 100×1 400×1 800
扫描速度/(m·s^{-1})	最大 10
加热方式	PTC 加热板加热
材料	GP 等 355 nm 光敏树脂材料；可选
成形空间/(mm×mm×mm)	450×450×400
成形精度/mm	±0.05（<100）或 ±0.1（>100）
层厚/mm	0.05~0.2 可选
成形速度/(g·h^{-1})	最高可达 120
功率/kW	2
数据接口	STL、SLC
树脂槽	可更换、可升级

10.1.3　3D 打印

1. 前处理

零件建模（建模过程省略）完成后不能直接进行 3D 打印，需要利用 Magics 软件对模型添加支撑，具体步骤如下：

（1）打开 Magics 软件，出现如图 10-3 所示界面。

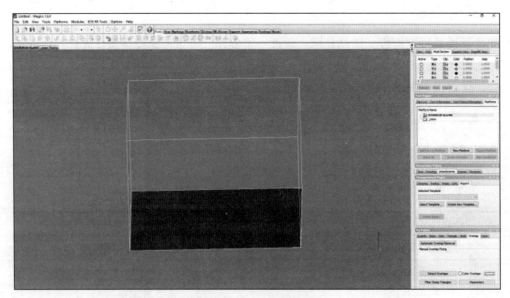

图 10-3　Magics 软件界面

（2）导入零件"喷淋安装盖.STL"，如图 10-4 所示。

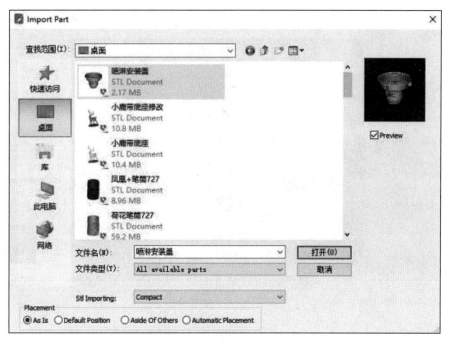

图 10-4　导入 STL 文件

(3) 选择模型底面,并设置距离平台高度,如图 10-5 所示。

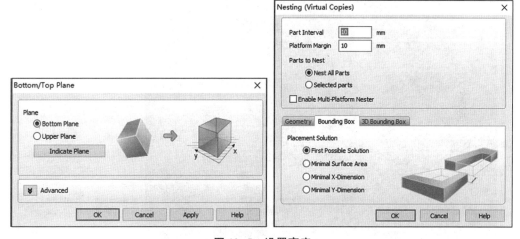

图 10-5　设置高度

(4) 单击"零件加支撑"，选择支撑类型为"线支撑",如图 10-6 所示。
(5) 返回原界面，并保存到桌面新建文件夹。

2. 打印模型

(1) 启动桌面 3D Rapidise 软件，如图 10-7 所示。
(2) 单击"导入模型"按钮,在弹出的对话框中,选择要导入的模型文件(STL 格式或 SLC 格式)进行加载。若只选择支撑文件(s_ 开头的文件),软件将忽略。

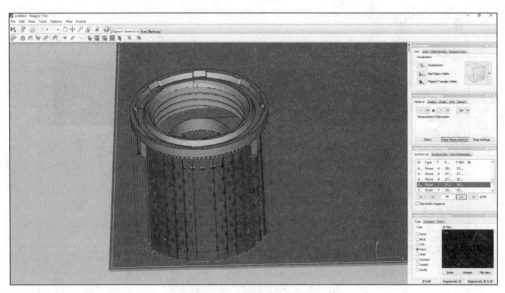

图 10-6　零件添加支撑

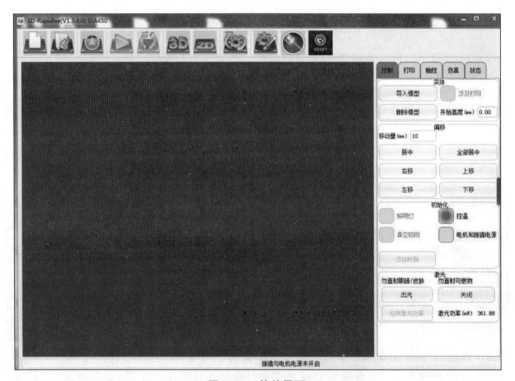

图 10-7　软件界面

(3) 打开电机和振镜电源、真空吸附、照明灯，如图 10-8 所示。

(4) 导入模型，如图 10-9 所示。

图 10-8 控制菜单

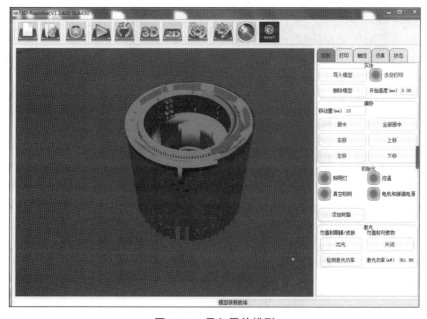

图 10-9 导入零件模型

(5) 准备打印。

单击"打印准备"图标，系统将自动进行如下流程：

①检查激光功率：若功率检测不达标，软件会弹出提示；

②检查树脂余量：若树脂余量不足或过多，软件会弹出提示；

③刮刀及吸附检查：软件弹出提示进行刮刀及吸附检查，清理干净网板和刮刀底部后单击"确定"即可；

④自动刮气泡：刮刀会自动来回走一遍进行刮气泡操作；

⑤除此之外，还需要确认当前树脂温度和打印工艺参数是否合理。

(6) 开始打印。

单击"开始制作"图标（从指定高度开始打印）或"重新制作"图标（始终从高度0开始打印），软件会自动进行打印，打印过程如图10-10所示。

(7) 取件。

打印完成后，如图10-11所示，在取件之前，先要确定产品结构及其支撑结构，用铲刀沿网板底面小心铲下零件。

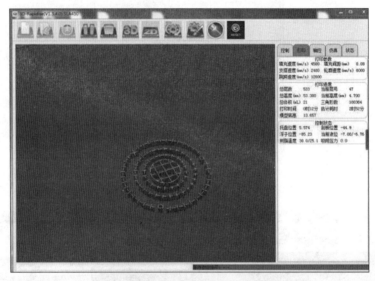

图10-10 打印过程

图10-11 打印完成

3. 后处理

零件取下后应进行清洗。清洗前可先将零件在清洗剂（如工业酒精）中浸泡几分钟（8 000 树脂一般为 2~3 min，其他树脂视具体情况而定，透明树脂可不浸泡），如图 10-12 所示。对于薄壁零件或比较软的零件，不需要浸泡。然后用毛刷刷去表面的树脂，并将支撑剥去，当实体表面不再"黏黏"的，可取出零件，用气枪吹干其表面。

去除支撑后，可将零件放置于紫外固化箱中进行后固化，固化时长 20 min~2 h（视零件强度要求和树脂类型而定，为保证零件效果，透明树脂等部分树脂可选择不固化）。

打磨可以分为粗打磨和细打磨，利用不同目数的砂纸进行打磨，然后在水中清洗，使表面光滑。打磨后成品如图 10-13 所示。

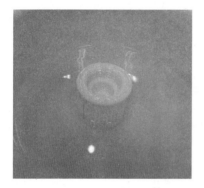

图 10-12 酒精浸泡

图 10-13 成品

10.2 SLS 成形综合实例

10.2.1 案例分析

3D 打印的无人机机架如图 10-14 所示，该机架是根据力学结构优化和轻量化分析设计而成的一体化结构，该设计在满足功能的情况下，使得机架各部位力学结构合理，质量较

 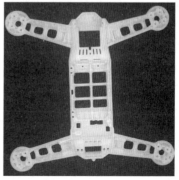

图 10-14 3D 打印的无人机机架

轻。机架采用3D打印完成,安装标准化配件之后可以实现自由飞行。通过该案例可很好地锻炼大中专院校学生的设计分析能力与动手能力,该案例是概念模型可视化、装配校核和功能性测试的一个典型案例。

10.2.2 成形设备

本案例采用杭州先临三维科技有限公司自主研发的EP-P3850选择性激光烧结快速成形机,如图10-15所示。EP-P3850选择性激光烧结快速成形机是基于公司深厚的3D打印技术应用经验而设计开发的,它更加贴近客户实际需求,设备更稳定,操作更容易。

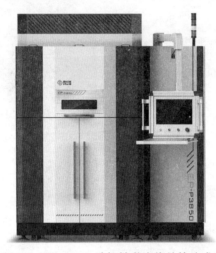

图10-15 EP-P3850选择性激光烧结快速成形机

产品特点:

①加工材料多样化,包括PA12(尼龙12)、PA12GF(玻纤尼龙)、PEBA(聚醚嵌段尼龙)、TPA(聚酰胺弹性体)、PP(聚丙烯);

②工艺参数开放:方便客户依据需要调整,配置塑料类和弹性体类多种材料工艺包;

③机组模块化设计:可以独立更换,方便标准化设计,用户亦可选配;

④气氛模块可靠耐用:价格成本低,性能稳定,易维护,使用寿命长;

⑤成形室温场均匀,对材料的适应性强,采用辊筒式铺粉机构,能够使用50~200 μm的粉末;

⑥高度自动化:成形过程高度自动化,后处理简单,工艺参数加工中可以再次设置,扫描路径自动化,异常自动处理。

EP-P3850选择性激光烧结快速成形机的技术参数如表10-2所示。

表10-2 EP-P3850选择性激光烧结快速成形机的技术参数

产品型号	EP-P3850
外观尺寸/(mm×mm×mm)	2 100×1 250×2 500
成形缸尺寸/(mm×mm×mm)	380×380×500
实际成形尺寸/(mm×mm×mm)	340×340×450

续表

产品型号	EP-P3850
操作系统	Win 7 及以上
激光功率/W	55
光斑大小/mm	0.57
扫描速度/(m·s^{-1})	Max. 7.8
成形速度/(mm·h^{-1})	20
层厚	0.04~0.18
温度控制精度/℃	±0.5
打印精度/mm	±0.15（<100）；0.15%（>100）
可打印材料	尼龙12、尼龙11、玻纤尼龙等

10.2.3 3D 打印

1. 前处理

3D 打印前需要利用 Magics 软件对打印模型进行位置调整，具体步骤如下：

（1）打开 Magics 软件，出现如图 10-16 所示界面。

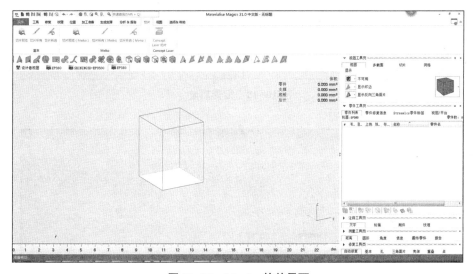

图 10-16 Magics 软件界面

（2）导入零件"无人机机架.stl"，如图 10-17 所示。

（3）选择底面和距离平台高度设置，如图 10-18 所示。

（4）调整好摆放角度，并进行切片，得到切片文件。

（5）将切片文件导入填充软件后得到填充了激光扫描路径的可打印文件，如图 10-19 所示。

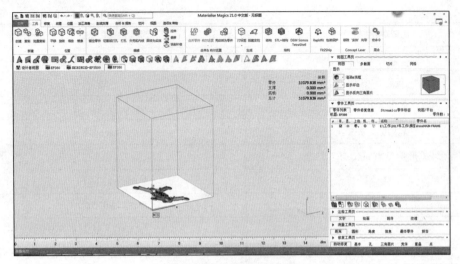

图 10-17 导入 STL 文件

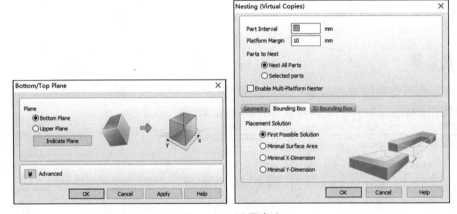

图 10-18 设置高度

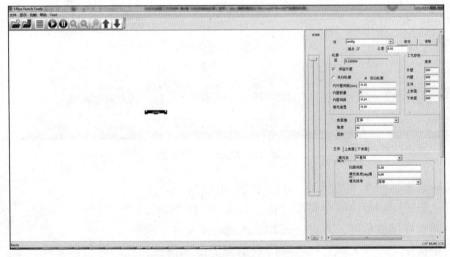

图 10-19 激光扫描路径填充

(6) 填充后保存文件，即可完成切片和填充。

2. 打印模型

(1) 启动桌面 EPlus 3D 打印软件 。

(2) 载入烧结零件。单击"文件"—"打开"菜单，选择需要烧结的可打印文件，单击确定即可完成载入，通过鼠标拖动可以更改零件的摆放位置，如图 10-20 所示。

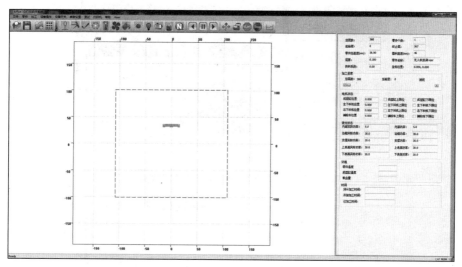

图 10-20　载入零件

(3) 设定烧结参数。单击"参数设置"菜单，弹出"激光设置"对话框；选择"加工参数"按钮，在弹出的"激光设置"对话框内分别设置内部和轮廓的激光烧结功率和扫描速度，并单击保存，即完成参数设置，如图 10-21 所示。

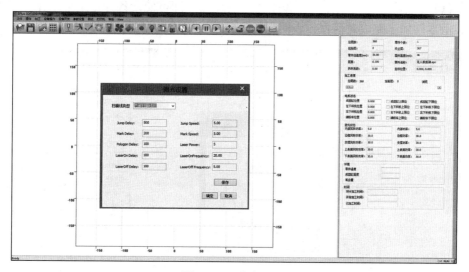

图 10-21　参数设置

(4) 设定烧结温控曲线。单击"参数设置"菜单，弹出"设置温控曲线"对话框才可以设置温控曲线。首先填写零件加工前铺粉参数、零件加工后铺粉参数，然后单击"确定"。最后单击界面上"温控曲线"按钮保存设定参数,即完成温控曲线设定,如图10-22所示。

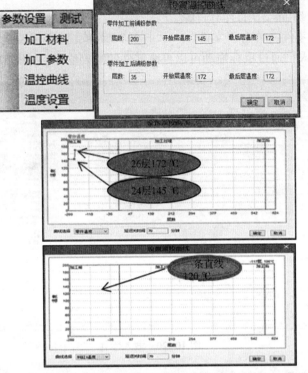

图10-22 参数设置

依次单击界面上的"加热""自动上料""扫描器""激光器"按钮,等到按钮图标颜色变成灰色时,单击"加工按钮",选择"开始加工"即可使设备开始正常工作。零件加工完成后显示零件加工完成对话框,表明零件已经加工完成,如图10-23所示。

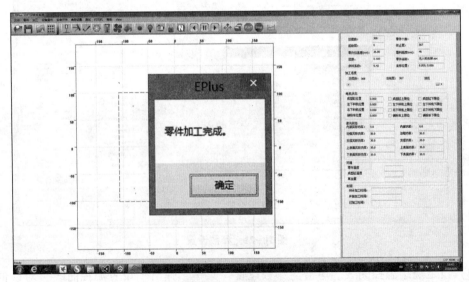

图10-23 烧结完成

（5）取件。

零件加工完成后（图10-24），保温一段时间（大约10 h），直到零件温度降到80 ℃以下。首先单击界面"电动机"按钮给电动机上电；然后单击界面"控制"按钮，弹出"电动机移动"对话框，选择"成形缸下降50 mm"，下降完成后，再次单击界面"电动机"按钮给电动机下电。断开成形缸电源，采用专用推车拉出成形缸，使其移动到清粉平台，然后进行取件。

图10-24　打印完成

（6）后处理。

零件取出后应进行喷砂后处理，采用固定目数的玻璃珠进行喷砂处理，完毕后用气枪吹净其表面即可。图10-25、图10-26所示分别为手动式喷砂机和打印成品。

图10-25　手动式喷砂机

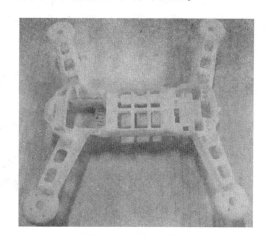

图10-26　打印成品

10.3　SLM成形综合实例

10.3.1　案例分析

本案例成形件为某公司拔火罐注塑模具，所用注塑材料为聚苯乙烯（PS），该产品用于中医理疗，如图10-27所示。

该项目要解决的难点为：

（1）传统水路模具生产出的注塑产品透明度偏低，导致成品率较低（85%左右）；

（2）产品壁厚过大，需减薄0.1~0.3 mm；

（3）原模具镶件图纸文件已丢失，需重新测绘；

（4）塑件顶部无冷却，冷却时间较长，需提高注塑效率。

图10-27　拔火罐注塑模具

10.3.2 随形冷却水路设计及模流分析

1. 模具尺寸数据的测绘

由于该模具镶件的原始图纸信息已丢失,后续金属3D打印所需的三维数据由三维扫描仪加人工测试的方式获得,具体步骤为:

(1) 在传统模型表面喷射一层均匀的显像剂,如图10-28(a)所示;
(2) 在零件表面粘贴定位标签,如图10-28(b)所示;
(3) 用三维扫描仪扫描零件获得数据,如图10-28(c)所示;
(4) 扫描数据反求;
(5) 测量未扫描部位数据及其他尺寸,与三维反求数据对比并修正;难以扫描及人工测量的部位,通过量取塑件产品对应部位的尺寸,再乘以相应的收缩率即为所需尺寸。

(a) (b) (c)

图 10-28 三维扫描流程

(a) 喷射显像剂;(b) 粘贴定位标签;(c) 扫描零件获得数据

2. 随形冷却水路设计

传统模具加工该塑件时,一般采用隔板式冷却水路,如图10-29所示。

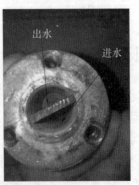

图 10-29 传统模具冷却水路

本方案重新对模具镶件的水路进行了设计,共3种,如图10-30所示。

方案1:冷却水路采用1路进水口、1路出水口的方式。

方案 2：冷却水路采用 1 路进水口、1 路出水口的方式，该方案进水口采取环绕型冷却，各环之间采用竖直水路连接，出水口大部分部位为一竖直水路，相较于螺旋型水路，该设计能缩短随形冷却水路的长度，减小水压损失。

方案 3：该方案与方案 2 相似，区别在于塑件顶部亦有冷却，受该处尺寸的限制，水路直径设定为 3 mm。

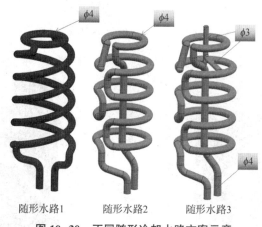

图 10-30 不同随形冷却水路方案示意

3. 冷却效果分析

对以上不同的冷却设计方案，使用 Moldflow 进行冷却模拟分析，分析时采用的工艺参数为：开模时间 5 s，充填时间 1.14 s，熔体温度 230 ℃，分析模具最高温度 137 ℃、最低温度 25 ℃，冷却水路压力 0.3 MPa。通过冷却分析，熔体流动比较均匀，无短射、滞流现象产生，产品的流动前沿温度相差 2.5 ℃，材料的熔体最高温度为 230.8 ℃，最低为 228.3 ℃，在材料注塑温度范围之内，如图 10-31 所示。

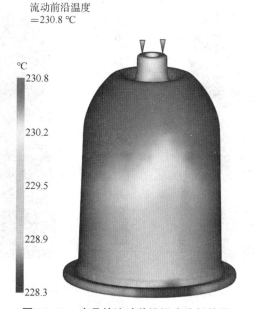

图 10-31 产品的流动前沿温度分析结果

不同模具镶件周期内的温度变化如图 10-32 所示。在模具镶件顶部、中部、底座各选一个点，该点处温度分析结果显示：在顶部，有冷水水路的方案 3 温度最低，约为 26 ℃，传统水路为 102 ℃，未在顶部铺设水路的随形水路的方案 2 的温度为 80 ℃；中部，因所有方案在该处都有冷却，差别不是很大，其中传统模具温度为 34 ℃，三种随形水路的温度在 26 ℃ 左右，以方案 1 的温度最低；在底部，所有冷却方案包括传统和随形水路，温度差别不大，都在 25.5 ℃~26 ℃。

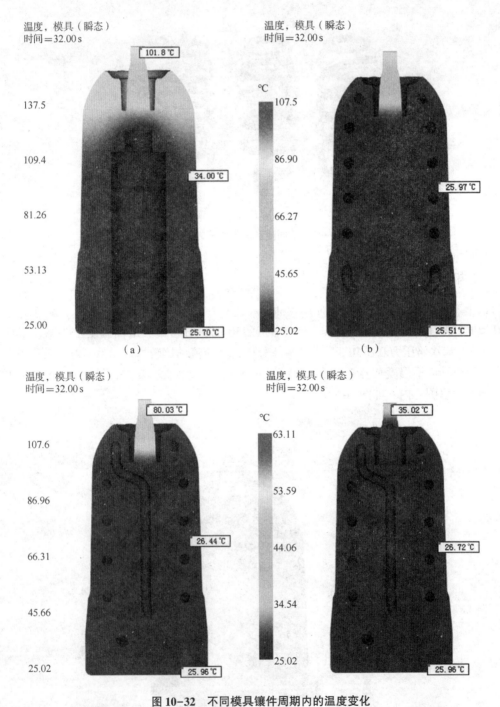

图 10-32　不同模具镶件周期内的温度变化

(a) 传统水路；(b) 方案 1 随形水路；(c) 方案 2 随形水路；(d) 方案 3 随形水路

在模具镶件所选不同部位对应的塑件产品的位置分别选点，温度分析结果显示：温度分布趋势与上述不同冷却方案的模具镶件保持一致，在产品冷却达到 15 s 时，随形冷却方案 3 的产品温度比传统水路低 60 ℃，降低了近 60%，如图 10-33 所示。

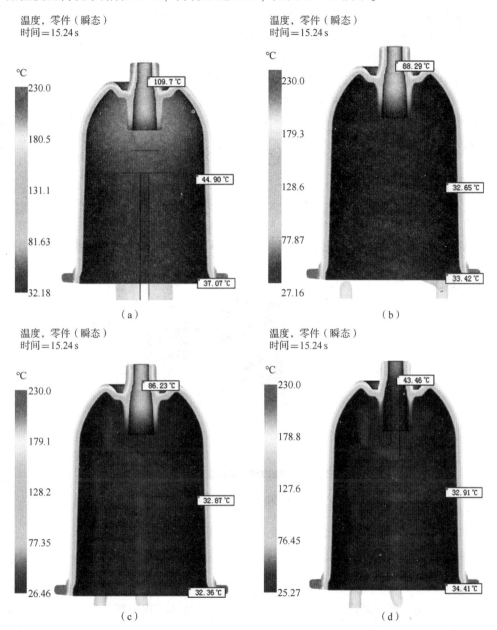

图 10-33　不同冷却方案注塑所得产品周期内的温度变化
(a) 传统水路；(b) 方案 1 随形水路；(c) 方案 2 随形水路；(d) 方案 3 随形水路

三种随形水路达到顶出温度的时间分别为 18.56 s、18.53 s、16.63 s，比传统水路（22.97 s）少 6 s 以上，效率提高近 26%，其中以方案 3 的冷却效果最为明显。四种方案的产品收缩率、变形量差别均不大；进出水口的温差在 5 ℃ 以内。

总体分析结论如下：

(1) 随形水路相对传统水路改善注塑冷却时间26%；
(2) 随形水路相对原始产品，模具温度改善54%；
(3) 随形水路对产品原始体积收缩没有明显改善；
(4) 随形水路进出水口温差最大为5 ℃，符合水路设计要求；
(5) 随形水路压力在0.3 MPa，符合一般模温机要求；
(6) 随形水路未出现停滞、涡流、回流等现象；
(7) 随形水路最大流速为1 009 cm/s，平均流速为504 cm/s；
(8) 随形水路截面流量最大为7.5 L/min，平均为3.75 L/min。

三种随形水路方案在同等边界条件下比传统水路在冷却时间、模具温度等方面改善明显，而以方案3为最佳。

10.3.3 成形设备

本案例采用易加三维自主研发的EP-M250pro金属选择性熔化成形设备，如图10-34所示。EP-M250pro金属选择性熔化成形设备贴近客户实际需求，设备更稳定，操作更便捷，打印质量更高。

图10-34 EP-M250pro金属选择性熔化成形设备

EP-M250pro金属选择性熔化成形设备具有以下特点：

1. 打印质量高

打印幅面内光束质量及风场均一性好；过滤系统过滤效率高，寿命长，发热量可控，可以长时间运行；运动系统精度高，每层打印工况稳定；打印过程中氧含量、温度、湿度、舱室压力稳定可控。

2. 打印效率高

支持大层厚打印；缩短设备打印准备时间，缩短单层铺粉时间；便于嫁接打印，嫁接打印准备时间短；优化扫描策略。

3. 打印成本低

缩短打印时间，减少加工机时；可采用宽粒度段粉末，降低粉末成本；设备耗气量小；

滤芯使用寿命高；设备维护成本低。

4. 操作高效便捷

一键打印功能，打印过程设备参数实时显示；三轴运动支持点动、连续运动方式；自动计算机时（误差<5%）；零件可任意旋转、移动；零件工艺参数打印过程中可实时修改；打印完成自动生成电子版打印报告。

5. 材料丰富，满足不同应用需求

有不锈钢、模具钢、镍基合金、钴铬合金、钛合金、铝合金等多种材料可供选择。EP-M250 金属选择性熔化成形设备的技术参数如表 10-3 所示。

表 10-3 EP-M250 金属选择性熔化成形设备的技术参数

外观尺寸/(mm×mm×mm)	2 500×1 000×2 100
质量/kg	约 2000
激光器/W	500
振镜	德国进口
光斑大小/μm	70~100
工作面光斑校正	拍照法校正
扫描速度/(m·s^{-1})	<7
加热方式	PTC 加热板加热
材料	不锈钢、模具钢、镍基合金、钴铬合金、钛合金、铝合金
成形空间/(mm×mm×mm)	258×258×330
成形精度/mm	±0.05（<100）或 ±0.1%（>100）
层厚/mm	0.05~0.1 可选
成形速度/(cm·h^{-1})	≥14（50 层厚模具钢）
功率/kW	9
数据接口	STL 或其他可选格式

10.3.4 3D 打印

1. 模型前处理

3D 打印前需要利用 Magics 软件对模型添加支撑并进行切片操作，具体步骤如下：
（1）打开 Magics 软件，出现如图 10-35 所示界面。
（2）导入 STL 格式的零件模型文件，如图 10-36 所示。

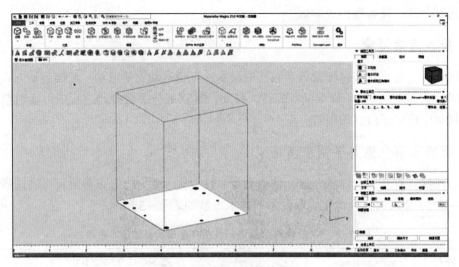

图 10-35　Magics 软件界面

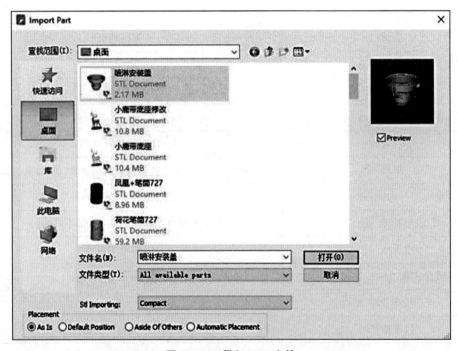

图 10-36　导入 STL 文件

(3) 选择模型底面,并设置距离平台高度,如图 10-37 所示。

(4) 零件添加支撑,根据零件结构选择合适的支撑类型,如图 10-38 所示。

(5) 数据切片处理。

在 Magics 软件"切片"菜单下选择"切片所选"功能,对所选零件及支撑同时切片,进行切片层厚设置,保持两者层厚一致,得到名称为"xxx.slc"格式的实体和名称为"s_ xxx.slc"的支撑文件。切片界面如图 10-39 所示。

(6) 扫描路径规划。

图 10-37　设置高度

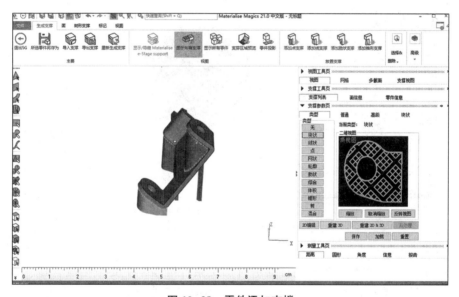

图 10-38　零件添加支撑

将零件的".slc"格式的实体切片文件导入至 EPHatch 填充软件中，支撑切片文件自动与实体切片文件匹配（支撑.slc 文件必须和零件.slc 文件的命名对应）。单击填充按钮进行扫描数据填充，单击保存输出".epi"格式文件，填充后的截面信息和参数设置如图 10-40 所示。

2. 模型打印

（1）启动设备桌面 EP-M250 软件，如图 10-41 所示。

（2）单击排版界面打开文件按钮，在弹出的对话框中，选择要导入的模型文件（epi 格式）加载，如图 10-42 所示。

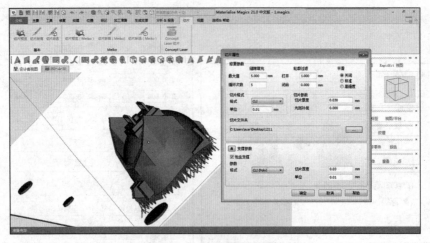

图10-39 数据切片演示

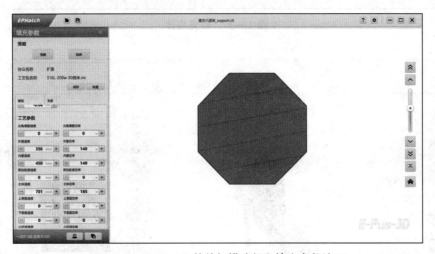

图10-40 EPHatch软件扫描路径和填充参数演示

(3) 准备打印。

单击"下一步"按钮,系统将自动进行加工条件准备,主要包括氧含量、基板温度、风机流速、预计加工时间等,设备会自动进行各项加工条件准备,条件达标后可选择自动进行加工或者手动单击开始加工。

(4) 取件。

打印完成后,将零件从舱室内取出并去除多余粉料。

3. 模型后处理

1) 零件与基板的分离

采用线切割将零件与基板分离,底部添加0.3 mm线切割余量。

2) 清粉

随形冷却水道内部粉料的清除是制造随形冷却模具的关键,冷却水道在模具内部弯曲变

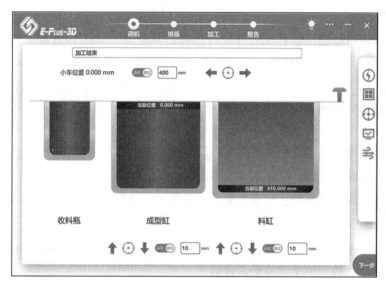

图 10-41 软件界面

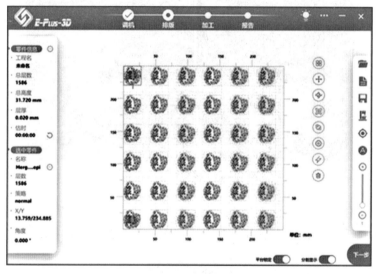

图 10-42 导入零件模型

化,如果粉末不能完全清除,水道被堵塞,那么模具的制造是失败的。由于线切割过程当中,进出水口的粉末可能被乳化液污染,需先在真空烘干箱中对零件烘干(80 ℃,2 h),再用高压气枪将水路中的粉末清除。

3) 螺纹孔的加工

此步骤要在时效热处理之前进行,变化热处理后硬度上升,螺纹加工困难;螺纹孔在打印时会以较小尺寸的光孔替代,这样可以减少加工量和定位的作用。

4) 喷砂

零件经线切割后,需对零件表面的油污进行清洗,再通过喷砂来处理零件表面的残留污物和微小毛刺。

5) 热处理

为满足模具使用性能，需对成形件进行相应的热处理，MS1 热处理工艺为：随炉升温（升温速率为 100 ℃/h）至 490 ℃，在 490 ℃下保温 8 h，取出空冷。

6) 余量去除

SLM 直接制造零件的表面精度一般情况下难以满足模具直接使用要求，为保证模具使用面有足够的致密度，一般在模具外表面添加 0.8 mm 的加工余量。采用传统机加工的方式满足模具的精度要求，某些特别装配部位需采用电火花的方式进行加工。

7) 零件表面图标刻蚀

本套模具表面有一个商标，采用电刻蚀的方式进行成形。

8) 配模

为确认零件已基本加工完成及加工尺寸的正确性，如图 10-43 所示，将模具镶件装配到模具上进行调试，检查加工尺寸是否合格。

图 10-43　模具镶件的配模

9) 抛光

采用手工抛光的方式将所需部位抛光，加工完成后的模具镶件如图 10-44 所示。

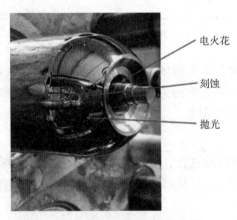

图 10-44　加工完成后的模具镶件

10.4　FDM 成形综合实例

10.4.1　案例分析

生活中我们有很多常用的物件，除了购买获得外，有时可以借助三维设计软件和 FDM 技术得到我们想要的物件。手机支架在当今手机广泛应用的年代也很普遍，本节将利用 UG 软件和 FDM 打印机，设计和打印一个手机支架，如图 10-45 所示。

图 10-45　手机支架

10.4.2　三维建模

1. 新建文件

双击图标 ，打开 UG 10.0，执行"新建"，弹出"新建"对话框，选择模型，将文件名称改为"shoujizhijia.prt"，其余参数选择默认值，单击"确定"按钮，完成新建文件操作，如图 10-46 所示。

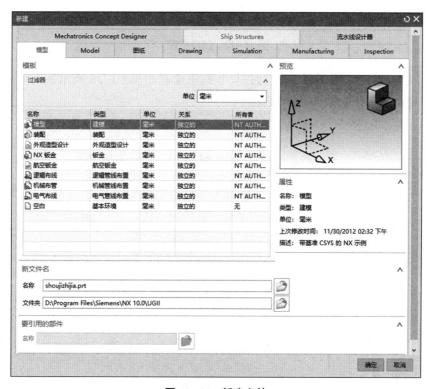

图 10-46　新建文件

2. 创建手机支架模型

1) 绘制草图截面

单击"草图"命令，弹出"创建草图"对话框，草图类型选择"在平面上"，平面方法选择"自动判断"，选择的平面系统默认在 OXY 平面，其他参数保持默认值，如图10-47所示。

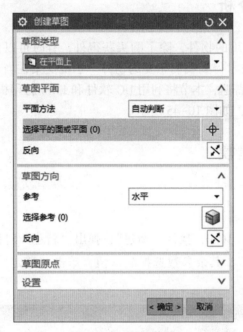

图 10-47　创建草图

单击草图工具"直线"命令，通过尺寸约束绘制如图 10-48 所示的图形。单击"完成草图"命令，退出草图绘制模块。

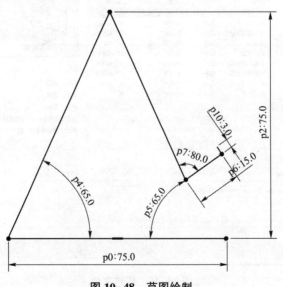

图 10-48　草图绘制

2)创建支架主体

单击特征工具条"拉伸"命令，弹出拉伸命令对话框，截面选择上一步画好的草绘曲线，矢量保持默认，限制结束选择"对称值"，距离输入"30"，偏置选择"对称"，偏置结束输入"2"，单击"确定"完成拉伸命令，如图10-49所示。

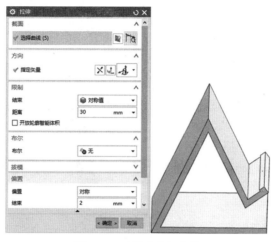

图10-49　创建支架主体

3)倒圆角

单击"圆角"命令，选择如图所示六条边，半径值输入"2"，单击"确定"完成第一组倒圆角，如图10-50所示。

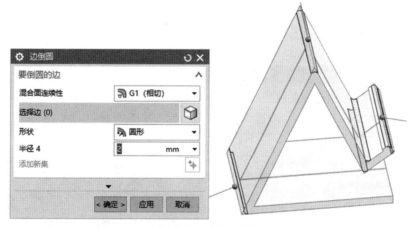

图10-50　支架倒圆角

重复单击"圆角"命令，如图10-51所示，选择边，半径值输入"5"，单击"确定"完成第二组边倒圆角。

4)创建支架缺口

单击"草图"命令，弹出"创建草图"对话框，草图类型选择"在平面上"，平面方法选择"自动判断"，草图平面选择支架正面，草图原点选择边线中点，单击"确定"完成草图创建，如图10-52所示。

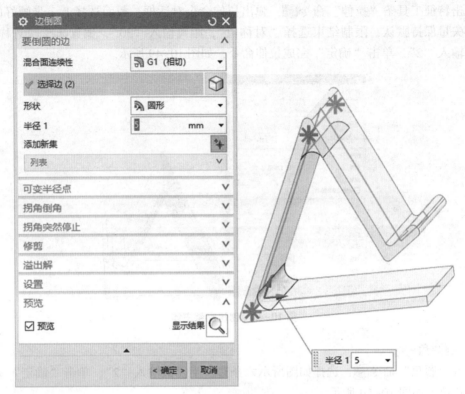

图 10-51　倒圆角选边

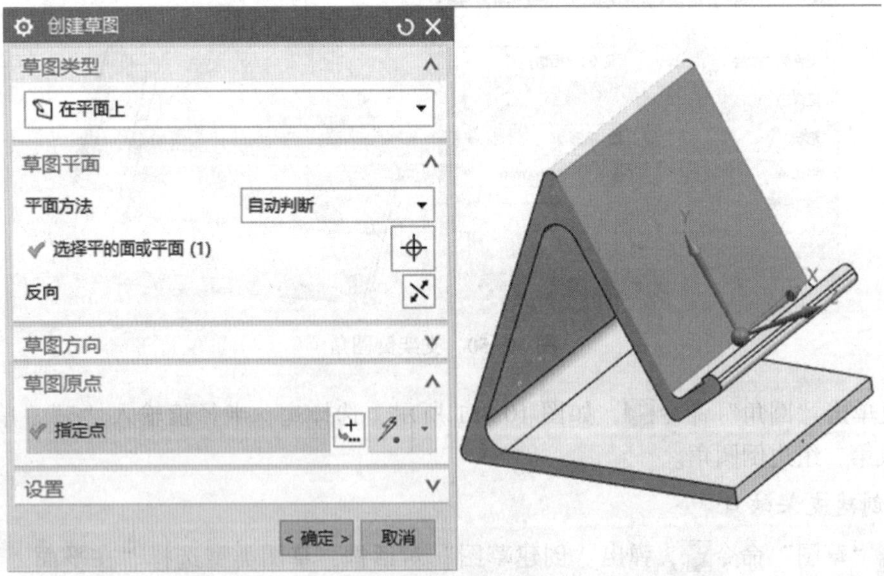

图 10-52　创建草图

按照如图 10-53 所示草图截面尺寸建立草图截面。

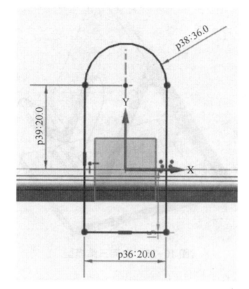

图 10-53　绘制草图

单击"拉伸"命令，截面选择创建好的草图截面，限制开始输入"-20"，结束输入"30"，布尔选择"求差"，其他值保持默认，如图 10-54 所示。单击"确定"完成拉伸命令。最终模型如图 10-55 所示。

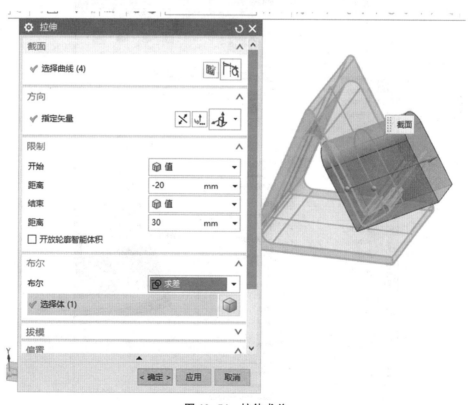

图 10-54　拉伸求差

图 10-55 支架三维模型

5) 导出 STL 文件

支架模型创建完成后,需要将其保存为切片软件所能识别的 STL 格式文件。单击"文件"—"导出"—"STL"—"确定",选择要保存的文件夹,文件名输入"shoujizhijia.stl",如图 10-56 所示。

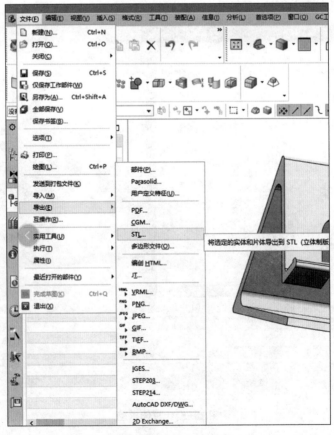

图 10-56 导出 STL 文件

10.4.3 成形设备

由于本次打印的零件尺寸较小，所以我们本次选择与 3D Star 切片软件相配套的 Einstart-S 型打印机，以杭州先临三维科技有限公司开发的 FDM 打印机为例进行讲解。图 10-57 所示为 Einstart-S 型 3D 打印机。

Einstart-S 型桌面 3D 打印机，是先临三维自主研发的第二代桌面 3D 打印机，属于家用个人 3D 打印机，具有简单易用的特点，满足个性化 3D 打印需求。它具有炫彩外观，全金属架构，独创开机一键打印，使用户轻松体验 3D 打印乐趣。

图 10-57　Einstart-S 型打印机

Einstart-S 型 3D 打印机技术参数如表 10-4 所示。

表 10-4　Einstart-S 型 3D 打印机技术参数

模型构建尺寸/(mm×mm×mm)	160×160×160
打印精度/mm	0.15~0.35
喷头数量	单喷头
输入格式	STL
挤出头直径/mm	0.2~0.5
可打印材料	PLA
挤出头温度/℃	185~270
外观尺寸/(mm×mm×mm)	300×320×390

10.4.4　模型切片与 FDM 打印

1. 打印机调平

在打印前需对 FDM 打印机进行平台调平。

（1）打开 3D Star 切片软件，等待计算机自动连接打印机。

（2）在"面板区"的"设备控制面板"中，单击"Home"按钮使三轴复位，并打开"平台调平"对话框。

（3）单击"平台调平"对话框的"中心"按钮，将平台移动到平台中心。

（4）单击 [ ] 按钮，使平台上升至最高高度，观察此时的喷嘴与平台之间的距离（可将一张 A4 纸放入平台与喷嘴的中间位置，观察是否能够正好使纸平滑通过）。如果平台与喷嘴过远，可将平台下方对应的蝶形螺栓逆时针旋转适当的角度使平台上升，反之则顺时针将平台下降。

(5) 调整完一个位置后，单击其余的"左上""右上""右下"和"左下"四个位置，依次按照步骤（4）操作一遍，确保平台四周与喷头的距离都保持在 A4 纸刚好通过的大小，如图 10-58 所示。

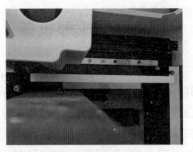

图 10-58　打印机调平

如果在上升平台的时候发现平台超过了喷头的高度并且蝶形螺栓无法再拧紧，这时需要重新调整 Z 轴的高度。

(6) 在"设备控制面板"的"移动模式"中，选择"连续运动"，然后单击"Z+"键不动，平台上升至喷头距平台较近位置时停止，然后选择"定距移动"，"移动距离"选择 1 mm，然后点击"Z+"进行微调，直至平台与喷头距离保持在一张纸的厚度时即可停下，如图 10-59 所示。

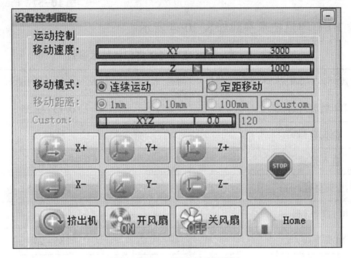

图 10-59　运动控制面板

(7) 在"控制设备面板"中单击"设置 Z 轴高度"，如图 10-60 所示。单击"获取当前 Z 轴高度"键，此时出现的数值即为当前平台高度。设置好 Z 轴高度后，单击"应用"。此时的平台就调整完成了。

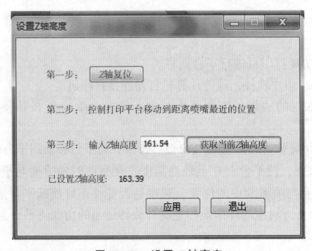

图 10-60　设置 Z 轴高度

2. 导入文件

在 3D Star 切片软件中单击"打开文件",弹出"打开模型"对话框,如图 10-61 所示。选择"shoujizhijia.stl"文件,单击"打开",将模型导入 3D Star 切片软件中。需要注意的是,必须确保模型在打印平台上,否则无法进行打印操作。可以通过"模型编辑面板"—"移动"—"到平台"—"到中心"等一系列操作,将模型摆放至打印平台上。为了减少支撑的部位及提高零件打印精度,需要对模型进行移动、旋转、缩放、镜像等操作。本案例中模型零件摆放位置如图 10-62 所示。

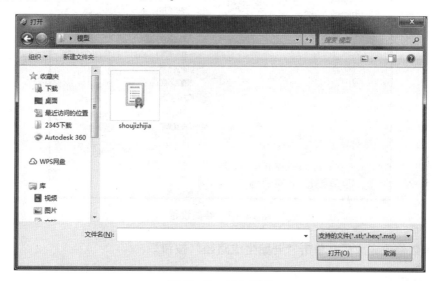

图 10-61 导入模型

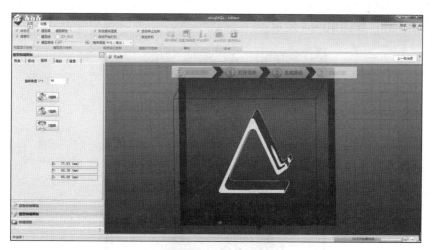

图 10-62 模型初始位置

3. 生成路径

(1) 单击选择"生成路径"参数设置菜单,弹出"路径生成器"对话框。

（2）结合本次使用的打印材料特性及部件的使用场合，修改相应的打印参数："打印层厚"输入 0.15 mm，"外圈实心层"选择 2，"封面实心层"选择 4，"填充线间距"调为 4 mm，"打印速度"设置为 50 mm/s，"喷头温度"设置为 195 ℃，"挤出速度"为 50 mm/min，"剥离系数"调为 2.6，"支撑角度"为 50。支撑类型选择"内外支撑"。具体参数设置如图 10-63 所示。

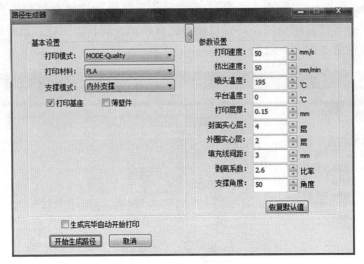

图 10-63　参数设置

（3）参数修改完成后，单击"开始生成路径"按钮。

4. 开始打印

路径生成后即可开始打印。打印时若选择联机打印，只需要单击"开始打印"按钮，打印机即开始工作，如图 10-64 所示。

图 10-64　打印过程

如果选择脱机打印，则需要将路径文件保存到 SD 卡中，然后将 SD 卡插入打印机的卡槽中。单击打印机"设置"界面中"从 SD 打印"按钮，在打开的"文件列表"对话框中选择所需打印的文件，单击"确定"按钮即可。

10.5　3DP 成形综合实例

10.5.1　案例分析

在 3DP 应用案例中，首先我们得了解操作过程：第一，获取三维模型数据；第二，切片、打印；第三，后处理。获取三维模型我们通常有逆向扫描和三维软件建模两种，这里着重讲述三维软件建模方法。本案例设计的模型如图 10-65 所示。

图 10-65　模型零件图

10.5.2　三维建模

（1）打开软件 Solidworks 软件，在弹出界面中，选择"文件"—"新建"对话框，选择"零件"，如图 10-66 所示。

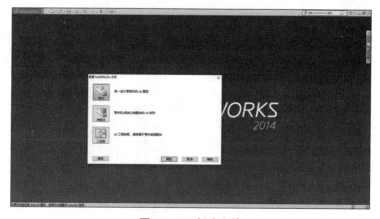

图 10-66　新建文件

(2) 选择基准面, 在草图下根据要求绘制平面图形, 如图 10-67 所示。

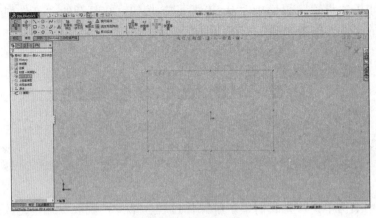

图 10-67　选择基准面

(3) 分别使用草图工具"圆"命令和工具"直线"命令, 绘制如图 10-68 所示图形。最后单击"草图"命令, 退出草图模式。

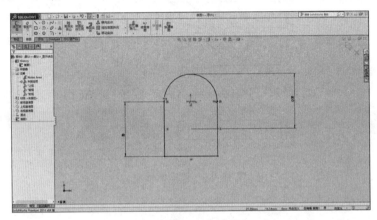

图 10-68　绘制草图

(4) 单击"特征"工具条中的"拉伸凸台/基体"命令; 选择拉伸高度为 10 mm, 如图 10-69 所示。

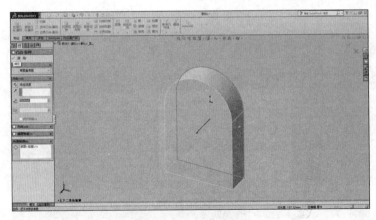

图 10-69　拉伸特征

(5) 退出"特征"模式,选择物体的一个面按 Ctrl+8,将画好的模型调整为正视视角。回到草图利用"圆"命令,分别画出直径为 30 mm、15 mm 的圆,如图 10-70 所示。

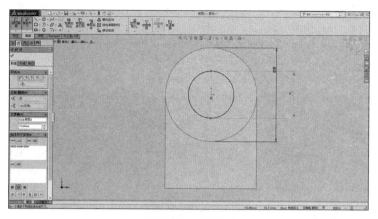

图 10-70　绘制圆

(6) 继续回到特征下,将绘制好的圆环拉伸 15 mm,完成拉伸,如图 10-71 所示。

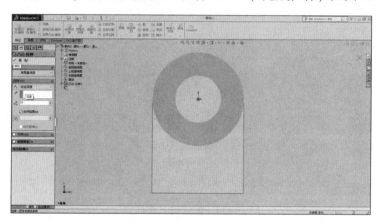

图 10-71　圆拉伸

(7) 将上视基准面改为右视基准面,利用直线命令和几何关系定位完成最后草图的绘制,如图 10-72 所示。

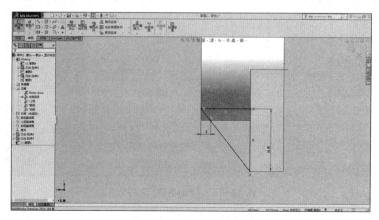

图 10-72　绘制筋板草图

（8）最后对绘制好的三角形，使用拉伸命令，在拉伸方向上选择两侧对称，宽度控制在 5 mm，如图 10-73 所示。创建的三维模型如图 10-74 所示。

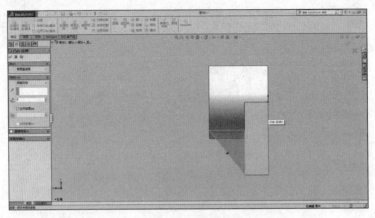

图 10-73　筋板拉伸

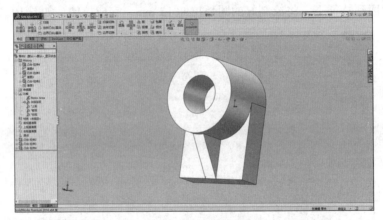

图 10-74　创建的三维模型

（9）选择文件"另存为"，将文件保存为 STL 格式，如图 10-75 所示。

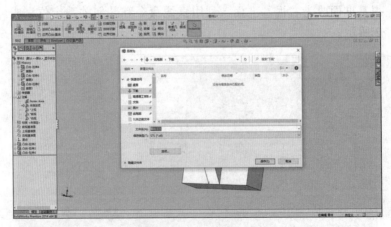

图 10-75　导出 STL 文件

10.5.3　成形设备

本案例采用苏州锐发打印技术有限公司自主研发的 RF001 型粉末黏结喷墨打印机,如图 10-76 所示。

产品特点:
(1) 桌面型;
(2) 粉材使用量小;
(3) 喷头置换成本低;
(4) 支持墨水及压电驱动波形研发;
(5) 采用自主研发的压电喷头。

RF001 型粉末黏结喷墨打印机技术参数如表 10-5 所示。

图 10-76　RF001 系类粉末黏结喷墨打印机

表 10-5　RF001 型粉末黏结喷墨打印机技术参数

外观尺寸/(mm×mm×mm)	810×500×643
重量/kg	约 50
粉末材料最小用量/kg	0.25（以石膏粉末为例）
材料	金属、尼龙、陶瓷、石膏、砂等
成形空间/(mm×mm×mm)	150×150×150
喷头类型	热发泡、压电喷头
喷头分辨率/dpi	75、100
XYZ 重复定位精度/μm	50
电力要求	打印机操作环境 230 V, 50 Hz, 1.25 AMPS

10.5.4　模型切片与 3DP 打印

1. 模型切片

零件三维模型建立好后,需要导入切片软件进行切片处理。

1) 导入 STL 文件

打开 slic3r 切片软件,单击首目录下的 "Add -",导入 STL 文件并打开,如图 10-77 所示。

2) 调整打印参数

模型零件以默认位置为准,根据所需要的零件成形要求调整好 3DP 打印机的各项参数。参数中主要以层高为重点,在 "Print Setting" 下将 "Layer height" 设为 0.25 mm, "First layer height" 设为 0.25 mm,如图 10-78 所示。

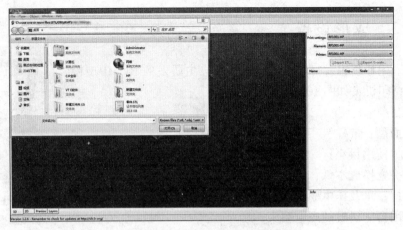

图 10-77 导入 STL 文件

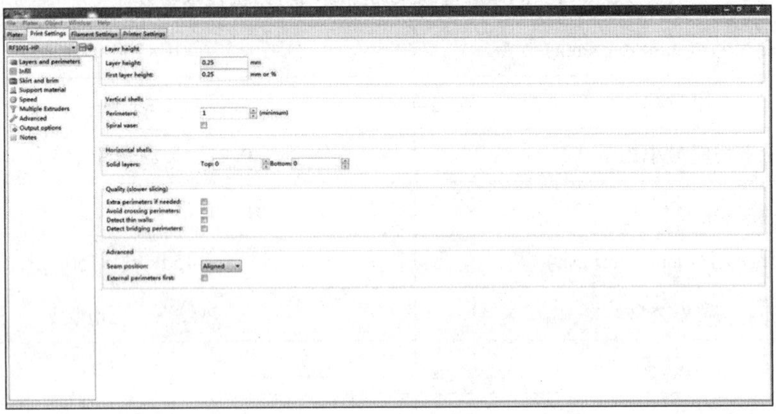

图 10-78 设置层厚

3) 导出 G-code 文件

回到主页面下,单击"Export G-code",输出 G-code 文件,分别如图 10-79、图 10-80 所示。

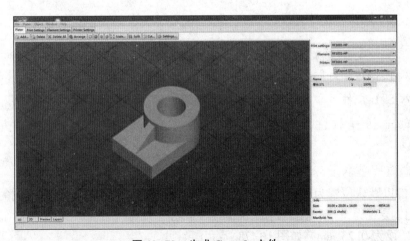

图 10-79 生成 G-code 文件

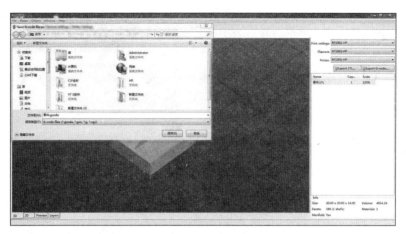

图 10-80　导出 G-code 文件

4) 设置喷头参数

打开软件 RF1001-V1.0-converter，在"File"窗口下，单击"Open File"，打开 Slic3 生成的 G-code 文件，分别如图 10-81、图 10-82 所示。

图 10-81　打开文件

然后在"Settings"窗口下输入参数。"Sweep Direction"默认为"Single Direction"；"X-Size"和"Y-Size"均为 150 mm；喷头分辨率"Cartridge Resolut"为 100；喷头个数"Nozzle Row Width"设为 8，如图 10-83 所示。

单击"File"窗口，单击"Convert File"生成 TXT 文件，如图 10-84 所示。

5) 导出数据

通过储存卡把获取的切片数据导入 3DP 打印机中，即可开始打印。

图 10-82　导入 G-code 文件

图 10-83　设置喷头参数

2. 3DP 工艺打印

具体操作按以下步骤：

(1) 打开 3DP 打印机开关。

(2) 添加材料。

(3) 打开打印机盖子，下降 Feed1 和 Feed2 两个仓位，下降高度高于打印模型的高度。

(4) 打印仓归位。

(5) 将材料注入三个仓，填充均匀，将粉压实。

图 10-84　生成 TXT 文件

（6）手动操作机器，控制 Feed1、Feed2 仓和机器刮粉杆，将粉末抹平，如图 10-85 所示。

3. 准备打印

（1）添加已完成过滤的胶水。

（2）确保在断电情况下，将喷头上的 FFC 线插入喷头驱动板。

（3）完成以上操作后根据喷头的喷射条件，在液晶菜单"Printing->Print"中，选择需要打印的文件。按上下键调节喷头的喷射频率，按左右键调节脉宽。

图 10-85　铺粉刮平

4. 开始打印

一切准备已就绪，直接按机器"OK"键后，机器开始自动打印，直到打印结束。打印过程中需实时观察打印的具体情况，如图 10-86 所示。

 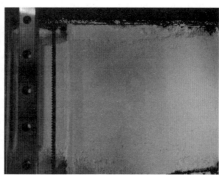

图 10-86　开始打印

5. 后处理

由于 3DP 使用的是胶水固化，因此需要将刚打印完成的零件放于仓内静置一段时间，1~2 小时后将零件从成形仓内取出，首先把成形仓上升一定的高度，用铲刀从底面将零件及周围粉末一起铲出，并将其放置到清理室内。然后使用粉刷将零件表面多余的粉末清理干净，再转移到干净的托盘上，使用喷雾器，在零件周围再喷涂胶水，使零件的固化效果更佳充分，提高粉末的黏合性。

至此，该零件打印及后处理基本完成，最后模型成形效果如图 10-87 所示。

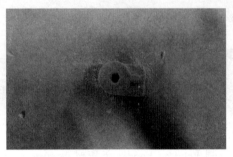

图 10-87 打印的成品

● 思考与练习

1. 设计一款个性化的手机支架，并选择合适的 3D 打印工艺进行打印制作。
2. 设计一个机械功能零件，并选择合适的 3D 打印工艺进行打印制作。

参 考 文 献

[1] 周济. 智能制造——"中国制造 2025"的主攻方向 [J]. 中国机械工程, 2015, 26 (17): 2273-2284.

[2] 蔡志楷, 梁家辉. 3D 打印和增材制造的原理及应用 [M]. 4 版. 陈继民, 陈晓佳, 译. 北京: 国防工业出版社, 2017.

[3] 吴国庆. 3D 打印成型工艺及材料 [M]. 北京: 高等教育出版社, 2018.

[4] 杨继全, 郑梅, 杨建飞, 等. 3D 打印技术导论 [M]. 南京: 南京师范大学出版社, 2018.

[5] 冯春梅, 施建平, 李彬, 等. 3D 打印成型工艺及技术 [M]. 南京: 南京师范大学出版社, 2018.

[6] 王广春. 增材制造技术及应用案例 [M]. 北京: 机械工业出版社, 2014.

[7] 吴怀宇. 3D 打印三维智能数字化创造 [M]. 2 版. 北京: 电子工业出版社, 2015.

[8] 于永泽, 刘静. 液态金属 3D 打印技术进展及产业化前景分析 [J]. 工程研究——跨学科视野中的工程, 2017, 9 (6): 577-585.

[9] 江洪, 康学萍. 3D 打印技术的发展分析 [J]. 新材料产业, 2013 (10): 30-35.

[10] 杜宇雷, 孙菲菲, 原光, 等. 3D 打印材料的发展现状 [J]. 徐州工程学院学报 (自然科学版), 2014, 29 (1): 20-24.

[11] 杨占尧, 赵敬云. 增材制造与 3D 打印技术及应用 [M]. 北京: 清华大学出版社, 2017.

[12] 吴立军, 招銮, 宋长辉, 等. 3D 打印技术及应用 [M]. 杭州: 浙江大学出版社, 2017.

[13] 王广春, 赵国群. 快速成型与快速模具制造技术及其应用 [M]. 北京: 机械工业出版社, 2016.

[14] 杜志忠, 陆军华. 3D 打印技术 [M]. 杭州: 浙江大学出版社, 2015.

[15] 张学军, 唐思熠, 肇恒跃, 等. 3D 打印技术研究现状和关键技术 [J]. 材料工程, 2016, 44 (2): 122-128.

[16] 郭日阳. 3D 打印技术及产业前景 [J]. 自动化仪表, 2015, 36 (3): 5-8.

[17] 李小丽, 马剑雄, 李萍, 等. 3D 打印技术及应用趋势 [J]. 自动化仪表, 2014, 35 (1): 1-5.

[18] Attaran M. The rise of 3-D printing: The advantages of additive manufacturing over traditional manufacturing [J]. Business Horizons, 2017, 60 (5): 677-688.

[19] Pagac M, Hajnys J, Ma Q, et al. A review of vat photopolymerization technology: materials, applications, challenges, and future Trends of 3D printing [J]. Polymers, 2021, 13 (4): 598.

[20] 王维, 王克峰, 张启超, 等. 3D打印技术概论 [M]. 沈阳: 辽宁人民出版社, 2015.

[21] 杨继全, 冯春梅. 3D打印: 面向未来的制造技术 [M]. 北京: 化学工业出版社, 2014.

[22] 韩霞, 杨恩源. 快速成型技术与应用 [M]. 北京: 机械工业出版社, 2015.

[23] 李博, 张勇, 刘谷川, 等. 3D打印技术 [M]. 北京: 中国轻工业出版社, 2017.

[24] 伏欣. 国内增材制造(3D打印)技术发展现状与研究趋势 [J]. 中国高新技术企业, 2016 (24): 27-28.

[25] 卢秉恒, 李涤尘. 增材制造(3D打印)技术发展 [J]. 机械制造与自动化, 2013, 42 (4): 1-4.

[26] 史玉升, 张李超, 白宇, 等. 3D打印技术的发展及其软件实现 [J]. 中国科学: 信息科学, 2015, 45 (2): 197-203.

[27] 刘智, 赵永强. 3D打印技术设备的现状与发展 [J]. 锻压装备与制造技术, 2020, 55 (6): 7-13.

[28] 陈鹏. 基于3D打印技术的产品创新设计与研发 [M]. 北京: 电子工业出版社, 2016.

[29] 郑小军. FDM 3D打印制件性能的影响因素分析与试验研究 [D]. 杭州: 浙江理工大学, 2019.

[30] 秦帅. 生物3D打印组织工程血管及其细胞毒性研究 [D]. 大连: 大连理工大学, 2019.

[31] 赵婧. 3D打印技术在汽车设计中的应用研究与前景展望 [D]. 太原: 太原理工大学, 2014.

[32] 中国混凝土与水泥制品协会3D打印分会. 2020年度建筑3D打印技术与应用发展报告 [J]. 混凝土世界, 2021 (3): 28-36.

[33] 王隆太, 朱灯林, 戴国洪, 等. 机械CAD/CAM技术 [M]. 北京: 机械工业出版社, 2016.

[34] 张敏. 基于STL模型的支撑自适应算法的优化与研究 [D]. 青岛: 青岛科技大学, 2019.

[35] 杨凯祥. STL模型布尔运算研究 [D]. 太原: 中北大学, 2017.

[36] 雷聪蕊, 葛正浩, 魏林林, 等. 3D打印模型切片及路径规划研究综述 [J]. 计算机工程与应用, 2021, 57 (3): 24-32.

[37] 郭亮, 金而立, 苏嘉敏, 等. 氧化锆陶瓷DLP 3D打印技术研究 [J]. 应用激光, 2020, 40 (6): 1040-1044.

[38] 宗学文, 张佳亮, 周升栋, 等. 高速高精光固化增材制造技术前沿进展 [J]. 西安科技大学学报, 2021, 41 (1): 128-138.

[39] 郭璐. 3D打印用光敏树脂材料研究进展 [J]. 塑料科技, 2020, 48 (2): 135-140.

[40] 沈涛, 董智超, 江雷. 3D打印过程中液体可控输送的研究进展及展望 [J]. 高分子材料科学与工程, 2021, 37 (1): 182-188.

[41] Vijayan S, Parthiban P, Hashimoto M. Evaluation of lateral and vertical dimensions of

micromolds fabricated by a polyJet™ printer [J]. Micromachines, 2021, 12 (3).

[42] 聂文忠, 陆建民, 马亚健, 等. 光固化成型工艺中零件表面质量的分析及研究 [J]. 兵器材料科学与工程, 2020, 43 (1): 105-109.

[43] 张高阳, 张阳, 李东亚, 等. 光固化快速模具材料特性与注塑工艺研究进展 [J]. 轻工机械, 2021, 39 (2): 1-5.

[44] 胡可辉, 赵鹏程, 吕志刚. 光固化增材制造技术在熔模铸造中的应用 [J]. 铸造, 2021, 70 (2): 155-159.

[45] 佘亚娟, 郭奕文, 吴巍, 等. 光固化成型技术在汽车零部件设计中的应用研究 [J]. 汽车实用技术, 2020 (13): 41-43, 53.

[46] 张丽霞. 基于光固化成形技术的模具制造 [J]. 甘肃科技纵横, 2019, 48 (8): 25-27.

[47] 刘庆壮, 许路佳, 范立成. 陶瓷快速成型技术研究现状与展望 [J]. 机械制造与自动化, 2020, 49 (5): 50-52.

[48] 张蓉. 基于DLP的大幅面3D打印控制系统关键技术研究 [D]. 苏州: 苏州大学, 2020.

[49] 韩卓群. 光固化3D打印ZrO_2陶瓷制备技术研究 [D]. 济南: 济南大学, 2020.

[50] 宗贵升, 赵浩. 金属增材制造技术工艺及应用 [J]. 粉末冶金工业, 2019, 29 (5): 1-6.

[51] 桂玉莲. 选择性激光烧结PS成型收缩率预测研究 [D]. 西安: 西安科技大学, 2020.

[52] 付旻慧, 刘凯, 刘洁, 等. 碳化硅零件的激光选区烧结及反应烧结工艺 [J]. 中国机械工程, 2018, 29 (17): 2111-2118.

[53] 林坷升, 刘洁, 张媛玲, 等. 聚乳酸/羟基磷灰石复合材料激光选区烧结工艺优化与性能研究 [J]. 中国机械工程, 2020, 31 (19): 2355-2362, 2370.

[54] 梁栩, 朱加雷, 熊自勤, 等. 激光选区烧结增材成形质量的检测分析 [J]. 应用激光, 2020, 40 (4): 610-614.

[55] 杨来侠, 桂玉莲, 白祥, 等. PS/PMMA复合材料选区激光烧结成型收缩率 [J]. 工程塑料应用, 2019, 47 (4): 48-52, 79.

[56] 李书廷. 选择性激光烧结成型质量关键影响因素研究 [D]. 武汉: 湖北工业大学, 2019.

[57] 赵文杰, 张昕, 赵占勇, 等. 选区激光烧结覆膜砂的保温实验研究 [J]. 热加工工艺, 2020, 49 (5): 32-34, 40.

[58] 金鑫源, 兰亮, 何博, 等. 选区激光熔化成形金属零件表面粗糙度研究进展 [J]. 材料导报, 2021, 35 (3): 3168-3175.

[59] Manjunath B N, Prafullakumar C, Hemant P, et al. Review on design guidelines for selective laser melting [J]. Manufacturing Technology Today, 2019, 18 (S3): 10-18.

[60] 时云, 王联凤, 侍倩, 等. 高性能激光选区熔化增材制造设备的控制系统设计 [J]. 制造业自动化, 2021, 43 (3): 21-23.

[61] 孙京丽, 柯林达, 肖美立, 等. 选区激光熔化TC4合金微观组织研究进展 [J].

金属热处理, 2021, 46 (2): 30-36.

[62] 程灵钰, 何召辉, 孙靖, 等. 激光选区熔化成形 316L 不锈钢组织和力学性能分析 [J]. 激光与红外, 2021, 51 (2): 171-177.

[63] 魏建锋. 镍基高温合金 SLM 成形质量研究及工艺优化 [D]. 无锡: 江南大学, 2020.

[64] 杨胶溪, 吴文亮, 王长亮, 等. 激光选区熔化技术在航空航天领域的发展现状及典型应用 [J]. 航空材料学报, 2021, 41 (2): 1-15.

[65] 张珞. 激光选区熔化成形 Ti6Al4V 典型结构尺寸精度研究 [D]. 武汉: 华中科技大学, 2019.

[66] 邢佰顺. 基于 FDM 的 3D 打印表面成型机理分析及表面质量优化研究 [D]. 西安: 西安理工大学, 2020.

[67] 靳先伟. 3D 打印机成型精度分析研究与优化设计 [D]. 哈尔滨: 哈尔滨理工大学, 2020.

[68] 李艳茹. 基于 FDM 快速成型的质量精度研究及设备优化 [D]. 包头: 内蒙古科技大学, 2019.

[69] 任元. 熔融沉积工艺中成型质量关键影响因素的分析与研究 [D]. 长春: 长春工业大学, 2018.

[70] Tosto C, Saitta L, Pergolizzi E, et al. Fused deposition modelling (FDM): New standards for mechanical characterization [J]. Macromolecular Symposia, 2021, 395 (1): 53.

[71] 郭魏源, 李安军. 不同结构类型的熔融沉积型 3D 打印机对比分析 [J]. 黄河科技学院学报, 2021, 23 (2): 75-78.

[72] 辛增念. 熔融式 3D 打印的研究现状及发展应用 [J]. 科学技术创新, 2020 (21): 51-53.

[73] 吴彦之, 侯和平, 徐卓飞, 等. 熔融沉积成型喷头系统的研究进展 [J]. 中国塑料, 2019, 33 (9): 116-124.

[74] 胡碧强, 程伟, 向诗豪, 等. 基于 3DP 的桌面级 3D 打印机的设计 [J]. 机械研究与应用, 2019, 32 (4): 121-123.

[75] 杨建明, 汤阳, 陈劲松, 等. 光固化黏结剂 3DP 法三维打印金属制件 [J]. 机械设计与制造, 2019 (8): 123-125, 130.

[76] 王媛媛, 张思祥, 杨伟东. 3DP 工艺中铺粉过程建模与仿真研究 [J]. 河北工业大学学报, 2018, 47 (6): 37-43.

[77] 张伟坤. 基于 3DP 打印铸造型芯工艺参数的优化及性能预测 [D]. 哈尔滨: 哈尔滨理工大学, 2020.

[78] 王笑春. 基于全彩色 3DP 工艺的大尺寸 3D 打印机理与性能研究 [D]. 广州: 华南理工大学, 2019.

[79] 田乐. 三维喷印快速成形铸造型芯材料与工艺研究 [D]. 武汉: 华中科技大学, 2017.

[80] 顾海, 孙健华, 徐媛媛, 等. 金属多孔材料喷墨制备法的研究与进展 [J]. 材料研究与应用, 2020, 14 (3): 246-252.

［81］缪骞. 基于 LOM 技术薄木激光成型机理与实验研究［D］. 哈尔滨：东北林业大学，2020.

［82］李响. 基于 LOM 工艺的单板层积成型试验机的设计与研究［D］. 哈尔滨：东北林业大学，2019.

［83］于冬梅. LOM（分层实体制造）快速成型设备研究与设计［D］. 石家庄：河北科技大学，2011.

［84］徐文杰，王秀峰，范晓斌. 新型 LOM 技术的误差分析及改善方法研究［J］. 组合机床与自动化加工技术，2009（10）：22-25.

［85］Jiang K，Huang C，Liu B. Part decomposing algorithm based on STL solid model used in shape deposition manufacturing process［J］. The International Journal of Advanced Manufacturing Technology，2011，54（1-4）：187-194.

［86］冯培锋，龚志坚，王大镇. 形状沉积制造及其发展［J］. 组合机床与自动化加工技术，2010（8）：67-70，73.

［87］冯培锋，陈扼西，王仲仁. 形状沉积制造及其应用［J］. 制造技术与机床，2003（7）：37-40，73.

［88］阚文斌. 电子束选区熔化技术制备高 Nb-TiAl 合金的成形工艺和组织调控研究［D］. 北京：北京科技大学，2019.

［89］张靖. 电子束选区熔化数字式扫描控制系统研究［D］. 北京：清华大学，2011.

［90］孟玄，杨尚磊，房郁，等. 电子束选区熔化气孔形成机理［J］. 上海工程技术大学学报，2020，34（1）：81-86.

［91］冉江涛，赵鸿，高华兵，等. 电子束选区熔化成形技术及应用［J］. 航空制造技术，2019，62（Z1）：46-57.

［92］Izadi M，Farzaneh A，Mohammed M，et. A review of laser engineered net shaping (LENS) build and process parameters of metallic parts［J］. Rapid Prototyping Journal，2020，26（6）：1059-1078.

［93］杨启，田虎成，闫昭华，等. 激光近净成形中熔池宽度实时监控系统的研究［J］. 激光与红外，2019，49（9）：1060-1067.

［94］赵宗仁. 激光近净成形过程中的热力学分析与优化［D］. 合肥：合肥工业大学，2017.